人文主义时代的建筑原理

（原著第六版）

[德]鲁道夫·维特科尔　著

刘东洋　译

人文主义时代的建筑原理

（原著第六版）

[德]鲁道夫·维特科尔　著

刘东洋　译

中国建筑工业出版社

著作权合同登记图字：01-2010-5539号

图书在版编目（CIP）数据

人文主义时代的建筑原理（原著第六版）／（德）维特科尔（Wittkower，R.）著；刘东洋译.
北京：中国建筑工业出版社，2013.8
ISBN 978-7-112-15603-0

Ⅰ.①人…　Ⅱ.①维…②刘…　Ⅲ.①建筑学-思想史-世界-中世纪　Ⅳ.①TU-091.13

中国版本图书馆 CIP 数据核字（2013）第 171708 号

原书出版人说明

此书最初是于 1949 年作为《瓦尔堡学院研究》第 19 卷出版的。第二版则是由 Alec Tiranti 有限公司于 1952 年出版的，该出版社随后于 1962 年出了修改过的第三版。此版由 Academy Editions 出版社于 1962 年再版。1973 年，Academy Editions 出版社为此书图片进行了重新标号并将之直接插入正文内，以这样新版式的完整版，发行了本书的第四版。

这一版本里包含了一些维特科尔教授迄今为止尚未发表过的论比例的讲演稿和文章。这些文本是由他的遗孀慷慨提供给我们的。附录四是我们依据维特科尔不同手稿进行摘录编辑成文的。

责任编辑：董苏华　姚丹宁　　责任设计：董建平　　责任校对：肖　剑　关　健

人文主义时代的建筑原理（原著第六版）
[德] 鲁道夫·维特科尔　著

刘东洋　译

*

中国建筑工业出版社出版、发行（北京西郊百万庄）
各地新华书店、建筑书店经销
北京嘉泰利德公司制版
北京中科印刷有限公司印刷

*

开本：889×1194 毫米　1/20　印张：8²/₅　字数：330 千字
2016 年 6 月第一版　2019 年 6 月第二次印刷
定价：68.00 元
ISBN 978-7-112-15603-0
　　　　（32534）
版权所有　翻印必究
如有印装质量问题，可寄本社退换
（邮政编码 100037）

目 录

前言 ⋯⋯⋯⋯⋯⋯⋯⋯⋯⋯⋯⋯⋯⋯⋯⋯⋯⋯⋯⋯⋯⋯⋯⋯⋯ 7

图片明细 ⋯⋯⋯⋯⋯⋯⋯⋯⋯⋯⋯⋯⋯⋯⋯⋯⋯⋯⋯⋯⋯⋯⋯ 9

第一部分　集中式教堂与文艺复兴

    1. 阿尔伯蒂有关理想化教堂设计的任务书 ⋯⋯⋯⋯⋯⋯⋯⋯⋯ 16
    2. 后续建筑理论中的集中式教堂 ⋯⋯⋯⋯⋯⋯⋯⋯⋯⋯⋯⋯ 22
    3. 建造实践：卡尔切里圣母教堂（S.Maria delle Carceri） ⋯⋯⋯ 29
    4. 伯拉孟特和帕拉第奥 ⋯⋯⋯⋯⋯⋯⋯⋯⋯⋯⋯⋯⋯⋯⋯ 31
    5. 集中式教堂的宗教象征意义 ⋯⋯⋯⋯⋯⋯⋯⋯⋯⋯⋯⋯⋯ 38

第二部分　阿尔伯蒂对待古代建筑的方法

    1. 圆柱在阿尔伯蒂的理论和实践中的地位 ⋯⋯⋯⋯⋯⋯⋯⋯⋯ 41
    2. 里米尼的圣弗朗切斯科教堂 ⋯⋯⋯⋯⋯⋯⋯⋯⋯⋯⋯⋯⋯ 43
    3. 新圣母教堂 ⋯⋯⋯⋯⋯⋯⋯⋯⋯⋯⋯⋯⋯⋯⋯⋯⋯⋯ 47
    4. 曼图亚的圣塞巴蒂亚诺教堂和圣安德烈亚教堂 ⋯⋯⋯⋯⋯⋯ 51
    5. 阿尔伯蒂在古典建筑阐释上的变化 ⋯⋯⋯⋯⋯⋯⋯⋯⋯⋯ 59

第三部分　帕拉第奥的建筑原理

    1. 作为"通才"（uomo universale）的建筑师：帕拉第奥，特里西诺和巴尔巴罗 ⋯⋯ 60
    2. 帕拉第奥的几何：别墅 ⋯⋯⋯⋯⋯⋯⋯⋯⋯⋯⋯⋯⋯⋯ 67
    3. 帕拉第奥与古典建筑：府邸与公共建筑 ⋯⋯⋯⋯⋯⋯⋯⋯⋯ 75
    4. 一个理念的诞生：帕拉第奥的教堂立面 ⋯⋯⋯⋯⋯⋯⋯⋯⋯ 89
    5. 帕拉第奥的视觉与心理概念：救世主大教堂 ⋯⋯⋯⋯⋯⋯⋯ 97

第四部分　建筑中的和声比例问题

    1. 弗朗切斯科·乔奇为维尼亚圣弗朗切斯科教堂撰写的柏拉图式任务书 ⋯ 104
    2. 中项比例与建筑 ⋯⋯⋯⋯⋯⋯⋯⋯⋯⋯⋯⋯⋯⋯⋯⋯ 107
    3. 阿尔伯蒂数比的"生成" ⋯⋯⋯⋯⋯⋯⋯⋯⋯⋯⋯⋯⋯⋯ 111
    4. 音乐和音与视觉艺术 ⋯⋯⋯⋯⋯⋯⋯⋯⋯⋯⋯⋯⋯⋯⋯ 113
    5. 帕拉第奥的比例"赋格"（fugal）体系 ⋯⋯⋯⋯⋯⋯⋯⋯⋯ 119
    6. 帕拉第奥的数比以及16世纪音乐理论的发展 ⋯⋯⋯⋯⋯⋯⋯ 123
    7. 建筑上与和声比例法则的决裂 ⋯⋯⋯⋯⋯⋯⋯⋯⋯⋯⋯⋯ 130

附录一　弗朗切斯科·乔奇为维尼亚圣弗朗切斯科教堂撰写的备忘录 ⋯ 138
附录二　文艺复兴时期比例的通约性问题 ⋯⋯⋯⋯⋯⋯⋯⋯⋯⋯⋯ 140
附录三　有关比例理论文献的若干注释 ⋯⋯⋯⋯⋯⋯⋯⋯⋯⋯⋯⋯ 142
附录四　艺术与建筑中的比例 ⋯⋯⋯⋯⋯⋯⋯⋯⋯⋯⋯⋯⋯⋯⋯ 144
    第一部分　对秩序的需要 ⋯⋯⋯⋯⋯⋯⋯⋯⋯⋯⋯⋯⋯⋯⋯ 145
    第二部分　西方比例体系的来源 ⋯⋯⋯⋯⋯⋯⋯⋯⋯⋯⋯⋯ 147
    第三部分　几何与中世纪比例 ⋯⋯⋯⋯⋯⋯⋯⋯⋯⋯⋯⋯⋯ 150
    第四部分　文艺复兴时期的比例与通约性 ⋯⋯⋯⋯⋯⋯⋯⋯⋯ 152
    第五部分　后文艺复兴时期的比例化——困难与可能性 ⋯⋯⋯⋯ 154

索引 ⋯⋯⋯⋯⋯⋯⋯⋯⋯⋯⋯⋯⋯⋯⋯⋯⋯⋯⋯⋯⋯⋯⋯⋯ 156
译后记 ⋯⋯⋯⋯⋯⋯⋯⋯⋯⋯⋯⋯⋯⋯⋯⋯⋯⋯⋯⋯⋯⋯⋯ 164
参考文献 ⋯⋯⋯⋯⋯⋯⋯⋯⋯⋯⋯⋯⋯⋯⋯⋯⋯⋯⋯⋯⋯⋯ 167

安德烈亚·帕拉第奥，伯纳尔达敞廊·维琴察
照片来源：曼塞尔收藏

前　言

尽管本书有着话题相当庞大的特点，自其 1949 年问世以来，还是出人预料地受到了非常热烈的欢迎。我很惊讶，此书带来的不仅仅是一点温和的扰动。肯尼斯·克拉克爵士（Sir Kenneth Clark）在《建筑评论》（Architectural Review）上撰文说，本书带来的第一个变化就是"永远地消除了人们从享乐主义或者纯美学角度对文艺复兴建筑的认识，"这句话也勾画出我初衷的框架。本书所涉及的就是 1450–1580 年这个时间段的纯历史学研究，但让我感到最为欣喜的是，它对年轻一代的建筑师们产生了影响。

一本书对其读者的影响在某种意义上是难以言说和无法精确量测的。但我或许可以宣称，自从本书问世之后的二十多年时间里，本书所提出的许多基本原理已经被广泛接受、发扬、传播以及批评（这当然是一种刺激和产生新思想的有效途径）。这样的说法应该接受当下读者的全面检验。那我就列举一些那些已经发表过的文献：瓦尔特·帕茨（Walter Paatz）的《意大利文艺复兴时期的艺术》（Die Kunst der Renaissance in Italien）（斯图加特，1953 年），埃兹拉·埃伦克兰茨（Ezra D.Ehrenkrantz）的《模数化数字的模式：标准化内的弹性》（The Modular Number Pattern:Flexibility through Standardisation）（伦敦，1956 年），斯科菲尔德（P.H.Scholfield）的《建筑里的比例学说》（Theory of Proportion in Architecture）（剑桥，1958 年）。这些著作都从《人文主义时代的建筑原理》一书中获得了启发；在 1955 年 12 月的《建筑评论》上，雷纳·班纳姆（Reyner Banham）在一篇颇具挑战性的文章中，试图把本书在战后建界的影响加以定论（"既好又坏"）；罗伯托·佩恩（Roberto Pane）借用 1956 年在威尼斯举办以"威尼斯与欧洲"为主题的第 18 届国际艺术史大会的机会对我所阐述的观点总体加以批评。

一本书一旦进入了自己的生命轨道，我们就很难预料它的命运。现在，我的出版人觉得出版该书简装本的时机到了。我倒是没有想着要去纠正他们的乐观态度，而是想到了要全面修改本书。结果，我重写了本书的诸多内容，让思路变得更加清晰，并把新的研究成果整合了进来。几乎页页都有改动。

在我于过去 10 年间所撰写的文章中，我自己一直都在持续地对本书的思想进行拓展和充实。我的如下文章都是部分或者全部有着跟本书紧密相关的主题："比例体系"（Systems of Proportion），见《建筑师年鉴》（Architect's Yearbook），第 5 期，1953 年；"伯鲁乃列斯基的透视中的比例"（Brunelleschi's

Proportion in Perspective），见《瓦尔堡和考陶德学院学刊》（Journal of the Warburg and Courtauld Institute），第 16 期，1953 年；"伊尼戈·琼斯，建筑师兼文人"（Inigo Jones，Architect and Man of Letters），见《英国皇家建筑师学会会刊》（Journal of the Royal Institute of British Architects），第 50 期，1953 年；"西欧诸艺"（The Artsin Western Europe），见《新剑桥现代史》（The New Cambridge Modern History），剑桥，1957 年，卷一；"萨卢特圣母教堂：布景化建筑与威尼斯巴洛克"（S.Maria della Salute:Scenographic Architecture and the Venetian Baroque），见《建筑史学家学会会刊》（Journal of the Society of Architectural Historians），第 16 期，1957 年；"文艺复兴建筑与古典传统"（L'architettura del Rinascimento e la tradizione classica），见《美丽家居》（Casabe），第 234 期，1959 年；"变化中的比例概念"（The Changing Concept of Proportion），见《戴德拉斯》（Daedalus），冬季刊，1960 年。为了保持《人文主义时代的建筑原理》的本来特点，我不得不拒绝将这些研究中的材料整合进来的诱惑。

已经不止一次有人批评我对于中世纪时期人们看待比例问题的方式关注得不够。但从一开始，我写的对象就是文艺复兴时期，这在本书的标题上已经体现得很是清楚。因此，我以为我的理由已经足够充分，我只是在讨论中觉得有必要时才会提及中世纪人的立场（而且，在好多地方，我也是这么做的）。

去陈述一本书所不包含的内容总显得有点糟糕。为了避免误解，我还是希望强调一下，在本书中，我既不是要写一部文艺复兴时期的建筑史，也不是要写阿尔伯蒂（Alberti）和帕拉第奥（Palladio）的专辑。我之所以在这里讨论这些建筑师的作品仅仅是因为他们的作品与我们的主题有关，即，要阐明在文艺复兴时期的建筑原理。本书的结构很简单。有两章是关于（在我看来，构成着）文艺复兴时期建筑的核心问题的——教堂建筑的意义以及它们的比例组织。它们规定着有关阿尔伯蒂和帕拉第奥的两个章节。而这二人，无论是作为理论家还是作为实践者都同样是伟大的。他们标志着本书所讨论的那个时期的开头与结尾。

或许有些读者还会花上些时间研读本书诸多通常都不是英文的漫长注释。我决定也在当下这一版中保留这些材料，因为它们为我的立论提供着历史依据。如果将这些注释里的文字都翻译出来的话，本书的长度就会过度膨胀。不过，不读注释，也不会伤及读者对本书主要讨论的理解。在正文中的外文引文的后面，我都给出了翻译。只是当意思很明显时，我没有这么做。

鲁道夫·维特科尔
纽约，1960 年 12 月

图片明细

图 1　方形与正多边形的求出。出自巴尔托利本的阿尔伯蒂《论建筑》，1550 年

图 2　弗朗切斯科·迪·乔治，该图出自马利贝基亚诺抄本

图 3　莱昂纳多·达·芬奇，一个教堂的设计（局部图）

图 4　弗朗切斯科·迪·乔治，比例研究，出自萨卢奇抄本

图 5　弗朗切斯科·迪·乔治，阿什伯纳姆 361 号抄本中的一页

图 6　莱昂纳多·达·芬奇，维特鲁威人。线绘图

图 7　弗朗切斯科·迪·乔治，维特鲁威人。阿什伯纳姆 362 号抄本

图 8　维特鲁威人。出自切萨里亚诺本的维特鲁威《建筑十书》。科莫，1521 年

图 9　维特鲁威人，"圆形中的人"。出自焦孔多本的维特鲁威《建筑十书》。威尼斯，
　　　1511 年

图 10　维特鲁威人。出自弗朗切斯科·乔奇，《和声世界》。威尼斯，1525 年

图 11　维特鲁威人，"方形中的人"。出自焦孔多本的维特鲁威《建筑十书》。威尼斯，
　　　1511 年

图 12　莱昂纳多·达·芬奇。教堂设计

图 13　莱昂纳多·达·芬奇。教堂设计

图 14　孔索拉齐奥内圣母教堂。托迪，1504 年

图 15　集中式平面。出自塞利奥《建筑五书》的第五书，1547 年

图 16、图 17　朱利亚诺·达·圣迦洛设计的卡尔切里圣母教堂，普拉托，1485 年。（上
　　　　　　图）室内；（下图）平面图（取自《朱利亚诺·达·圣迦洛速写本》）

图 18　卡尔切里圣母教堂，普拉托。穹隆

图 19　卡尔切里圣母教堂，普拉托。外部

图 20　伯拉孟特设计的坦比哀多小教堂。图片出自帕拉第奥的《建筑四书》，第四书。
　　　威尼斯，1570 年

图 21　帕拉第奥在马塞尔设计的教堂。平面图。图片取自贝尔托蒂·斯卡莫奇，《安德
　　　烈亚·帕拉第奥的建筑与设计》，卷四

图 22– 图 24　马塞尔教堂：（上）剖面图（图片取自贝尔托蒂·斯卡莫奇）；（左下）立
　　　　　　面；（右下）圣坛

图 25　伯拉孟特设计的圣彼得大教堂平面，罗马

图 26　伯拉孟特设计的圣彼得大教堂。卡拉多索制作的奠基金属纪念章，1506 年

图 27　伯拉孟特设计的圣彼得大教堂穹隆。木刻图取自塞利奥《建筑五书》第三书

图 28　拉斐尔设计的奥雷菲奇圣埃利焦小教堂。穹隆仰视

图 29　示意图：方柱与拱，圆柱与拱

图 30、图 31　阿尔伯蒂设计的里米尼圣弗朗切斯科教堂。（上图）立面；（下图）南侧

图 32　马泰奥·德·帕斯蒂刻制的圣弗朗切斯科教堂纪念章。1450 年

图 33、图 34　里米尼圣弗朗切斯科教堂。（上图）平面图；（右图）立面示意图

图 35　阿尔伯蒂设计的新圣母教堂，佛罗伦萨

图 36　新圣母教堂，佛罗伦萨。入口

图 37　圣弗朗切斯科教堂，里米尼。入口

图 38、图 39　佛罗伦萨新圣母教堂立面示意图

图 40、图 41　阿尔伯蒂设计的曼图亚圣塞巴斯蒂亚诺教堂。（上图）平面图；（右图）立面现状

图 42　圣塞巴斯蒂亚诺教堂，曼图亚。改造之前

图 43　贾科莫·达·彼得拉桑塔设计的圣阿戈斯蒂诺教堂，立面。罗马，1479–1483 年

图 44　圣塞巴斯蒂亚诺教堂立面，曼图亚。阿尔伯蒂 1460 年设计的复原图

图 45　凯旋拱门，奥朗日。局部。取自朱利亚诺·达·圣迦洛的线绘图

图 46　阿尔伯蒂设计的圣安德烈亚教堂，平面。曼图亚，1470 年之后

图 47　图拉真凯旋拱门，安科纳

图 48、图 49　阿尔伯蒂设计的圣安德烈亚教堂，曼图亚。（上图）立面图；（下图）剖面图

图 50　圣弗朗切斯科教堂，里米尼。立面上的柱头

图 51　新圣母教堂，佛罗伦萨。立面转角处

图 52、图 53　詹乔治·特里西诺设计的特里西诺别墅，维琴察附近的克里科利。（上图）立面与（下图）平面图，1530–1538 年

图 54　佩鲁齐设计的法尔内西纳别墅，罗马。1509–1511 年。平面图

图 55、图 56　帕拉第奥设计的隆内多戈迪·波尔托别墅。1540 年。（左图）立面；（上图）平面局部（取自帕拉第奥的《建筑四书》，第二书）

图 57　帕拉第奥设计的 11 个别墅的简要平面图

图 58　帕拉第奥对古代住宅做的复原图。取自巴尔巴罗《维特鲁威〈建筑十书〉评注》第十书。威尼斯，1556 年

图 59　帕拉第奥设计的圆厅别墅。维琴察附近，1550 年

图 60　帕拉第奥设计的马尔孔腾塔别墅。布伦塔河畔，1560 年

图 61　帕拉第奥设计的埃莫别墅。范佐洛，1567 年前后

图 62　帕拉第奥设计的蒂内别墅。昆托，1550 年前后

图 63　帕拉第奥设计的马塞尔别墅。阿索洛附近，1566 年前

图 64　帕拉第奥在维琴察使用的"巴西利卡"体系。取自帕拉第奥的《建筑四书》第三书

图 65　某威尼斯府邸的立面。取自塞利奥的《一般性建筑规则》，威尼斯，1537 年

图 66　伯拉孟特、拉斐尔设计的"拉斐尔之家"。罗马，1510 年后。取自安东尼奥·拉弗雷里的雕版画

图 67　帕拉第奥设计的波尔托 – 科莱奥尼宫。1550 年前后。正立面（左）与内院的立面图（右）

图 68　帕拉第奥为波尔托 – 科莱奥尼宫绘制的早期设计图

图 69　波尔托 – 科莱奥尼宫。取自帕拉第奥的《建筑四书》第二书

图 70　帕拉第奥设计的蒂内宫。取自贝尔托蒂·斯卡莫奇，《安德烈亚·帕拉第奥的建筑与设计》，卷一

图 71　帕拉第奥完成的罗马住宅复原图。取自巴尔巴罗的《维特鲁威〈建筑十书〉评注》，第十书

图 72　卡里塔修道院，威尼斯，1561 年。取自帕拉第奥的《建筑四书》，第二书

图 73　帕拉第奥设计的安东尼宫，乌迪内，1556 年。取自帕拉第奥的《建筑四书》，第二书。英国建筑图书馆，英国皇家建筑师学会，伦敦

图 74、图 75　帕拉第奥设计的基耶里卡蒂宫，维琴察，1550 年。出自帕拉第奥的《建筑四书》，第二版

图 76　帕拉第奥所描述的"拉丁式广场"的建筑细部。取自帕拉第奥的《建筑四书》，第三书

图 77　帕拉第奥设计的蒂内宫，维琴察。底层细部

图 78　蒂内宫，维琴察。立面局部。取自豪普特绘制的《13–18 世纪意大利北方及托斯卡纳纳地区的府邸》局部

图 79　蒂内宫，立面。维琴察，1556 年前后

图 80　帕拉第奥绘制的位于切利奥的克劳迪乌斯神庙的罗马拱券。城市博物馆，维琴察

图 81　帕拉第奥设计的瓦尔马拉纳宫，维琴察，1566 年

图 82　瓦尔马拉纳宫。局部

图 83　瓦尔马拉纳宫。出自帕拉第奥的《建筑四书》，第二书

图 84　帕拉第奥绘制的维罗纳的罗马城墙

图 85　帕拉第奥设计的卡皮塔尼奥敞廊。维琴察，1571 年

图 86　卡皮塔尼奥敞廊侧立面。取自豪普特绘制的《13–18 世纪意大利北方及托斯卡纳纳地区的府邸》

图 87　卡皮塔尼奥敞廊侧立面局部

图 88　塞维鲁拱门。罗马

图 89　帕拉第奥为纪念法国国王亨利三世访问威尼斯而设计的庆典建筑，1574 年。该图为安德烈亚·维琴蒂诺所画。藏于威尼斯总督府

图 90　帕拉第奥设计的维尼亚圣弗朗切斯科教堂，威尼斯，1562 年。出自贝尔托蒂·斯

卡莫奇，《安德烈亚·帕拉第奥的建筑与设计》，卷四

图 91 帕拉第奥设计的圣乔治大教堂，威尼斯

图 92 维尼亚圣弗朗切斯科教堂：对该教堂立面两种不同阐释的简单表现

图 93 帕拉第奥设计的圣乔治·马焦雷教堂，威尼斯，1566-1610 年。出自贝尔托蒂·斯卡莫奇，《安德烈亚·帕拉第奥的建筑与设计》，卷四

图 94 伯拉孟特设计的圣萨蒂罗–圣母教堂，米兰，1480 年前后

图 95 切萨里亚诺完成的位于法诺的巴西利卡复原图。取自维特鲁威《建筑十书》，科莫，1521 年

图 96 帕拉第奥设计的万神庙。出自伯林顿的《安德烈亚·帕拉第奥绘制的古代遗迹图》，1730 年

图 97 佩鲁齐（？）在卡尔皮设计的大教堂，1515 年

图 98 帕拉第奥设计的救世主大教堂。威尼斯，1576-1592 年。取自贝尔托蒂·斯卡莫奇，《安德烈亚·帕拉第奥的建筑与设计》，卷四

图 99 救世主大教堂，立面。威尼斯

图 100 安德烈亚·蒂拉利设计的圣维塔利教堂，威尼斯，1700 年

图 101 乔塞佩·乌拉迪耶设计的圣罗科教堂，立面。罗马，1834 年

图 102 弗朗切斯科·马里亚·波莱蒂设计的大教堂，立面。自由堡，1723 年

图 103、图 104 帕拉第奥设计的圣乔治·马焦雷教堂，威尼斯。（上图）剖面图；下图（平面图）

图 105 帕拉第奥设计的救世主大教堂，威尼斯。望向祭司席和中殿

图 106 圣乔治·马焦雷教堂。中殿

图 107 帕拉第奥设计的救世主大教堂，威尼斯。1576-1592 年

图 108、图 109 救世主大教堂：（上图）剖面图，（下图）平面图（内带视线分析）。出自贝尔托蒂·斯卡莫奇，《安德烈亚·帕拉第奥的建筑与设计》，卷四

图 110、图 111 帕拉第奥设计的托伦蒂圣尼古拉教堂平面图，威尼斯，1579 年

图 112 莱昂纳多·达·芬奇的人体比例研究。显现 1：3：1：2：1：2 的数比

图 113 维拉尔·德·奥内科尔速写本上的图画

图 114 维尼亚圣弗朗切斯科教堂的平面图，威尼斯

图 115 和声示意图。取自弗朗切斯科·乔奇的《和声世界》，1525 年

图 116 示意图。取自普拉多和维拉潘多画的《对〈以结西书〉的解释》，罗马，1596-1604 年

图 117 加富里奥在上课。取自加富里奥的《和声手段》，1518 年

图 118 图拔开、毕达哥拉斯、菲洛劳斯。取自加富里奥的《音乐理论》，1492 年

图 119 毕达哥拉斯的音阶。取自拉斐尔画的《雅典学园》局部，梵蒂冈

图 120 如何求出一扇门的尺寸。取自塞利奥的《建筑五书》，第一书

图 121 布伦塔河畔的马尔孔腾塔别墅。取自帕拉第奥的《建筑四书》，第二书

图 122 位于齐科纳的蒂内别墅。平面图。取自帕拉第奥的《建筑四书》，第二书

图 123 位于巴尼奥洛的皮萨尼别墅。取自帕拉第奥的《建筑四书》，第二书

图 124 位于范佐洛的埃莫别墅。出自帕拉第奥的《建筑四书》，第二书

图 125 位于米加的萨莱哥别墅。出自帕拉第奥的《建筑四书》，第二书

图 126 阿索洛附近的马塞尔别墅。出自帕拉第奥的《建筑四书》，第二书

图 127 约瑟夫·格威尔特《建筑初步》中的一页，1826 年

图 128 切萨里亚诺本的维特鲁威《建筑十书》中的一页。科莫，1521 年

安德烈亚·帕拉第奥，救世主大教堂，威尼斯，1576–1592 年。图片出自贝尔
托蒂·斯卡莫齐的《安德烈亚·帕拉第奥的建筑与设计》，1786 年

第一部分
集中式教堂与文艺复兴

如今，人们通常会以突出其尘世性（worldliness）的视角去解读文艺复兴时期的建筑。至多，人们会认为当时的宗教建筑、世俗建筑（profane buildings）和居住建筑都在以同样的程度使用着形式的古典架构（classical apparatus of form）；用于各种目的的建筑都能使用古典形式，彼此之间并无意义上的微差；结果，人们就把文艺复兴时期的建筑看成了一种纯形式（pure form）的建筑。[1] 这样的先设立场，在如今人们讨论文艺复兴建筑时，通常是被默认了的。如果这种视文艺复兴建筑为世俗风格的习惯阐释是正确的话，那么，15、16 世纪的折中主义（eclecticism）与 19 世纪的折中主义建筑之间的本质差别又在哪里？如果说二者都是派生风格（derivative styles）的话，也就是说，它们都是古典传统的派生物，难道它们之间的差别仅仅在于后者，如果是古典式而不是哥特式的话，与古代模本（the ancient models）的距离更远些吗？看来，真正的答案在别处。与 19 世纪的古典式建筑相比，就像历史上任何一种伟大风格一样，文艺复兴建筑是站在神圣建筑绝对价值的等级体系的那个塔尖上的。也就是说，我们应该坚持认为，文艺复兴教堂的形式也具有象征的价值，起码，它们充盈着纯形式所不具有的具体意义。在这方面，无论是文艺复兴时期建筑师们的理论还是他们的实践，其中的态度历来都是明确的。

15 世纪时，意大利的教堂建造者们已经逐渐告别了具有长中殿（long nave）、耳堂（transept）、唱诗席（choir）的传统拉丁十字平面（Latin Cross plan），他们开始倡导一种集中式（centrally）的教堂平面，而这样的教堂通常被视为是文艺复兴建筑中的巅峰之作。但在建筑史学家们看来，尽管建筑师们有着相反的看法，集中式教堂已是文艺复兴异教倾向和尘世性作品的代表。[2] 因为从一种教会礼拜（liturgical）的视角看，这种集中式平面的教堂是不能令人满意的——比如，在这种教堂里，怎样区别对待神职人员与俗人？在哪里置放圣坛？等等——通常，人们认为在这种集中式教堂中对美的追求盖过了对礼拜仪式（service）必要性的考虑。[3] 这样，艺术史学家的观点就跟那些强调文艺复兴非宗教性的史学家们的态度走到一起去了。他们的解释都来自一个简单甚至天真的公式，就是在文艺复兴时期人的自主性取代了中世纪时超越性的宗教。这里，我希望，通过对文艺复兴时期基督教建筑背后理念的再讨论，使得我们可以更加正确地理解当时建筑师们的本意，同时，明辨在某些重要的文艺复兴思想中那些传统要素的成分。

1 我们可以在拉斯金（Ruskin）的《威尼斯之石》卷三、第 4 章、第 35 段中找到这种极端误读的陈述："这种被发明出来的建筑，源头上是异教的，它所复兴的就是骄傲和世俗，躺在古代的时光里……这种建筑让它的建筑师都成了盗版者，让它的匠人都成了奴隶，让它的居民都成了骄奢淫逸者（sybarites）；这种建筑里的知性处在沉睡状态，很难有所发明，但是却满足了所有的奢华，保护了所有的傲慢。"——G·斯科特（Geoffrey Scott）在《人文主义建筑》（伦敦，1924 年版）中抨击了这种观点，但是他给出的结论同样也值得商榷："文艺复兴风格……只是某种建筑艺术的趣味，它不会在提供愉悦之外去寻找逻辑、一致性或是理由"（第 192 页）。
2 见 P·弗兰克尔（P. Frankl），《新建筑艺术的发展阶段》（Die Entwicklungsphasen der neueren Baukunst）（1914 年，第 148 页上以及之后的内容）。在弗兰克尔颇具启发性的对有关圣餐和文艺复兴教堂关系的讨论中，当他坚持认为"比基督教仪式更为强大的是……形式背后的享乐心灵"（weit stärker als der christliche Zweck...ein heidnischer Geist die Form bestimmt...）（第 151 页），我们看到，他仍然有赖于布克哈特（Burckhardt）对文艺复兴的认识。布克哈特自己则不断改变看他对建成的集中式教堂的看法。在《导讲》（Cicerone）一书里（第 9 版，1904 年，卷二，第 131 页），他说，"当文艺复兴本身的宫廷美学发展到了极致时"（als die Renaissance sich ihrem, freien Schönheitssinnüberliess），旧仪式中的中殿类型（nave type）就被抛弃了。他还写道（第 259 页）："只有当美和意义走到一起有了整体性法则时，建造者才能有传统可依靠"（Wenn nur etwas Schönes und Bedeutendes zustande kam, das der Bestimmung im Ganzen entsprach, so fragte der Bauherr nach keiner Tradition）。此后，在《意大利文艺复兴时期的历史》（Geschichte der Renaissance in Italien）中，布克哈特在那些如今仍然是有关意大利集中式教堂最为重要的章节里修改了这一观点。"仿佛突然之间从圣灵那里降临了巨大和美感"，进而，"文艺复兴用道德宗教化的集中式建筑取代了乡土式布局"（见第 6 版，1920 年，第 114 页）。
3 见 D·弗雷（D. Frey），《伯拉孟特的圣彼得大教堂设计与关于他的轶事》（Bramantes St. Peter-Entwurf und seine Apokryphen），维也纳，1915 年本。该书包含了诸多关于文艺复兴建筑整体性格的敏锐观察。但是在我们看来，弗雷在最终的结论处走到了错误的方向上去了："这些建筑显得并不比宗教建筑世俗。如果它们显得有些'异教感'，那是因为它们不是在传达思想和使用要求，而后者才被理解和认为是基督教中有核心价值的东西。它们之所以看上去显得无宗教感，就是因为目的性内容的缺少；

图 1　方形与正多边形的求出。出自巴尔托利本的阿尔伯蒂《论建筑》，1550 年

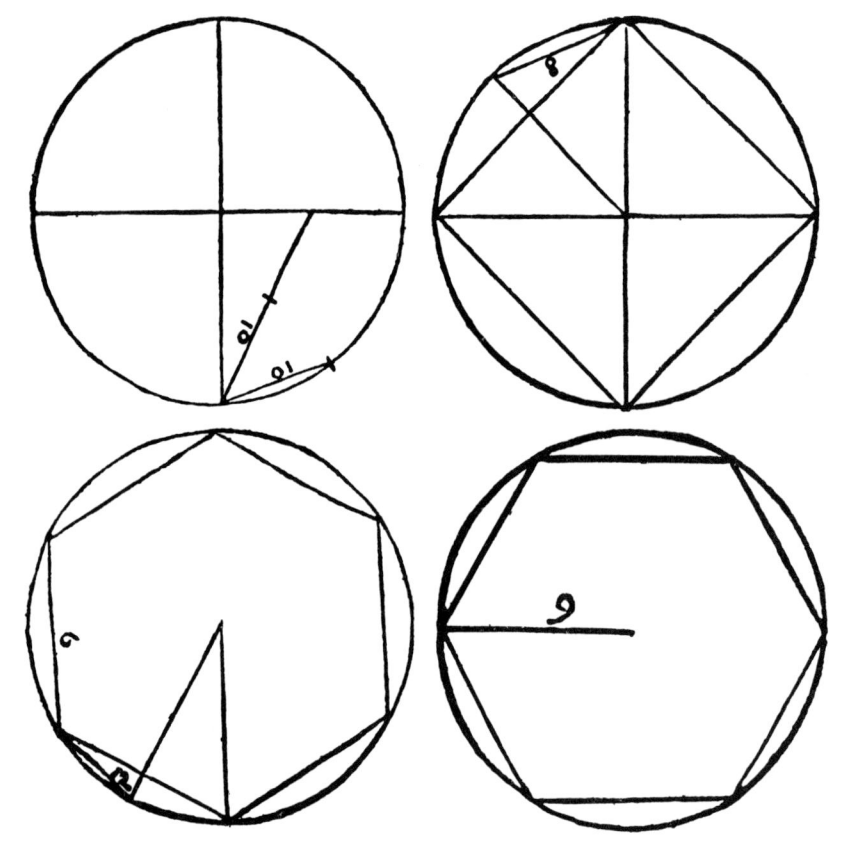

它们较少视面向文化需求的艺术化设计为己任的，而是把面向社会－经济生活的艺术塑形作为自己的任务。它们遵从的是抽象美学法则，并努力尝试绝对根据这个法则对生活进行塑形"（第 89 页）。

当下的立场体现在 N·佩夫斯纳（N. Pevsner）《欧洲建筑概要》（Outline of European Architecture）（伦敦，1948 年）一书里。在该书中，佩夫斯纳坚持认为在集中式教堂身上"教堂的宗教意义已经被人本的意义所取代……"（第 83 页），建筑师创造了教堂的集中式平面"为的是将当下永恒化"（见第 84 页），而且"人在教堂里已经不再热切期待着要抵达超验的地步，而是开始欣赏起身边的美以及这种美所具有的荣耀感觉"（第 83 页）。

一些天主教作者比如 F·X·克劳斯（F. X. Kraus）和 J·索尔（J. Sauer）的著作，《基督教艺术史》（Geschichte der christlichen Kunst）（弗赖堡，1908 年）卷二，特别是该书第 664 页之后的内容，都拒绝了对于集中式教堂建筑的"异教"阐释（同样参见 L·V·帕斯塔尔（L. V. Pastor），《教皇史》（History of the Popes），卷三），不过，都没有试图或是能够给出对这类建筑很是"基督教化"的解释。

4　C·格雷森（Cecil Grayson）最近很具说服力地证明（《艺术年鉴》（Kunstchronik），第 13 期，1960 年，第 359 页以上以及之后的内容，以及《慕尼黑建筑艺术年鉴》（Münchner Jahrb. Derbild. Kunst），第 11 期，1960 年）这一著作的大部分写于 1443–1452 年间。

5　见 1485 年初版，帖码 p iiii，反面页；1550 年意大利语版，第七书，第 4 章，第 206 页。

6　在本章末尾，阿尔伯蒂部分地参照了维特鲁威《建筑十书》第四书、第 7 章的说法，介绍了他所言的另外一种"伊特鲁尼亚神庙"形式（the "Etruscan Temple"）；同样参见 M·托伊尔（Max Theuer）颇具启发性的评述，见《莱昂·巴蒂斯塔·阿尔伯蒂，关于建筑艺术的十书》（Leon Battista Alberti, Zehn Bücher über die Baukunst），1912 年版，第 619 页上的内容。

7　见《论建筑》（De re aed.），第九书，第 5 章。参见下面的第 4 部分，第 109 页。

1. 阿尔伯蒂有关理想化教堂设计的任务书

有关 15、16 世纪建筑师们的观点，存在着充分翔实的资料，我们可以对之给出比较客观的描述。实际上，文艺复兴的第一部建筑专著，阿尔伯蒂（Alberti）（写于 1450 年间的）[4]《论建筑》（De re aedificatoria），就包含了关于文艺复兴理想教堂第一份完整的任务书。那本书的第七书说的是神圣建筑的建造与装饰。阿尔伯蒂有关神庙——在他看来，就是教堂的同义词——各种理想形状的综述，始于对圆的赞美。他声称，大自然本身在所有的形式中最喜欢圆形，并且也体现在她自己的创造物中，比如球体、星星、树木、动物和动物的巢，等等。[5] 阿尔伯蒂为教堂推荐了九种基本的几何图形：除了圆形以外，还有正方形、正六边形、正八边形、正十边形、正十二边形。这些图形都被圆所决定着，阿尔伯蒂用图示解释了这些图形是怎样从一个外切圆的半径中推导出它们各自边长的过程的（图 1）。在这六种图形之外，阿尔伯蒂还提到从正方形推导出来的三个图形，就是一个方加上它的一半、一个方加上它的三分之一

和一个方的两倍。[6]

这九个基本图形都可以通过连接礼拜堂（chapels）而变得丰富起来。对于正方形的平面，阿尔伯蒂建议可以在尽端加上一个礼拜堂，或者在两侧各加上一个礼拜堂或加上奇数个数的礼拜堂们。而圆形平面可以加上 6-8 个礼拜堂；一个正多边形的平面可以在每一边的墙上加上一个礼拜堂或者每隔一边加一个。这些礼拜堂的形状可以是矩形的也可以是半圆的，或二者间隔混用的。显然，在一个圆形和正多边形的平面上加上一些小的几何单元，就会产生出多样的复合几何形态。它们都有一些共有元素，都在中心图形的周长或边长上有相应的连接点，都与中心图形的焦点构成同样的关系。

阿尔伯蒂从没直接表示过在他所推荐的图形里他到底喜欢哪些。但是，如果我们从他关于自然偏爱圆形的评述上看，他还是隐约地表现出对圆形的推崇。因为自然渴望绝对的完美[7]，她是所有事物[8]"最好和最神圣的老师"（la natura，cioè Idio…）。[9]

众所周知，阿尔伯蒂以及其后的那些建筑师们有关集中式设计的思想虽然受到了古代构物的启发，但却几乎没有受到古典神庙的影响。[10]不过，文艺复兴时期的建筑师们也确信那些众多而巨大的圆形和正多边形的古代建筑废墟在古代就是神庙。[11]还有，他们也相信一些早期基督教建筑比如圆形圣斯特凡诺教堂（Sto. Stefano Rotondo）、圣科斯坦索教堂（Sta. Costanza）、拉特兰宫（the Lateran）旁边正八边形的洗礼堂（Baptistery）、正八边形的 12 世纪佛罗伦萨洗礼堂，都是由罗马神庙改造而来的基督教教堂。因此，这里我们可以推断，尽管维特鲁威（Vitruvius）几乎没有提及神庙的集中式平面[12]，阿尔伯蒂还是看到了从古代神圣建筑到早期基督教教堂之间的某种连续性，而且，他也抓住了这一点，将其作为一种历史依据，倡导对先人神庙那种值得敬畏的形式的回归。阿尔伯蒂有意识地将自己的思想与早期基督徒的思想联系起来。君士坦丁大帝的罗马对于阿尔伯蒂和他同时代的人来说有着特殊的吸引力。因为在那时，只有在那时，异教徒的古代传统跟早期教会的纯洁性和信仰精神结合了起来。这样，阿尔伯蒂强烈要求回到那个时期的礼拜仪式上去。那时的教堂只有一个圣坛，"一天中只进行一次祭拜。"[13]无论阿尔伯蒂的理由是什么，他对圆形和正多边形教堂的关注显现了他对集中式几何平面的倾心。

在佛罗伦萨人为圣母领报教堂（SS. Annunziata）建造唱诗席的时候，曾经有过一场争议。它表明当时的人们对于古典集中式建筑的看法从来都不是统一的。这个唱诗席的建设也一度被中断了 15 年。1470 年，阿尔伯蒂接替了米开洛佐（Michelozzo）未完成的工作，并效仿梅迪卡的智慧女神（Minerva Medica）"密涅瓦神庙"中的形式设计了这个唱诗席。但是一位"守旧的"批评家反对阿尔伯蒂对古代建筑的效仿。他的理由与阿尔伯蒂对米开洛佐设计的解读正好相反。他认为那些古典建筑不是古代神庙而是皇帝的坟墓，因此不适于用作教堂的原型。[14]也正是米开洛佐设计的平面与实际礼拜仪式之间的脱节，促使年迈的伯鲁乃列斯基（Brunelleschi）曾对米开洛佐的设计严厉封杀了 25 年。[15]也正是在有关适用性的问题上，在 15 世纪的下半叶，人们有了一个新的视角。阿尔伯蒂在这个问题上的沉默表明他并不认为这有什么大碍。[16]

8 见阿尔伯蒂，《论家庭》第三书（I primi tre libri della famiglia），F·C·佩莱格里尼（F. C. Pellegrini）本，佛罗伦萨，1911 年版，第 188 页："……自然的一切是如此尊贵与神圣庄严"（...natura optima e divina maestra di tutte le cose）。

9 见《论家庭》，版本同上，第 236 页："Fece la natura, cioé Idio, l'uomo composto parte celeste e divino, parte sopra ogni mortale cosa formossissimo et nobilissimo."我们或许可以把上述这段话比较自由地翻译成为："自然，也就是上帝，把人类、上天和神圣要素结合在一体，使得人类成了有限生命体中形态最佳者和最尊贵者。"这一阐述不该被解释成为某种泛神论的自白；参见 P·H·米歇尔（Paul Henri Michel），《莱昂·巴蒂斯塔·阿尔伯蒂的思想》（La pensèe de L. B. Alberti），巴黎，1930 年，第 536 页以上以及之后的内容。米歇尔对上述这段话给出了颇具穿透力的分析。

10 除了万神庙（the Pantheon）这么一个曾经是也当然一直是最具影响力的古典建筑之外，以及位于罗马和萨沃利边缘地带的两个小型神庙之外，就没有什么圆形或是正多边形平面的古典神庙被保留下来。

11 在当时这处罗马时代"利奇尼亚尼家族花园"（Orti Liciniani）里以泉神为名的休憩场所后来被称为医病的密涅瓦神庙，并以密涅瓦神庙（the temple of Minerva Medica）的名字流传下来。阿尔伯蒂在他的教堂类型里包括进来正十边形形状，无疑，就来自"密涅瓦神庙"这一原型。同样参见本书第 24 页，注释 1。

12 在维特鲁威《建筑十书》第三书里，在他对神庙的七种分类里，并没有提到圆形平面的神庙。圆形神庙是跟托斯卡纳神庙一道是在第四书末尾以附录形式出现的。

13 见阿尔伯蒂，《论建筑》，第七书，第 13 章。尽管他对此有着肯定的说法，他还是留给别人自行决定是否在教堂里设置一个还是多个圣坛的自由。阿尔伯蒂对于同时代人在一个教堂里泛滥置放圣坛的做法提出了严厉的批评。

14 参见盖伊（Gaye）编，《未公开发表过的艺术家通信集》（Carteggio inedito d'artisti...），佛罗伦萨，1839 年版，第一卷，第 232 页，以及第 226 页上以及之后的内容；以及 L·H·海登赖希（L.H. Heydenreich），"佛罗伦萨圣母领报大教堂的后殿"（Die Tribuna der SS.Annunziata in Florenz），《佛罗伦萨美术学院通讯》（Mitteilungen Des Kunsthist. Inst. in Florenz），第 3 期，1930 年，第 277 页之后的内容。在这篇颇启发人的论文里，S·兰恩（S.Lang）提出一个假说，认为圣母领报大教堂的设计是对耶路撒冷圣墓大教堂（the Holy Sepulchre）的模仿（见《瓦尔堡与考陶尔德研究院院刊》（Journal of the Warburg and Courtauld Inst.），第 17 期，1954 年，第 288 页以上以及之后的内容）。

15 布拉吉罗利（Braghirolli），"佛罗伦萨圣母领报大教堂后殿的建造史"（Die Baugeschichte der Tribuna der SS. Annunziata in Florenz），见《艺术科学合集》（Repertorium F. Kunstw.）卷二，1897 年，第 272 页；以及之前所引海登赖希的文章。

16 不过，阿尔伯蒂关注的是圣坛的位置。他希望主礼拜堂能够比其他礼拜堂大上 1/12（dignitatis gratia）（见阿尔伯蒂，《论建筑》，第七书，第 4 章）。在主礼拜堂里应该只有一个圣坛（见《论建筑》第七书，第 13 章）；同样，参见第 5 页，注释 7。

很奇怪，在阿尔伯蒂推荐的教堂形式中，没有出现常规和传统的教堂形式，即巴西利卡会堂式（the basilica）的教堂形式。人们用巴西利卡形式建造教堂的这个事实，在阿尔伯蒂解释早期基督徒们如何将私人性的罗马会堂改成公共崇拜的场所时，显得只是一种偶然性行为。[17] 这是在阿尔伯蒂有关"神庙"的章节里提到巴西利卡的少有几笔。但是，阿尔伯蒂在《论建筑》的前言中很是清晰地阐明了自己的立场：巴西利卡，作为古代施法的场所，对他来说与神庙的关系密切。公正是上帝的恩赐：人类通过虔诚获得神赐的公正，人类也通过施法来行使人的公正。这样，神庙和巴西利卡作为神与人的公正场所，二者是紧密相连的。在这个意义上说，巴西利卡也从属于宗教领域。[18] 沿着这样的思路，阿尔伯蒂在该书后面有关"巴西利卡"的一个章节中解释说，巴西利卡也可以使用属于神庙的装饰。但是，神庙的美是更具崇高性的，是巴西利卡的美所不能也不应该比拟的。[19] 因此，在阿尔伯蒂有关教堂历史悠久的形式体系中，巴西利卡被从神圣领域放逐到了人的使用领域中去了。显然，阿尔伯蒂必须要把巴西利卡从教堂的使用形式中剥离出去。

有关理想教堂的特点，阿尔伯蒂阐述得很是清楚。它应该具有一个城市中最高贵的装饰，它的美应该超乎想象。正是这样一种惊艳之美才能唤醒人们崇高的情感，唤醒人们的虔诚。它具有一种净化的效应，制造出一种天真的状态，去取悦上帝。[20] 那么，惊艳之美如何才能获得如此效力呢？阿尔伯蒂用他基于维特鲁威文本的著名数学定义提出，美存在于将一个建筑身上所有局部的比例都理性地整合成为一体的过程之中。[21] 这样，任何一个局部都有其绝对固定的尺寸和形状，多一分或减一分都会破坏整体的和谐。这种所有局部的呼应和比例的妥帖、这样的有机几何性应该出现在所有建筑中，而且更应该出现在教堂里。[22] 我们因此可以这么说，没有比圆和从圆推导出来的几何形式更能满足这样的要求了。在这样的集中式平面中，几何模式应该是绝对性的、不可改变的、静态的，而且还应该是彻底透明的。如果没有像人体局部那样彼此构成着有机的几何均衡性的话 [23]，神性是不能在其中显现的。

紧接着，我们看到阿尔伯蒂对理想教堂各种比例的细微指导。例如，阿尔伯蒂论过礼拜堂的规模相对于建筑核心部分的关系，它们与它们彼此之间那些墙体隔出的空间的关系，或是建筑高度与主层平面直径之间的关系。这里给一个具体的例子，在圆形教堂中，墙体到拱的高度应该是平面直径的二分之一、三分之二或是四分之三。[24] 这些由一与二、二与三、三与四的比例，如阿尔伯蒂在第九书中所写到的那样，符合无所不在的和声法则（law of harmony）。[25]

显然，当一个人在建筑中移动的时候，是很难感知到这些平面与剖面的数学关系的。阿尔伯蒂同我们一样当然也知道这一点。我们因此可以说，上述几何定式展现的和声完美性代表着一种独立于我们主观和瞬间感受之外的绝对价值。稍后我们会明白，对于阿尔伯蒂以及其他文艺复兴时期的艺术家们来说，这种人造和声是对那种神性的普遍正确和声的一种视觉回声。

除了对比例的关注外，阿尔伯蒂的建议还涵盖了上至教堂常规外貌下至装饰细部的一切。他说，一个教堂不仅应该建在高地上，独立于周围建筑，有一个美丽的广场，还应该有一个卫护它的地下部分，一个高

17　阿尔伯蒂，《论建筑》，第七书，第 3 章。
18　阿尔伯蒂，《论建筑》，第七书，第 1 章。这段重要的话曾经被人们所误读。见初版，帖码 o viii 反面页，该段文字是这样的："这种虔诚才是公平中最重要的东西，无人会否认公平本身就是一种神的恩赐。不过，跟恩赐有关，公平里还有更多的东西，有着特别的重要性；这种东西也是特别能够取悦神，因此也是最为神圣的：那就是人们通过奉献他们自己的公平感所放弃的事物，从而获得平和平静的方式。出于这样的原因，我们也把公平感所要弃的巴西利卡王宫献给了宗教"。
19　阿尔伯蒂，《论建筑》，第七书，第 14 章。
20　阿尔伯蒂，《论建筑》，第七书，第 3 章，开篇的概述。同样，参见之前所引米歇尔有关阿尔伯蒂处理宗教类建筑时所给出的很好概括，见该书第 542 页上以及之后的内容。
21　参见下文第二部分，第 33 页。
22　阿尔伯蒂，《论建筑》，第七书，第 5 章，1485 年本。帖码 p vi："就像任何一个动物的头、脚以及任何部分都必须彼此呼应与呼应身体的其他部分那样，一栋建筑物特别是神庙，它整个身体的各个部分必须如此构成，好让它们都彼此呼应，并且，单拿出来，就能提供其他部分尺寸的线索"。
23　参见注释 5。
24　阿尔伯蒂，《论建筑》，第七书，第 10 章。阿尔伯蒂这里给出了一个 11:4 的数比，但是没有给出满意的解释；之前所引托伊尔一书也曾试图给出过解释，见该书第 618 页。但不久前，Z·佐波夫（V. Zoubov）（在《人文主义与文艺复兴时期文库》（Bibliotèque D' Humanisme et Renaissance），第 112 册，1960 年，第 56 页）给出了一个大家可以接受的解释。
25　若要进行一种详细的讨论，请参见下文第二部分和第四部分，第 46 页、第 103 页，以及第 110 页上的内容。

高的地下室，使之有别于周遭的日常生活。[26] 立面（façade）上应该像古时那样有一个带圆柱的门廊（portico），一个圆形的教堂应该由此类门廊或者是柱廊（colonnade）包围。[27] 拱券（Arches）可以被用在剧院和巴西利卡这样的建筑上，但是它们不配教堂的尊严；对于这些建筑来说，能有庄重的圆柱（columns）形式和笔直的柱上楣构（entablature）就足够了。[28] 要与巴西利卡有所区别，并同样要保持尊严性，教堂建筑必须是起拱的（vaulted）；而且，拱顶（vaults）能够保障教堂的牢固性。[29] 为了保障教堂的纯洁性，关乎感官感知的事宜是马虎不得的。教堂应该是辉煌的，特别要用宝贵的建材。但如柏拉图（Plato）、西塞罗（Cicero）所认为的那样，神庙的颜色应该是白色的，所以阿尔伯蒂"完全坚信，色彩的纯洁性和简洁性，如在生活中那样，是对上帝最大的恭敬"。[30] 可摘挂的绘画形式要好过壁画，雕像的形式要好过绘画[31]，但是无论墙上和地上要做怎样的装饰，都应该遵循"纯洁的原则"。[32] 这样，将有一整套约束着我们行为的规则，保证我们的公正、谦逊、简朴、品端、虔诚。而地面的铺砌则应该显示"属于音乐和几何的线条与形象，使得哪里都可以成为教育心灵的地方"。[33] 最后的这个建议显得有些奇怪，我们应该意识到也只能将之解释为，对于阿尔伯蒂来说，也是一种从古典时期到阿尔伯蒂一直都没有断裂的传统，音乐和几何本质上是一体且同一的；音乐就是声音的几何，在音乐中我们可以听到那个也统治着建筑几何的相同和声。[34] 最后，窗户还应该高高在上，尽可能与外界流动的日常生活没有接触。这样，人在教堂里面能从窗子里看到的就只有天空了。[35] 对于拱顶和穹隆（dome）而言，最高贵的装饰就是类似罗马万神庙（Pantheon）的藻井。但是，穹隆内部也可以绘上天空景象以示一种宇宙意义。[36] 这种关于穹隆的宇宙性阐释，从古代开始一直都是个活着的传统，尤其是在东正教教堂的设计里。[37]

在此，阿尔伯蒂为基督教建筑描绘了一幅彻底的人文主义图画；显然，人文主义（humanism）和宗教对他来说是完全匹配的。这里，我们应该强调一下：阿尔伯蒂在我们面前所描绘的建筑，应该是宁静的、哲学化的，几乎是清教徒式的。对于这一特点，与阿尔伯蒂同时代的那些卫道者们也都明确地感受到了。前面我们所说的那位反对在圣母领报教堂中设计向心式唱诗席的批评家也同样反对阿尔伯蒂把整个唱诗席做成白色而不要任何装饰的想法。在那位批评家看来，这样的教堂将会显得"可怜和凄凉"。[38] 但是，阿尔伯蒂还是为后来的建筑师们确立了具有古典倾向的标准，他的思想深受后世建筑师们的拥护与接纳。对于这些建筑师们来说，文艺复兴教堂的新形式同样蕴涵着真诚的宗教感，就像中世纪建造者们看待哥特大教堂的感觉那样。

*　*　*　*　*

在阿尔伯蒂的《论建筑》问世不久，菲拉雷特（Filarete）在他满是插图的专著里深入评析了阿尔伯蒂的思想。[39] 在某些方面，菲拉雷特颇出人意料

26　阿尔伯蒂，《论建筑》，第七书、第 3 章和第 5 章。

27　阿尔伯蒂，《论建筑》，第七书、第 5 章。阿尔伯蒂显然想到的是万神庙和灶神庙这两个古典建筑类型。

28　阿尔伯蒂，《论建筑》，第七书、第 6 章。参见下文第 35 页，注释 1。

29　阿尔伯蒂，《论建筑》，第七书、第 11 章，1485年本。帖码 r ii："神庙的屋顶应该最大限度隆起来，出于展示尊严的缘故，也出于耐久的缘故"。

30　阿尔伯蒂，《论建筑》，第七书、第 10 章，1485年本。帖码 r i，反面页："他们对于色彩的选择，就像他们对生活方式的选择那样，纯净和简洁都是最能取悦神的"。

31　同上，帖码 r iv。

32　同上，"神庙的墙上或是地面上除了具有哲学品质的东西之外，应该什么都没有"。

33　"非常赞同使用带有乐感和几何性的线条和图形的铺地图案，因为心灵会从各个地方获取有教养的激励"。

34　参见本书第四部分文艺复兴时期对音乐和几何的阐释。

35　阿尔伯蒂，《论建筑》，第七书、第 12 章，1485年本。帖码 r.iii："一座神庙的窗口开洞应该尺寸有度，且置放在高处，看出去除了天空的缘由之外，才能让教士或是祈祷者的心灵专注于神圣事务"。

36　阿尔伯蒂，《论建筑》，第七书、第 11 章（帖码 r.ii 反面页和帖码 r iii）。要想寻找在穹隆的天穹之间的平行性，请参见阿尔伯蒂，《论建筑》，第三书、第 14 章（帖码 g iii）。

37　穹隆作为天穹的象征有着漫长的谱系。见 K·勒曼（Karl Lehmann）的文章，"天堂的穹隆"，《艺术通报》（ART BULLETIN），第 27 期，1945 年，第 1 页以上以及之后的内容。该文以值得我们学习的方式，收集了古代有关穹隆的天堂特征的各种材料。想要查看 D·卡西修斯（Dio Cassius）将万神庙的穹隆比作天穹的说法，也请参照上文，第 22 页（同样，可参见 R·艾斯勒（Robert Eisler），《宇宙的衣装与华盖》（Weltenmantcl und Himmclszclt），1910 年，第 614 页。该书对穹隆的宇宙性解释给出了更多的实例）。勒曼把这一认识谱系追踪到西方的穆斯林和拜占庭世界。不过，勒曼不知道在一首 7 世纪时关于埃德萨（Edessa）被破坏的圣索非亚教堂的古叙利亚赞诗里，就有把穹隆说成是天穹的描述；同样参见 A·格拉巴尔（A.Grabar），"一首古叙利亚赞诗中有关埃德萨 6 世纪时的大教堂建筑与基督教建筑象征性的术语"，见《考古学备忘录》（Cahiers Archéologiques），第 2 期，1947 年，第 41 页以上以及之后的内容。格拉巴尔证明，这首赞诗里的象征性有赖于阿雷奥帕吉斯议会成员狄奥尼修斯（Dionysius the Areopagite）的学说。狄奥尼修斯的神秘新柏拉图主义虽然在整个中世纪都很流行，却是被库萨的尼古拉和佛罗伦萨柏拉图派（the Florentine Platonists）所复兴。这种对于穹隆的宇宙论阐释一直到 18 世纪仍很流行。同样参见 L·奥特克尔（Louis Hautceoeur）那颇为启发人的书，《神秘性与建筑：圆和穹隆的象征意义》（Mystique et architecture : Symbolisme du cercle et de la coupole），巴黎，1954 年。

这里，有必要指出拉丁语里的 coelum（即，屋顶或是顶棚）（参见勒曼，第 27 页）被意大利语所沿用。参见诸如塞利奥，《建筑五书》第三书（Terzo Libro）

等，1600 年本，第 52 页上的说法："它还可指代顶棚"（essa volta o vogliamo dire cielo）。

38 盖伊，如前所引著作，第 232 页："如果从小礼拜堂往上，这一后殿完全是白色的且毫无装饰的话，那就显得寒酸和鄙陋"。

39 菲拉雷特（Filarete），《建筑艺术论》（Tractat über die Baukunst），W·冯·奥廷根（W. von Oettingen）编，维也纳，1890 本（艾特尔贝格尔－伊尔克《原始文献》（Eitelber-Ilgs "Quellenschr"），新系列，卷三），第 39 页，第 47 页。菲拉雷特的专著是大约在 1457 到 1464 年间为弗朗切斯科·斯福尔扎（Francesco I Sforza）写的，但是在斯福尔扎去世后此书改成献给皮耶罗·德·美第奇（Piero de' Medici）。J·R·斯班塞（John R.Spencer）（在《艺术综述》（Rivista D' arte）第 31 期，1956 年，第 93 页上以及之后的内容）用充分的理由提出，这部专著写于 1461 年 5 月到 1462 年年底之间的这段时间。

40 同上，第七书，第 221 页。

41 同上，第八书，第 273 页之后："如果你看到一个半圆的话，你的目光就可以自由地扫来扫去；当你看到一个完整圆的时候，你的目光就会即刻捕捉住整体，然后，好像它是无边的……"。同样的话也可以用到半圆拱上。参见弗雷，之前所引著作，第 74 页上的内容。

42 C·普罗米斯（C.Promis）与 C·萨卢佐（Cesare Saluzzo），《乔治·马丁尼的民用与军事建筑论》（Trattato di architettura civile e militare di Giorgio Martini），都灵，1841 本，第四书、第 2 章，第 102 页。此专著可能写于 1482 年左右，但是弗朗切斯科·迪·乔治的书写活动应该始于更早的时间。有关这本 1492 年才完成的专著的创作时间判断，参见 H·D·拉·克鲁瓦（Horst de la Croix），发表在《艺术通报》，第 42 期，1960 年，第 269 页，注释 22。

43 此图出自佛罗伦萨国家中央图书馆马利亚贝基亚诺手抄本（手抄本 II. I.141），临自 R·帕皮尼（Roberto Papini），《建筑师弗朗切斯科·迪·乔治》（Francesco di Giorgio architetto），佛罗伦萨，1946 年版，卷二，图 69。要想了解弗朗切斯科·迪·乔治的绘图程序，参见 H·米隆（H. Millon），"弗朗切斯科·迪·乔治的建筑理论"（The Architectural Theory of F.di G.），《艺术通报》，第 40 期，1958 年，第 257 页上以及之后的内容。

44 巴黎，法兰西研究院，手稿 B，第 24 页正面；见 J·P·里什泰（J.P.Richter），《达·芬奇文稿》（The Literary Works of Leonardo da Vinci），第 2 版，1939 年，卷二，第 96 号图片。有关此图与帕维亚大教堂（the Cathedral of Pavia）的关系，参见海登赖希，《达·芬奇的宗教建筑研究》（Die Sakralbaustudien Leonardo da Vincis）（论文，汉堡），1929 年，第 68 页上以及之后的内容。该论文对于教堂的 "复合" 类型提供了有价值的讨论和深入探讨的文献。

45 参见帕皮尼，之前所引著作，卷二，第 288 号线图，劳伦齐亚纳图书馆，阿什伯纳姆抄本 361 号，帖码 12，正面。同样参见本书第 14 页，注释 5；第 17 页，注释 12。

46 第四书，第 1 章之后的内容。

47 第四书，序言。

48 第四书，第 2 章，103 页，以及第 7 章，第 115 页上的内容。

地揭开了文艺复兴时期人们对待某些形式的情感反应。比如，当他说到下面的话时，他一定想着那个代表文艺复兴的大穹隆："我们这些基督徒们把我们的教堂建得高大，使得进入其中的人都会感到被升华了，这样，灵魂才能冥想上帝。"[40] 我们同样还听到了有关圆形的安抚效应；因为，"在看一个圆的时候，人的视线能够立刻扫过圆周，不受阻碍或阻断。"[41] 因此，阿尔伯蒂有关圆形的宇宙哲学化思考在他这里被一种心理学和视觉的方式所补充。从这儿开始，圆的几何性就开始扮演更加重要的角色。

弗朗切斯科·迪·乔治（Francesco di Giorgio）用经验性的演绎过程完成了他给教堂建设者们的建议：他认为，已存在的无数教堂形式可以被简化成为三种主要类型[42]：第一种是他认为最为完美的圆形；第二种是矩形；第三种是前二者的复合形式。所有正多边形的教堂形式都属于第一种，第二种类型只包含了所有从矩形导出的长中殿式教堂，第三种类型是将中殿和由唱诗席与耳堂十字交叉后形成的集中布局结合起来的形式。最后这种类型的确是名副其实的复合式，因为这两个组成部分各自遵从着它们所属于的类型的法则和规范。

从比萨、锡耶纳、佛罗伦萨的大教堂，到洛雷托的圣卡萨教堂（Chiesa della Casa Santa at Loreto）、帕维亚（Pavia）的大教堂，复合式教堂类型在意大利有着一段漫长而辉煌的历史。如果完全按照设计改造成功的话，阿尔伯蒂在里米尼（Rimini）的圣弗朗切斯科教堂（S.Francesco）也应该是个复合式教堂（图 31），并且有着一个尺度惊人的穹隆空间。弗朗切斯科·迪·乔治通过在建筑平面上标注上人体形象的方式解释了在类似的教堂平面设计中怎样才能将教堂的集中式部分与长中殿部分有机地结合起来（图 2）。[43] 东端的集中式平面源自圆和方的基本几何形状。莱昂纳多·达·芬奇（Leonardo da Vinci）也赞同弗朗切斯科·迪·乔治有关复合式教堂的观点：在他的某个概念性平面设计中，集中式的那一部分是遵从着 "恰当的规则和规范的"。（图 3）[44] 这些图表明，在文艺复兴建筑师的设计那里，此类教堂设计中的集中式部分是具有绝对重要性的：在弗朗切斯科·迪·乔治的设计中，最重要的地方就是所有半径最终都交会于的那个理想中心点。同样，在达·芬奇的平面设计中，最重要的地方也是几何形式相互紧密交织的地方。

如果我们翻翻弗朗切斯科·迪·乔治的那些手稿，我们就会明确地发现弗朗切斯科·迪·乔治对集中式平面的浓厚兴趣；这里的图片（图 5）展示出带门廊及不带门廊的圆形平面、带有内切圆和环形礼拜堂的方形平面、外带环形礼拜堂的正八边形平面的系统演化过程。[45] 所有的这些设计都精心地保持着每一种几何形式的整体性。还有，弗朗切斯科·迪·乔治用带着亚里士多德经院派的偏见复述着阿尔伯蒂的思想；他全面陈述了有机比例理论，并详细指导了从平面设计到窗户设计怎样获得 "均衡性"（simmetria）和 "通约性"（commensurazione）的过程。[46] 在他的叙述中，存在着一个关于建筑的哲学等级体系，处在那个等级顶点上的就是属于上帝的建筑，这样的建筑也必须配得上上帝自身的完美。[47] 在他对教堂所提出的复杂要求中，我们看到了有关半圆穹隆的提议，我们看到了有关在集中式教堂中设置圣坛的合适位置这样关乎礼拜仪式的讨论。[48]

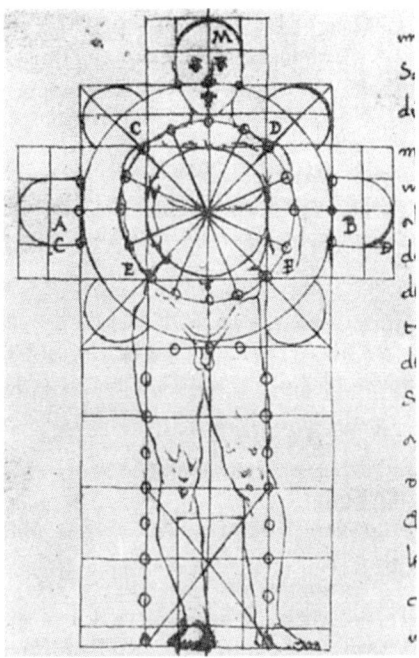

图2　弗朗切斯科·迪·乔治，该图出自马利贝基亚诺抄本

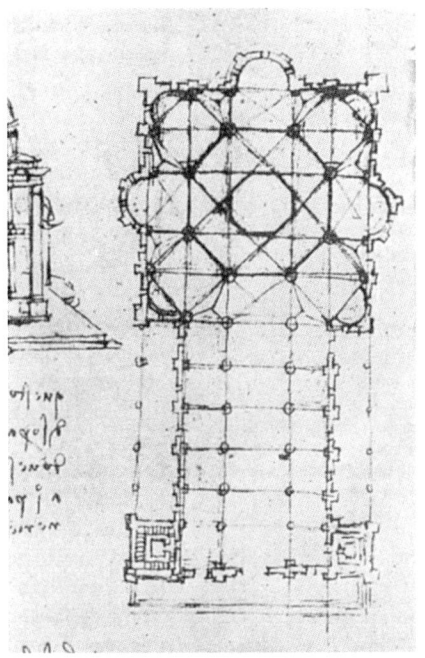

图3　莱昂纳多·达·芬奇，一个教堂的设计（局部图）

图4　弗朗切斯科·迪·乔治，比例研究，出自萨卢奇抄本

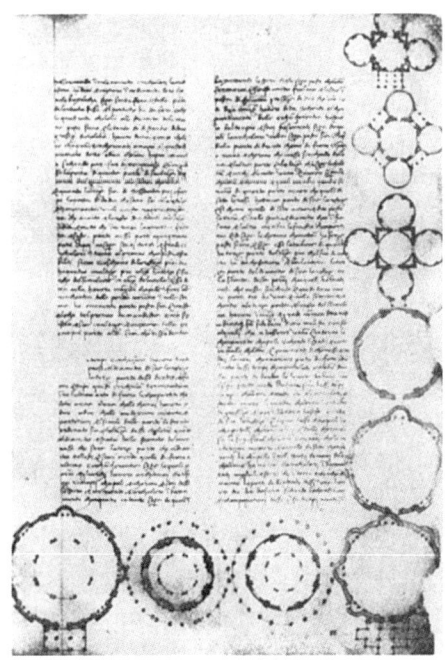

图5　弗朗切斯科·迪·乔治，阿什伯纳姆361号抄本中的一页

49 同上，第 115 页："对于很多人来说，重要的是要通过神的象征形象跟我们之间的物理距离的遥远，去显示上帝的高贵和完美；因此，神位应该距离主入口尽可能地远，也就是对着主入口的半圆室附近"。这些批评者出于崇拜仪式的原因也同样反对把圣坛置放到中央。

50 同上，第 116 页："既然上帝体现在各处以及每一个生灵身上，所有生灵都得尊重神，因此，有理由要求把上帝的神位置放到神庙中心，中心是最不偏心的，也被神庙所有其他部分所共享着，是所有路线的交会点。另外一个原因是，基督曾言，他会在神庙中崇拜他的信徒聚会当中出现，神位应该就处在崇拜神位和神的信徒当中；而圆形则用相同的尊严提供着更多的均等的场所，提供着其他平面所没有的独特中心，出于此原因，圆形乃是对于唯一能普照他者的神的便利模拟物"。

51 有关伯拉孟特作为作家的说法，参见施洛瑟（Schlosser），《艺术文献》（Kunstliteratur），1924 年，第 129 页上的内容。根据 A·F·多尼（A.F.Doni）《多尼文库 第二卷》（La seconda libreria）（威尼斯，1555 年本，第 44 页）里的说法，那些研究了伯拉孟特作品的人，"都能快速识别出来一栋建筑物是否比例恰当或是不当，并且可以判断建筑的局部是否都构成着一个和谐的整体。"与伯拉孟特同时代的切萨里亚诺（Cesariano）与卡斯蒂廖内（Castiglione）有关伯拉孟特是个"文盲"的证词应该被"有保留地"（cum grano salis）看待。博学的瓦萨里显然并不赞同这一观点（维特（Vite）编《米拉内西》（Milanesi）卷四，第 164 页）。同样参见盖米勒（Geymüller），《罗马圣彼得大教堂的初始设计》（Die ursprünglichen Entwürfe fur Sanct Peter in Rom），1875 年，第 21 页以上及之后的内容；M·瓦莱里（Malaguzzi Valeri），《"摩尔人"洛多维科的府邸内院》（La corte di Lodovico il Moro），1915 年，卷二，第 231 页上的内容。即使像帕拉第奥这样以勤学知名的人，也会被同时代人冠以"没受教育的人"；参见下文，第 141 页。

52 有关佩鲁齐（Peruzzi）的写作计划，参见弗雷之前所引著作，第 44 页上的内容。

53 参见丁斯莫尔（Dinsmoor），"塞利奥的文稿遗存"（The Literary Remains of Sebastiano Serlio），《艺术通报》，第 24 期，1942 年，第 60 页，注释 27。——在佛罗伦萨国家中央图书馆的抄本里有一个是弗朗切斯科·迪·乔治本人完成或是别人为他完成的更早译本（抄本 II.I.141，帖码 103 页之后的内容）；参见瓦萨里，《意大利著名建筑师、画家和雕塑家传记》，米拉内西本，第三书，第 72 页，施洛瑟，《艺术文献》（Kunstliteratur），1924 年，第 129 页；A·威·斯图尔特（Allen Stuart Weller），《弗朗切斯科·迪·乔治》（Francesco di Giorgio），芝加哥，1943 年，第 272 页。

54 瓦萨里，《意大利著名建筑师、画家和雕塑家传记》，米拉内西本，第五书，第 472 页，注释 1。这前言——如今仅存的部分——是由戈蒂（Aurelio Gotti）发表在其《米开朗琪罗生平》（Vita di Michelangelo Buonarroti），佛罗伦萨，1876 版，卷二，见该书第 129 页之后的内容，并再刊于 P·丰塔纳（Paolo Fontana）《纪念 I·B·苏皮诺的艺术轶史》（Miscellanea di storia dell' arte in onore di I.B. Supino），佛罗伦萨，1933 版，第 305 页以上及之后的内容。

55 参见克劳迪奥·托洛梅伊（Claudio Tolomei）的信，见博塔里编《通信集》（Lett.），匹兹堡，1822 年。

我们应该还记得，阿尔伯蒂在这一重要问题上保持了沉默。最终，在阿尔伯蒂和弗朗切斯科·迪·乔治之间的这 30 年里，集中式设计获得了认可。相关的争议都在弗朗切斯科·迪·乔治的文本中得到忠实的体现。但是争议的内容不是集中式教堂是否适应礼拜仪式——这一点，似乎没人再怀疑——真正的问题是圣坛到底应该放置在教堂内的边缘还是在中心。支持前一个观点的人认为，为了表现上帝与我们之间的无限遥远距离，应该把圣坛放在距离主入口尽可能远的地方，也就是说，与主入口构成对角关系的周边位置上。[49] 而支持第二种观点的人则主张中心才是"唯一与绝对"（unico e assoluto）的位置，因此也像上帝的真实位置那样。再者，亦如上帝是无所不在的状态一样，圣礼（Sacrament）的举行也应该在中心的地方，处于建筑中所有线条的汇集处（图 2）。[50] 比阿尔伯蒂的宇宙类比更直截了当，此处，圆与中心被认作是上帝的象征；稍后我们将看到，这样的认识是植根于新柏拉图主义哲学的。

2. 后续建筑理论中的集中式教堂

在那些文艺复兴盛期的大师们所要立志撰写的建筑专著中，真正被写完的很少，真正流传给我们的更少，所以我们很难确切把握他们的想法。伯拉孟特（Bramante）的文字几乎全部失传[51]；在达·芬奇和佩鲁齐（Peruzzi）的理论文献中[52]，起码保留了相当多的图纸部分。但是，从文艺复兴盛期那些大师们对维特鲁威的关注和阐释中，我们还是多少可以了解到他们的用意的。这些大师对维特鲁威的研究是众所周知的：1511 年，焦孔多修士（Fra Giocondo）率先用拉丁文发表了带插图的维特鲁威著作，显现了他对维特鲁威深刻的理解；在拉斐尔（Raphael）的指导下，并在拉斐尔的家中，法比奥·卡尔维（Fabio Calvi）[53] 完成了一个（没有发表的）意大利语版本；在他事业的末期，安东尼奥·达·圣迦洛（Antonio da Sangallo）也致力要完成一稿带有评注的意大利语本。[54] 这些旨在理解和阐释维特鲁威的努力在 1542 年达到了一个顶峰，出现了维特鲁威研究院，虽然这个学院原本庞大的博学计划从来都没有实现。[55] 正是通过 1521 年切萨里亚诺（Cesariano）所修订的维特鲁威文本，我们才熟悉了伯拉孟特和达·芬奇在米兰期间的思想。切萨里亚诺是伯拉孟特的弟子，他所评注的维特鲁威《建筑十书》的意大利语首版带有这个小圈子里的人常见的细致而又深入的评析。这件事本身具有重大意义。他的评注再次显露了一种常在的建筑等级感（sense of an architectural hierarchy）；切萨里亚诺宣称任何一类居住建筑的建造都没有一个神圣建筑的建造来得困难，神圣建筑"要求它的局部能够贴切地形成比例并且努力地和谐起来。"[56] 那些能够制造"精确结果"的建筑师们自己都变成了"半神"（demigods），"半仙"（come semidei）。[57]

这些神圣的建筑该有怎样的形象呢？它们的局部，到了怎样的地步才能被叫做有着贴切的比例和和谐呢？维特鲁威给出了答案。在他关于"神庙"的第三书中，他曾经给出了有关人体比例的著名阐述，他认为神庙的比例应该反映人体的比例。为了证明人体的完美和和谐，维特鲁威描绘了一个结实的男人形象。他伸出双臂和双腿，形成精确完美的几何图形，就是圆和方。[58]

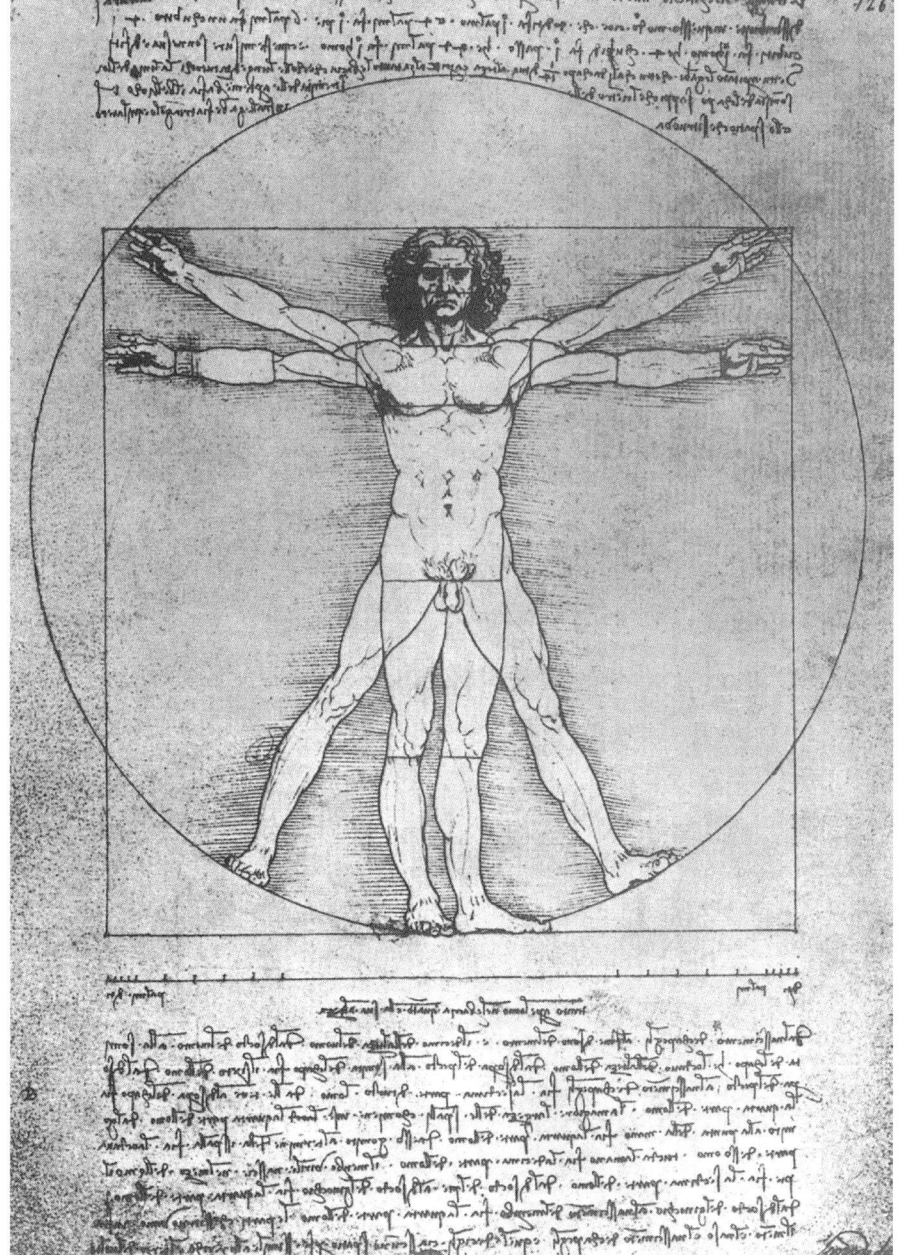

图 6　莱昂纳多·达·芬奇，维特鲁威人。
线绘图

卷二，第 1 页上以及之后的内容；施洛瑟，之前所
引著作，第 223 页。

56　切萨里亚诺，《维特鲁威〈建筑十书〉评注》
（ Di Lucio Vitruvio Pollione de Architectura ）等，科莫，
1521 年，第三书、第 1 章，帖码 xlviii，反面页："对
我来说，似乎很容易确定和建造一座要塞的中间部
分：不管是城市还是大型城堡还是其他民用建筑，
都应该正确布置，并根据均衡法则制定各部分的合
适比例"。

57　同上，第一书，帖码 ii，反面页："那些知道如
何提供此类效果的建筑师们看上去几乎就像神祇一
般，只不过他们的艺术中还带有某些天然的不完美
性"。

58　同上，第三书、第 1 章，帖码 i："没有哪种构
成可以不具有任何均衡或是理性比例就能存在，也没
有哪个比例良好的人体形象可以没有精确的比例"。

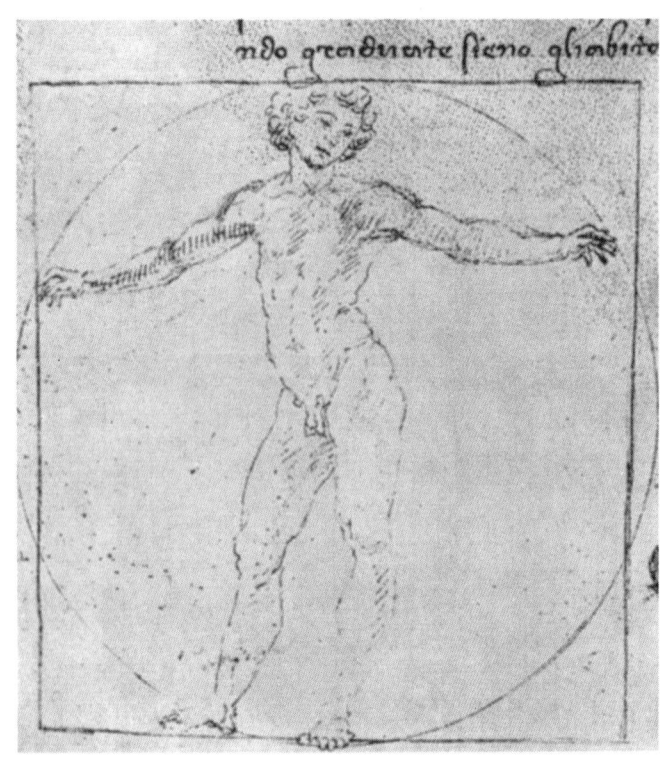

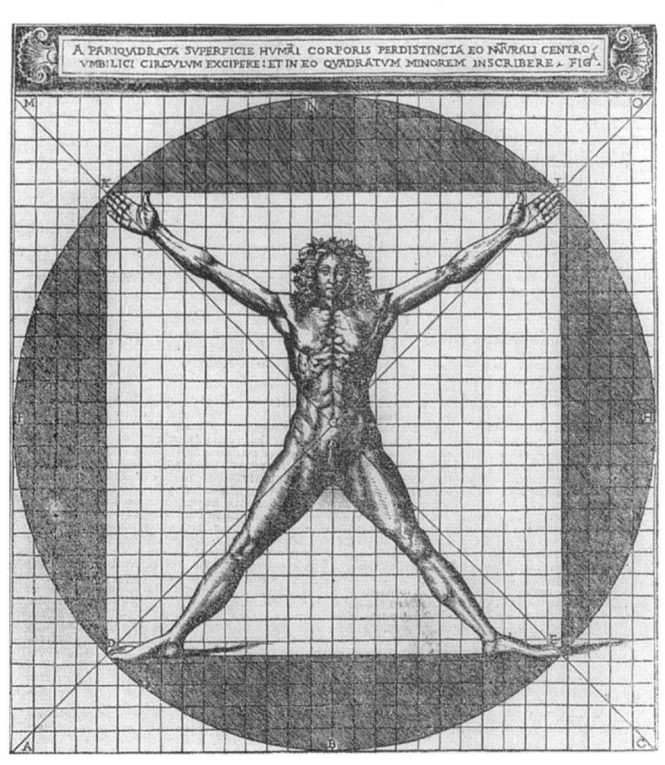

图 7　弗朗切斯科·迪·乔治，维特鲁威人。
阿什伯纳姆 362 号抄本

图 8　维特鲁威人。出自切萨里亚诺本的维特鲁威
《建筑十书》。科莫，1521 年

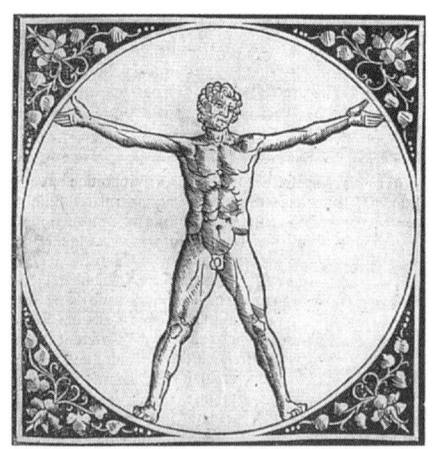

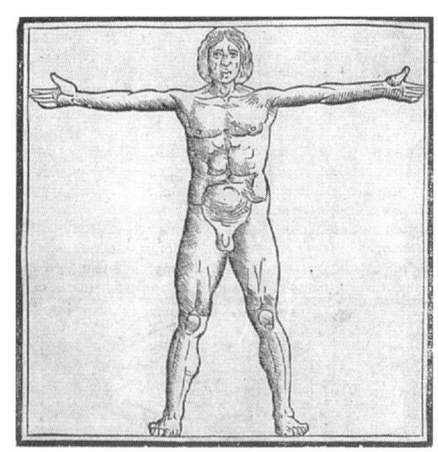

图 9　维特鲁威人，"圆形中的人"。出
自焦孔多本的维特鲁威《建筑十书》。威
尼斯，1511 年

图 10　维特鲁威人。出自弗朗切斯科·
乔奇，《和声世界》。威尼斯，1525 年

图 11　维特鲁威人，"方形中的人"。出
自焦孔多本的维特鲁威《建筑十书》。
威尼斯，1511 年

这一简单的图画似乎揭示了人类与世界的深刻而且基本的真理。对于它的意义，文艺复兴时期的建筑师们也绝没有小觑过。这个形象左右着他们的想象力。我们在劳伦齐亚纳馆藏的弗朗切斯科·迪·乔治抄本中（图7）看到了这个形象。这个抄本归达·芬奇所有，并被他加上了评语。[59] 达·芬奇自己在他那幅绘于威尼斯的著名图画中更加精确地阐释了维特鲁威的文本（图6）。[60] 而焦孔多则在他1511本的维特鲁威评注中放上了"圆中人"（ad circulum）与"方中人"（homo ad quadratum）两张图（图9，图11）。[61] 切萨里亚诺不会不知道达·芬奇的图，因为他自己也给出了两页满满的插图（图8）[62]，在插图的旁边，他还给出了一个冗长的注释，并最终宣称有了维特鲁威的人体图我们就可以确定比例，他用"通约"这个词来代表存在于世上一切事物之中的共同尺度以及和声。[63]

很显然，切萨里亚诺的注释是对伯拉孟特和达·芬奇那个圈子的人对和声和比例讨论的附和。对此，我们还有更多的证据，尤其是从达·芬奇的朋友、数学家卢卡·帕西乔利（Luca Pacioli）那里得来的证据。达·芬奇曾经从帕西乔利的《神圣比例》（Diuina proportione）[64] 那里拿来了一些插图。在帕西乔利的著作中，维特鲁威的概念被再次置放到了一个形而上学的层面上。"我们首先应该谈谈人的比例，"帕西乔利在《神圣比例》附录中有关建筑的部分如此宣称，"因为，从人体可以导出所有尺度和它们的派生数。在人体中，存在着上帝用来揭示自然秘密的所有数比（ratio）和比例。"进而，他还说，"在研究了人体的完美结构之后，古人也把他们的建筑进行了合适的比例分配，特别是对神庙们，更是如此。在人体中，古人发现两种不可或缺的主要图形，就是完美的圆和方。"[65] 在讲完这些观察之后，帕西乔利开始了对维特鲁威文本冗长的描述。

作为新柏拉图主义者的修士弗朗斯科·佐尔齐或乔吉（Francesco Zorzi or Giorgi）[66] 也和建筑学密切相关，他在"宇宙和声"的研究上又领着我们向前迈进了一步。在他的书里，在题为"为什么圆内人体形象就是世界形象"（图10）的一个章节里，我们看到了他给维特鲁威文本制作的插图，而且重要的是只有"处于圆中的人体形象"这么一张插图。这张图已经将人体的宇宙意义阐释得非常清楚了。但是，这个标题只是代表了作者的一半意思。对他来说，对维特鲁威的图示具有一种二元的属性：它通过可见的人的世界（homo-mundus）展示了那个不可见者。对于上帝来说，灵魂和上帝之间的知性关系属于"唯知性可理解的领域"（intelligibilis sphaera）。作者在阐释维特鲁威时所采用的工具，正是经由菲奇诺（Ficino）从柏罗丁（Plotinus）[67] 那里继承下来的新柏拉图主义神秘几何。

随着文艺复兴对古希腊那种对神和世界的数学化阐释方式的复兴，以及基督教里人是上帝体现在宇宙和谐中的形象的信仰的支持，维特鲁威的人体图示就变成了代表微观与宏观世界数学性通感的象征。[68] 还有什么其他方式更能表达人与上帝之间的关系吗？难道我们不应该认为方与圆才是建造上帝之家的基本几何吗？

这个问题把我们带向了达·芬奇关注的集中式教堂的命题。他画的诸多

59 参见下文第17页，注释2，劳伦齐亚纳图书馆阿什伯纳姆抄本361号，帖码5，正面页，参见G·法瓦洛（Giuseppe Favaro），《一份可能出自达·芬奇的15世纪匿名抄本中的人体比例》（Le proporzioni del corpo umano in un codice anonimo del Quattrocento postilato da Leonardo），意大利国家研究院（Reale Acc. d'Italia），《古典体格学笔记》（Memorie classa scienza fisiche）等，卷五，1934年，第592页上的内容。

60 里什泰，之前所引著作，卷一，第255页，注释343。

61 修士焦孔多本，《维特鲁威〈建筑十书〉》，威尼斯，1511年本，帖码22，正面页。

62 帖码xlix以及L页（第4号图面）。帖码xlix页展示着一个方块里的人体形象，不是本书所用的插图，标题为："人体尺度以及如何用人体得出均衡的协调以及成比例图几何设计的方法"。
诸多维特鲁威《建筑十书》此后的版本（比如卡波拉利（Caporali）本，菲兰德（Philander）本）都有这样的插图，通常是源自切萨里亚诺本。甚至晚到1590年时，出现在G·A·鲁斯科尼（Gio. Antonio Rusconi）本的主要插图也是如此，见《维特鲁威〈建筑十书〉……第二则》（Della Architettura...secondo i Precetti di Vitruvio），威尼斯，1590年本，第46页：人体比例体系（System of human proportions），第47页：圆中人，第48页：方中人。

63 如前所引著作，帖码50，反面页："最重要地，是存在着人体形象：凭借人体各部的对称性，我们可以说，我们能够测量世间万物"。我们可以从将人体直接用作建筑部件比例的做法中，看到这一方法的应用该有多么直白。从15世纪到17世纪，这一方法的例子都非常常见，相关证据可以主要参见的弗朗切斯科·迪·乔治的绘画（图2与图4）以及后来伯尔尼尼（Bernini）的线绘图［布劳尔（Brauer）-维特科尔，《伯尔尼尼的图》（Die Zeichnungen des G.L.Bernini），1931年，卷二，第54页］以及维特科尔对于尚特鲁（Chantelou）的评论。

64 C·温特贝格（C.Winterberg）编撰，见艾特尔贝格尔-伊尔克《原始文献》（Eitelberger-Ilg's "Quellenschriften"），维也纳，1889年，第129页。有关达·芬奇跟帕西奥利的关系，参见米勒-瓦尔德（Müller-Walde）文章，见《艺术收藏年鉴》（Jahrbuch D. Preuss. Kunstslg.），第19期，1898年，第235页上以及之后的内容，以及索尔米（Solmi），《达·芬奇原稿》（Le fontidei manoscritti di Leonardo da Vinci），1908年，第219页上以及之后的内容。

65 帕西奥利《神圣比例》（Div.pro.），版本同前，第131页。

66 F·佐尔齐（或乔吉）（Francesco Zorzi (or Giorgi)），《和声世界》（De Harmonia Mundi totius），威尼斯，1525年，第C页，标题2。有关乔吉参见第四部分，第102页。

67 柏罗丁（Plotinus）《九章集》（Enn.）里作为"圆满理解力"的，见柏罗丁，《九章集》，第2章，第6节、第17段；第6章、第5节、第5段；第6章、第9节、第8段。参见D·曼克（D. Mahnke），《无限的球与无所不在》（Unendliche Sphäare und Allmittelpunkt），1937年，第68页。

68 R·阿勒斯（Rudolf Allers），"微观宇宙"（Microcosmus），见《传统》（Traditio），卷二，1944年，阿勒斯在该书证明了微观宇宙的认识展示了"一种人们不曾预见的合理性并且在意大利文艺复兴哲学中获得了主

导地位，影响到之后的诸多人。"当然，在微观宇宙和宏观宇宙之间数学对应的信条也是中世纪思想的基础之一。对此，阿勒斯此给出了晚近最好的综述。若要了解美学问题，参照 E·德·布洛纳（Edgar de Bruyne），《中世纪美学研究》（Etudes d' esthétique médiévale），布鲁日，1946年，卷二，第 275 页上以及之后的内容，第 350 页上以及之后的内容，第 361 页上以及之后的内容。甚至"维特鲁威人"都在中世纪思想里产生了一种构成性影响；写于 1303 年之前的法文本《普拉西德与蒂迈欧对话录》（Placides et Timeo）里，我们可以听到这样的对话："一个人就是一个微观宇宙。他完全就像一个宇宙，他所拥有的一切，就是他伸开双臂的宽度与广度所能包容的一切"。（参见 V·郎格卢瓦（Ch.–V.Langlois），《中世纪宇宙与自然的认识》（La connaissance de la nature et du monde au moyen âge），巴黎，1911 年，第 290 页上。

69 在一封有关帕维亚穹隆剧场（the Opera del Duomo of Pavia）的信的草稿里，达·芬奇曾提到诸如"端庄建筑的法则"（regole del retto edifichare）："我的模式就是完全遵从均衡的法则，遵从主体建筑所应有的对应关系"。参见 L·贝尔特拉米（L. Beltrami），《有关达·芬奇生平与活动的文献与笔记》（Documenti e memorie riguardanti la vita e le opere di La V.），米兰，1919 年，第 24 页；海登赖希，《达·芬奇的宗教建筑研究》（Die Sakralbaustudien Leonardo da Vincis），1929 年，第 39 页的内容。

70 我们应该记得帕西乔利是阿尔伯蒂的朋友（参见《神圣比例》，之前所引版本，第 317 页上的内容）。若要了解达·芬奇对于阿尔伯蒂著作的了解和使用程度，参见海登赖希，之前所引著作，第 41–82 页；索尔米，《达·芬奇原稿》，之前所引著作，第 37 页之后的内容；肯尼斯·克拉克爵士，《阿尔伯蒂论绘画》（Leon Battista Alberti on Painting）（英国皇家学院讲座）（British Academy Lecture），1944 年，第 16 页上的内容。达·芬奇和弗朗切斯科·迪·乔治 1490 年时都在帕维亚，并见过面。达·芬奇拥有劳伦齐亚纳图书馆阿什伯纳姆 361 号抄本的未完成建筑专著，并在上面做过批注，而这抄本当由弗朗切斯科·迪·乔治已经不再疑存；见 E·伯尔第（E. Berti）文，见《美景宫》（Belvedere），卷七，1924 年，第 100 页以及之后的内容。

71 里什泰，《达·芬奇文稿》，卷二，第 27 页，注释 753。

72 瓦萨里，《意大利著名建筑师、画家和雕塑家传记》，第四书，第 21 页；同样，参见，里什泰，之前所引著作，卷二，第 48 页。

73 参照里什泰书中所引盖米勒的分组，之前所引著作，卷二，第 19 页以及之后的内容，以及海登赖希的博士论文（之前所引著作）。我们这里不是在讨论海登赖希所擅长讨论的绘画风格的变化。

74 绝大多数相关绘图都出现在法兰西研究院的手稿 B 中。帖码 15，正面页：对方形平面使用矩形和分段式礼拜堂的最简单添加方法；帖码 21，正面页：带着礼拜堂的正六边形平面；帖码 25，反面页：矩形和半圆形礼拜堂的交替式；这里，也有一个带有半圆形礼拜堂的正八边形平面，等等。

75 国家中央图书馆，第 2037 号，帖码 3，反面页。

76 文杜里（Venturi），《意大利艺术史》（Storia dell' arte Italiana），卷十一，第 1 期，1938 年，第 25 页的内容。

77 盖米勒，《罗马圣彼得大教堂的初始设计》（Die

有关集中式平面教堂的图比文艺复兴时期其他任何一位伟大的艺术家和思想家的研究都更加系统；在他的这些研究中，重点在于对文艺复兴宗教的记录。达·芬奇对于那些指导他思想的思想几乎从来都是保持沉默的。[69] 但是在补充切萨里亚诺和帕西乔利的证据时我们知道达·芬奇是熟悉阿尔伯蒂和弗朗切斯科·迪·乔治的工作的。[70] 还有那句话，他用命令式语气说道，"一个建筑的四周都应该是完全暴露的，以便人们能够看到它的真实形态。"[71] 这句话展示了类似于我们在阿尔伯蒂那里所看到的对纯粹几何的热爱以及对建筑精辟的认识。这可能就是来自阿尔伯蒂《论建筑》的直接影响。如果瓦萨里（Vasari）的说法是正确的话，达·芬奇曾经想把佛罗伦萨的施洗礼堂抬起来，把它安置到一个能够保障其辉煌的底座上。[72] 在这一点上，达·芬奇一定是想遵从阿尔伯蒂有关教堂建设的倡导，即教堂应该有一个独立的形式，有一个高的底座，高于周遭的日常生活。达·芬奇几乎在他所有的设计中都恪守着这一原则。

如果我们从这些证据中能够得出什么结论的话，那就是达·芬奇的思想与阿尔伯蒂的思想是一致的，达·芬奇的那些图画也是那个圈子精神的极致代表：它们的确就像是对阿尔伯蒂理论的图解。这些有关集中式教堂的图画[73]，展示了方与圆可能演化出来的所有组合，从最简单者到最复杂者（图 12）[74]，从来都没有脱离将基本几何形式进行清晰组合的原则。这样，在通往复杂化的道路上，基本几何没有失去它的清晰性和有效性。在某些例子中，比如图 13 中[75]，我们可以看到主体不可撼动的纯粹立方体形式，其中内切着一个座圈（drum）的圆、一个穹隆的半球体，还附加着半环形的小礼拜堂们。在他的所有图中，辅助性的穹隆们和小礼拜堂们陪衬着并指向着主体中央穹隆那纯粹和简单的形态。在它之下，"灵魂升华，去冥想上帝。"[76]

这些建立在简单几何形式之上的有机组合平面们，其中被建造出来的数量远比我们能够意识到的要多得多。最接近达·芬奇理想平面的建筑可能就算位于托迪（Todi）的孔索拉齐奥内圣母教堂（S.Maria della Consolazione）。这个建筑的设计看上去就像我们刚刚讨论过的那样（图 14），它几何模式的晶体效果在此就像在图上那样清晰。这个教堂是由科拉·达·卡普拉罗拉（Cola da Caprarola）于 1504 年开始建造的。设计的蓝图不是达·芬奇的，可能是伯拉孟特的[77]——这也是诸多的证据之一，说明这个圈子里的人有关建筑的看法该是多么接近。

如果切萨里亚诺在米兰发表的看法与伯拉孟特和达·芬奇的思想是同步的话，塞利奥（Serlio）则代表了 16 世纪"罗马帮"的思想。我们知道，塞利奥有关建筑的著作是从 1537 年才开始出现的，这些书是基于他的伟大导师佩鲁齐所遗留下来的资料写成的。[78] 塞利奥的著作平淡而实用，有一堆典型而不是对原理的表述。我们不要指望在塞利奥那里发现任何阿尔伯蒂式的哲学概念。但是，塞利奥有关教堂适用平面的综述则是重要的，他提出了十二种基本形状，他说："我将从圆形平面开始说起，因为它比任何其他所有形式都更加完美。"[79] 在这十二种平面当中，九种是从圆与方演化出来的（图 15）[80]，三种是矩形的。除了两种圆形平面之外，他还推荐了正五边形、

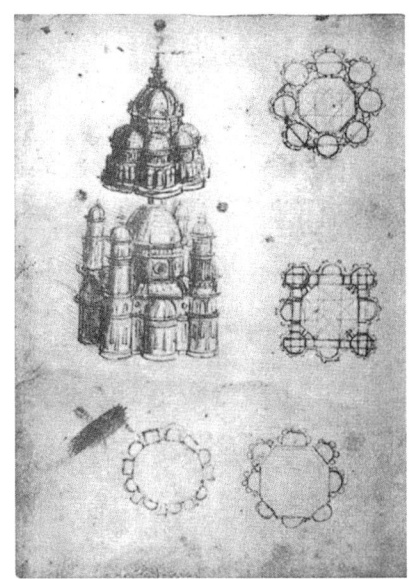

图 12　莱昂纳多·达·芬奇。教堂设计

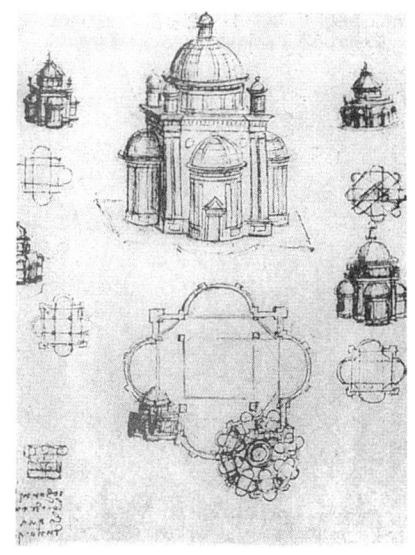

图 13　莱昂纳多·达·芬奇。教堂设计

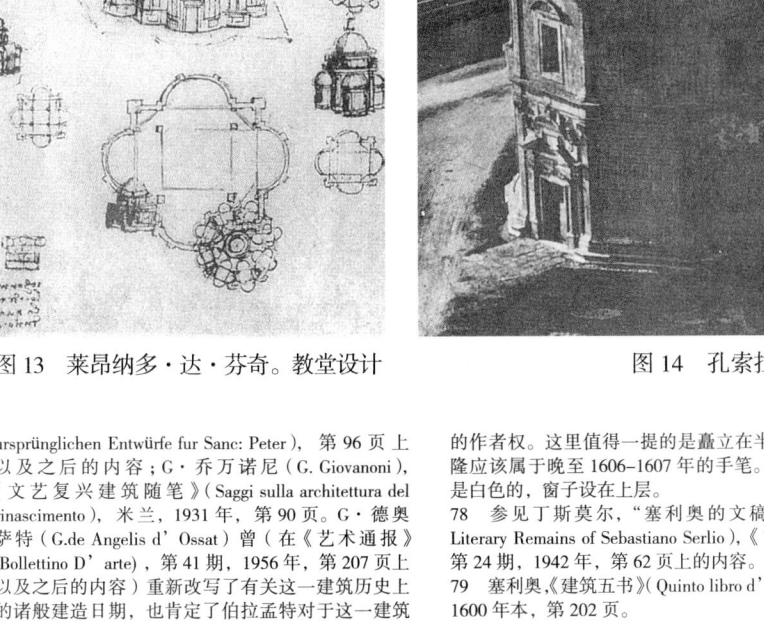

图 14　孔索拉齐奥内圣母教堂。托迪，1504 年

ursprünglichen Entwürfe fur Sanc: Peter），第 96 页上以及之后的内容；G·乔万诺尼（G. Giovanoni），《文艺复兴建筑随笔》（Saggi sulla architettura del rinascimento），米兰，1931 年，第 90 页。G·德奥萨特（G.de Angelis d'Ossat）曾（在《艺术通报》(Bollettino D'arte)，第 41 期，1956 年，第 207 页上以及之后的内容）重新改写了有关这一建筑历史上的诸般建造日期，也肯定了伯拉孟特对于这一建筑的作者权。这里值得一提的是矗立在半圆之上的穹隆应该属于晚至 1606-1607 年的手笔。内部墙体都是白色的，窗子设在上层。

78　参见丁斯莫尔，"塞利奥的文稿遗存"（The Literary Remains of Sebastiano Serlio），《艺术通报》，第 24 期，1942 年，第 62 页上的内容。

79　塞利奥，《建筑五书》（Quinto libro d'architettura），1600 年本，第 202 页。

80　本书图 15 已经将塞利奥书里分在几个连续页上的九个平面组织到一起去了。R·比林（R.Billing），"塞利奥圆形平面的'古代模式'"（Die Kirchenpläne "al modo antico" von Sebastiano Serlio），《罗马手册》（Opuscula Romana）（瑞典罗马学院）（Acta Instituti Romani Regni Sueciae），第 4 号系列丛书，卷十八，第 1 期，1954 年，第 21 至第 38 页。该作者调查了塞利奥集中式平面的教堂跟古代原型之间的关联。

27

图 15　集中式平面。出自塞利奥《建筑五书》的第五书，1547 年

正六边形、正八边形和内切正八边形的方形、内切圆及环形礼拜堂的方形，还有希腊十字形与椭圆形。最后的这种类型虽然是从圆形导出来的，但是具有了一种从入口到唱诗席的轴线方向感，因此是一种有关宗教建筑新途径的先兆。[81]

　　事实上，塞利奥一直关心着我们在阿尔伯蒂和米兰圈子里看到的相同问题。如果我们还记得伯拉孟特只是在稍早于1500年时才在罗马定居下来的话，我们对此就不应该惊讶。然而，到了15世纪末叶，对这些理念的消化就不再仅靠个人关系和影响力了；这些思想变成了一种公共财产，不仅是建筑师，还有雕塑家和画家们开始对集中式建筑的严格几何抱有情感上的喜爱。[82] 对于这一时期里任何一卷建筑草稿文本的研究，从埃斯屈里伦西斯（Escurialensis）[83]的抄本到朱利亚诺·达·圣迦洛（Giuliano da Sangallo）[84]的文本，到伯拉孟特的速写本[85]，甚至到蒙塔诺（Montano）[86]遗留的刻本，都会使我们坚定地认为，圆的几何在这个时期对这些人来说已经具有了神奇的效力。

3. 建造实践：卡尔切里圣母教堂（S.Maria delle Carceri）

　　建筑活动折射理论立场。在15世纪的上半叶，集中式教堂开始零星涌现。伟大的伯鲁乃列斯基于1434年为佛罗伦萨安杰利圣母教堂（S.Maria degli Angeli）设计的平面在此方面树立了一个榜样。紧跟着是1451年由米开洛佐为圣母领报教堂设计的唱诗席。在里米尼圣弗朗切斯科教堂的设计中，阿尔伯蒂设计了"天堂般的穹隆，它受到了有关神庙的全部争议的启迪。"[87] 虽然这个辉煌的穹隆只是停留在美好梦想的层面上，阿尔伯蒂还是在曼图亚（Mantua）那个比较小的圣塞巴斯蒂亚诺教堂（S.Sebastiano）中在一个连着矩形的方形上实现了建造穹隆的梦想（图41）。这个平面预示着后来演变成为一个希腊十字的可能。[88] 在那个世纪的最后25年里，这样的实例逐渐多了起来，特别是在意大利北部[89]，到1500年的前后，我们看到了集中式建筑的真正繁荣。[90]

　　这些教堂身上的特点并没有被后人改掉，这一点说明阿尔伯蒂的话的确是被当成了信条。作为一个范例，我们可以引证一下在普拉托（Prato）由朱利亚诺·达·圣迦洛设计的始建于1485年的卡尔切里圣母教堂（S. Maria delle Carceri）（图16-图19）。这个教堂是文艺复兴时期第一座希腊十字结构的教堂，它的平面理想化地混合了那个时代的激情和十字形式的象征意义。[91] 加在十字交叉空间上的四个相等的短臂——如平面所展示的那样——正是基于方与圆这两种基本几何形象的。数比简单明了。比如，臂深是臂宽的二分之一，十字上四堵端墙之宽与高是相等的，也就是说，它们是一个完美的方形。[92] 这些墙和拱平整光洁的表面被方壁柱（pilasters）以及建筑交接线上——即两个表面交接处——简洁的脚线限定着。这类结构性骨架的用材是深色沙岩（pietra serena），而那些墙面则敷着一层白色的面层。这样，深色线脚和白墙面就强化了几何定式的清晰性。在柱头之上的楣构连续不断地贯穿了整个建筑的墙面，楣构之上是半圆的拱券，拱券之间嵌有窗子。在拱券之上，是下层座圈（low

81　参见 W·洛茨（W. Lotz），"16世纪的椭圆教堂空间"（Die ovalen Kirchenräume des Cinquecento）《罗马艺术科学年鉴》（Römisches Jahrbuch Fur Kunstgeschichte），第7期，1955年。

82　参见 M·埃默斯（M.Ermers），《拉斐尔画中的建筑》（Die Architekturen in Raffaels Gemälden），1909年；菲斯克·金博尔（Fiske Kimball），"L·劳伦纳与'文艺复兴盛期'"（Luciano Laurana and the 'High Renaissance'），《艺术通报》，第10期，1927年，第140页上的内容。

83　H·埃热（H. Egger），《埃斯科里亚诺抄本》（Codex Escurialensis），维也纳，1906年。那组圆形平面的建筑主要出现在第70到75页上，全都仿自古代建筑。

84　C·许尔森（C.Hülsen），《朱利亚诺·达·圣迦洛速写本》（Il libro di Giuliano da Sangallo），莱比锡，1910年。

85　A·德拉·克罗齐（Angelo della Croce），《罗马遗迹》（Le Rovine di Roma），1880年。

86　G·B·蒙塔诺（G.B.Montano），《各种古代神庙汇编》（Scielta di varii tempietti antichi），罗马，1624年。

87　C·米歇尔（Charles Mitchell），"马拉泰斯塔教堂的形象性"（The Imagery of the Tempio Malatestiano），《罗马尼阿研究》（Studi Romagnoli），卷二，1951年，第90页。

88　关于室内的重建，参见下文第53页、注释60里所描绘的线绘图。

89　因为这里只是关于对集中式建筑的阐释而不是其历史，我们就得省略有关集中式建筑生成与派生的讨论。我们也得省略对下列15世纪建成的集中式礼拜堂和圣器收藏室的讨论，而它们对集中式教堂设计的发展起到过重要的影响作用。括弧里的年代是建筑开始施工的年份：卡尔切里圣母教堂（S. Maria delle Carceri），普拉托（Prato），(1485年)；英科洛纳塔圣母教堂（Incoronata），洛蒂（Lodi），(1488年)；米拉科里圣母教堂（S.Maria de' Miracoli），布雷西亚（Brescia），(1488年)；克罗齐圣母教堂（S.Maria della Croce），克利玛（Crema），(1490年)；卡奈帕诺瓦圣母教堂（S.Maria di Canepanova），帕维亚（Pavia），(1492年)；马焦雷圣母教堂（S.Maria Maggiore），靠近乌尔比诺（Urbino）的奥其亚诺（Orciano），(1492年)；乌米尔塔圣母教堂（S.Maria dell' Umiltà），皮斯托亚（Pistoia）(1495年)。

90　克里斯多莫圣乔万尼教堂（S.Giovanni Crisostomo），威尼斯（1497年）；桑图亚诺教堂（Santuario），萨洛诺（Saronno）(1498年，中殿是后来建的)；帕西尼圣母教堂（S.Maria della Passione），米兰（1501年，中厅是后来建的）；蒙托里奥的圣彼得教堂（S.Pietro in Montorio），罗马（1502年）；圣马诺教堂（S.Magno），莱加诺（Legnano）(1504年)；康索拉齐圣母教堂（S.Maria della Consolazione），托迪（Todi）(1504年)；伯拉孟特的圣彼得教堂（1506年）；圣乔万尼·巴蒂斯塔教堂（S.Giovanni Battista），费拉拉（1506年）；洛莱托圣母教堂（S.Maria di Loreto），罗马（1507年）；英维森基耶萨教堂（Chiesa degli Innocenti），锡耶纳（1507年）；奥雷菲奇圣埃利焦小教堂（S.Eligio degli Orefici）罗马（1509年）；维科圣母教堂（Madonna di Vico），斯佩罗（Spello）附近，(1517年)；圣比亚焦圣母教堂（Madonna di S.Biagio），蒙泰普尔恰诺（Montepulciano），(1518年)；比亚奇圣母教堂（Maria di Piazzia），巴斯托·阿尔西齐奥（Busto Arsizio），(1518年)；圣蒙特菲斯康大教堂（Cathedral Montefiascone）(1519年)；圣斯皮里托教堂（S.Spirito），费拉拉（1519年）；圣克罗齐（S.Croce）教堂，圣维塔尔河畔（Riva S.Vitale）

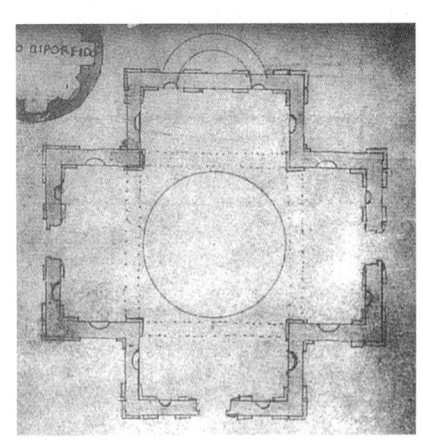

图16、图17　朱利亚诺·达·圣迦洛设计的卡尔切里圣母教堂，普拉托，1485年。（上图）室内；（下图）平面图（取自《朱利亚诺·达·圣迦洛速写本》）

drum），座圈之上，则飞翔着同样是半圆形的穹隆。这里，重要的是要注意到座圈深色的环线并不触碰拱券的脚线。作为天空的意象，穹隆因此似乎神奇地悬在了空中，仿佛失去了重量（图 17）。

从外面看，整个教堂被抬放到一个底座上，外表镶着白色的石灰石板，这些石板又被深绿的带线分割出一些几何单元来。[93] 如果从一定的距离之外望过来，穹隆的圆，交叉处的方，以及外臂们所形成的希腊十字，它们就像是在展现着一个几何概念的演化过程似的。

这段有关卡尔切里圣母教堂的简短描写或许可以让读者想起阿尔伯蒂所提出的那些理论要求，并证明了朱利亚诺·达·圣迦洛的确听从了阿尔伯蒂的话。这座教堂矗立在那里，宛若一件珍宝，仿佛它已经具有了阿尔伯蒂的精神。它那宏伟的简洁性，它那不可掩饰的几何效应，它那洁白的纯洁性，为的就是唤起人们一种在上帝亲临下的教民聚会意识——这个上帝依据不变的数学法则把宇宙安排得井井有条，这个上帝创造出一种统一且比例美丽的世界，而这个世界的和谐与共鸣都在地上的上帝神庙中反映了出来。

4. 伯拉孟特和帕拉第奥

我们所说的这一切，都在最后一位人文主义建筑师帕拉第奥的著作中得到最终和完整的表述。帕拉第奥那本条理清晰的专著发表于 1560 年，这本书的重要性足以和一百多年前阿尔伯蒂的著作有得一比。事实上，这两本书之间是有着一种紧密的联系；因为帕拉第奥思想中的大部分有时甚至是措辞都来自阿尔伯蒂。[94] 但是帕拉第奥用他简约的风格以及阿尔伯蒂身后四代人文主义者的经验积淀通常可以将阿尔伯蒂原本松散的隐言用精确的话语表达出来。帕拉第奥带来的是新的清晰性。

像文艺复兴时期的大多数艺术家们一样，帕拉第奥追随着阿尔伯蒂有关美的数学定义："美将来自美的形式和整体与局部的呼应、局部与局部之间的呼应以及局部再次与整体的呼应；这样，建筑就可以变成一个完美且完整的体，其中的每一个组成都与其他组成相协调，所有组成都是构成整体建筑的一部分。"[95] 这样的说法（formulation）也是紧紧追随了维特鲁威有关"均衡性"（symmetria）的定义。[96] 还有，帕拉第奥在他有关"神庙"的第四书中，发表了很多直接源于阿尔伯蒂的观点：那些供奉着最高存在者的建筑应该占据城市里最高贵的地角，应该在美丽的广场之上，应该高于城市的其余部分。在进入一个神庙之前应该通过一级级台阶，这样才能带给我们虔诚与敬仰感。这些崇拜性场所应该是最完美者；它们应该被建造得无比美丽，使得进入其内的人们能够被带入一种景仰它们优雅和美丽的狂喜状态。献给万能的上帝的建筑应该坚固和耐久。为了最大限度荣耀神灵，这样的建筑应该使用最美的秩序，最优质和最宝贵的材料。洁白是教堂的色彩，因为纯洁的颜色是最接近上帝。一座神庙中的任何东西都不应该夺走人们对上帝的冥思，建筑的装饰应该激励人对上帝的服侍和努力工作。[97] 至此，帕拉第奥也就完成了与

图 18　卡尔切里圣母教堂，普拉托。穹隆

（约 1520 年）；斯特卡塔圣母教堂（Madonna della Steccata），帕尔玛（Parma）（1521 年）；坎佩纳圣母教堂（Madonna di Campagna），皮亚新察（Piacenza）（1522 年）；圣母教堂（Chiesa della Madonna），蒙乔维诺（Mongiovino）（1524 年）；玛纳多洛教堂（Chiesa della Manna d'Oro），斯波莱托（Spoleto）（1527年）；佩莱格里尼礼拜堂（Cappella Pellegrini），圣伯纳蒂诺教堂（S.Bernardino），维罗纳（Verona）（1527–1528 年）。主要可参见 H·斯特拉克（H.Strack），《意大利文艺复兴时期集中式 – 穹隆教堂》（Central–und Kuppelkirchen der Renaissance in Italien），柏林，1882 年；P·拉斯佩里斯（P. Laspeyres），《意大利中部地区文艺复兴时期的教堂》（Kirchen der Renaissance in Mittelitalien），柏林，1882 年；盖米勒，《圣彼得大教堂的原初设计》，之前所引著作，第 10 页上以及之后的内容，以及各处散落的内容；瓦莱里，《'摩尔人'洛多维科的府邸内院》，卷二。

91　在被盖米勒归为 G·达·玛亚诺（Giuliano da Maiano）的卡尔切里圣母大教堂（the Madonna della Carceri）的两份研究图上（《托斯卡纳地区文艺复兴时期的建筑》（Architektur der Renaissance in Toscana），卷十一，图 33、图 34）都是正八边形平面。

92　有关比例的更多细节，参照盖米勒，同上，卷五，第 8 页内。

93　建筑外部没有完成。这栋建筑的历史在下面这本书里得到全面的讨论，G·马尔齐尼（Giuseppe Marchini），《朱利亚诺·达·圣迦洛》（Guiliano da Sangallo），佛罗伦萨，1942 年，第 827 页。

94　所有读过帕拉第奥《建筑四书》第四书开篇的人都会注意到这一点；帕拉第奥，《建筑四书》，第四书。参见下文第 65 页、第 108 页、第 110 页。

95　帕拉第奥，《建筑四书》，第一书，第 1 章。

96　维特鲁威，《建筑十书》，第一书，第 2 章，第 4 节。

97　这些话就是帕拉第奥《建筑四书》，第四书序言、第 1 章、第 2 章的缩影。

图 19　卡尔切里圣母教堂，普拉托。外部

阿尔伯蒂思想的对话。

　　但是帕拉第奥紧接着详细阐述了阿尔伯蒂笼统概括的东西。帕拉第奥语气权威地陈述了哪一种形式才是最适合上帝之家的形式。他说，"最美丽和最常见的形式，也就是其他形式能够从中导出它们尺度的形式就是圆形和正方形。"在这两种形式中间，他特别指出圆形"是所有形式中最简洁、统一、均衡、牢固和宽敞的形式。因此我们应该把我们的神庙做成圆形。"[98] 这段重要讲话的背景是帕拉第奥在论述有关崇拜场所与场所中具体供奉的神祇个性之间的关系。换言之，帕拉第奥是在讨论形式和内容的老问题时说这番话的。维特鲁威（第一书，第 2 章）曾解释说，神庙的形式应该与"神祇的个性相吻合。"同样，帕拉第奥评论道，古人是用圆形来建造太阳和月亮神庙的，"因为太阳和月亮都在不停地围绕着我们的世界旋转"；同样的原则也适用于为灶神（Vesta）也就是大地女神所建造的神庙，因为我们知道"大地是个球体。"因此对于帕拉第奥来说，圆形之于教堂的特别适合性是因为只有这样"教堂的外部才只有一个封闭的圆周，既没有开始也没有结束，一与非一都不可分别；教堂的局部彼此之间相互呼应，所有局部又都参与整体的塑形；而且，圆周上的每一点到中心的距离都是相等的，这样的建筑就极好地展示了统一性，无限基质性，均衡性和上帝的公正。"[99] 如果我们对这样一段重要的讲话再加上一段话的话，那就是帕拉第奥有关宇宙和神庙之间微观与宏观关系的论述，"我们应该坚信，我们所建造的小小神庙应该和遵照上帝言说、并享有上帝无边善意的伟大建筑相似。"[100] 我们看到的一幕是文艺复兴时期的教堂建造者们努力去抵达的境界：对于他们来说，集中式平面的教堂是上帝宇宙的影像或是一种人造的回音，只有在集中式的形式中才能展现"统一性，无限基质性，均衡性和上帝的公正。"

　　最后的这几个词是理解整个概念的关键，因为它们把我们带回到柏拉图的《蒂迈欧篇》（Timaeus）。帕拉第奥直接或间接地从《蒂迈欧篇》借来了柏拉图的话语[101]，世界被理解成为一个球体，"从中心到所有边缘点的距离都是相等的，球体应该是所有形式中最完美和最均衡者。"由此，造物主创造出来的世界是"一种上帝的恩惠"。文艺复兴时期有关完美教堂的概念就是植根于柏拉图式的宇宙论。再早一点的作家们已经在他们的思想中或多或少地暗示了柏拉图主义的东西，知道这一点，我们就能够全面理解支撑起阿尔伯蒂身后一个世纪的美学理想以及集中式教堂能够持久的力。

　　我们前面引文的出处是帕拉第奥《建筑四书》的第四书，第四书写的是对古代神庙的描述和详测。帕拉第奥的这些工作即便是以今人的标准来衡量也是相当可靠的。尽管帕拉第奥在万神庙（Pantheon）、罗马和蒂沃利（Tivoli）的灶神庙（Vesta temples）之外还给出了几个他所认为的集中式古代神庙的例子[102]，但是在我们的印象中古代神庙最常见的形式就是矩形内殿式的（rectangular cella）。这样，帕拉第奥有关圆形神庙赞美性的介绍与其说是对古代神庙建筑分析的结果，还不如说是对当下同仁们的一种挑战。帕拉第奥在其古典神庙论述中一段奇怪的插入语就是一个很好的例证。在他的书中，在介绍伯拉孟特设计的在罗马的坦比哀多小教堂（Tempietto）平立面时，

98　同上，第 2 章。

99　同上。最先是由安东尼·布伦特（Anthony Blunt）注意到这段话的，见布伦特，《意大利的艺术理论：1450—1600 年》（Artistic Theory in Italy, 1450–1600），牛津，1940 年，第 129 页。

100　帕拉第奥，《建筑四书》，第四书，序言。整段话说如下："还有，真的，如果我们想想这美丽的世界机器，里面充盈了诸般神奇的装饰，如果我们想想这天空是如何通过不停地旋转如自然所需改变季节，通过最甜美的和谐维系自身；我们就不会再犹豫，而会认为我们所制作的小神庙，应该就像世界这座大神庙，并尽我们一切可能，去不断地打扮它"。

101　柏拉图，《蒂迈欧篇》（Timaeus）33 B 之后的内容。柏拉第奥或许是从文艺复兴时期宽阔的柏拉图主义潮流中获得对这段话的了解的。

102　帕拉第奥，《建筑四书》第四书，第 37 页：密涅瓦神庙这个地方"在民间被叫作'加卢什'"（the Minerva Medica as "Tempio vulgarmente detto le Galluce"）；第 59 页：君士坦丁施洗拜堂（Baptistery of Constantine）："这个存疑的神庙，在我看来，乃是建于古代建筑废墟之上的现代建筑物"（Questo Tempio per mia opinione è opera moderna fatta delle spoglie di edificij antichi）；第 83 页：圣科斯坦索教堂（S. Constanza）："我确信，这里有陵墓的石棺"（Io credo, ch'egli fosse una sepoltura）其他人认为这里曾是一座酒神巴克斯神庙（a temple of Bacchus）（参见例如塞利奥，第三书，帖码 56，反面页），"因为这是公认的观点……我把它纳入神庙的行列"；第 86 页：靠近圣塞巴斯蒂亚诺教堂，位于城墙外的（fuori le Mure）马克森提乌斯（Maxentius）之子、罗慕路斯陵墓神庙（Sepulchral temple of Romulus）。帕拉第奥没有叫出名字来。

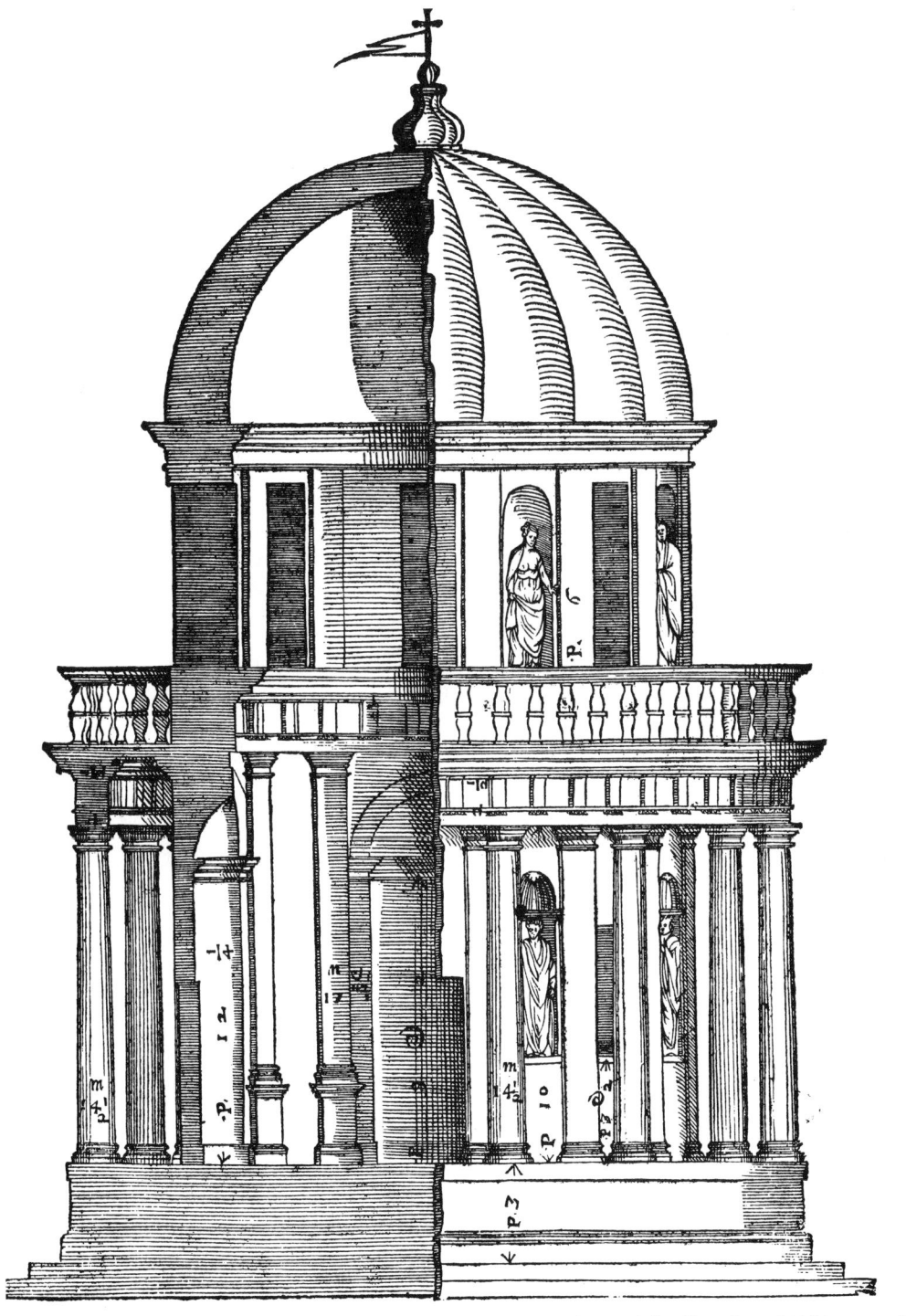

图 20 伯拉孟特设计的坦比哀多小教堂。图片出自帕拉第奥的《建筑四书》，第四书。威尼斯，1570 年

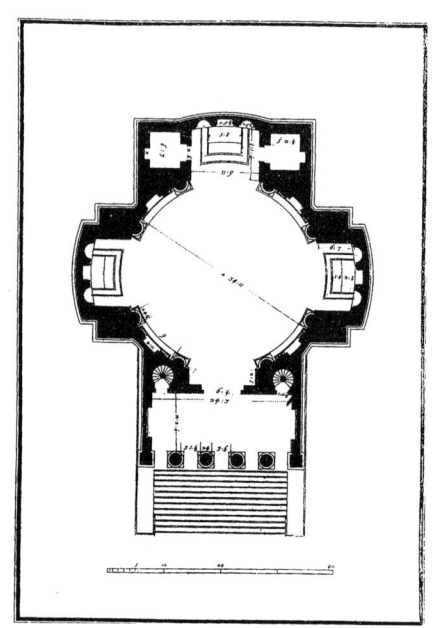

图 21　帕拉第奥在马塞尔设计的教堂。平面图。图片取自贝尔托蒂·斯卡莫奇，《安德烈亚·帕拉第奥的建筑与设计》，卷四

103　当然，穹隆上顶塔窗是后来建的。要想了解伯拉孟特的初衷，参见他的图纸，展示在文杜里，《艺术史》xi, I, 图 62, 图 104。

104　想要了解伯拉孟特对于帕拉第奥的决定性影响，参见第三部分，第 76 页上以及之后的内容。

105　我不得不克制自己想把这些证据都摊在读者面前的欲望。不过，这里可以提及支持希腊十字平面设计的三个理由：(1) 米开朗琪罗后来声称说，所有从伯拉孟特平面（米开朗琪罗就是用希腊十字平面去回应伯拉孟特的平面）出发的建筑师，都是在从真理出发（见"写给阿曼纳提（Ammanati）的信"，1555 年）；(2) 同时代人埃吉迪奥·达·维泰伯（Egidio da Viterbo）的报道，证明了伯拉孟特是想过集中式建筑的概念的（帕斯塔尔（Pastor），《教皇史》（Geschichte der Fapste），卷三，第 2 册，第 1140 页）；(3) 如果没有伯拉孟特这么著名的实例的话，后世希腊十字教堂的发展就很难估测。

106　这里所展示的平面图是对现藏于佛罗伦萨乌费奇宫（the Uffizi）伯拉孟特在羊皮纸上那张著名平面的现代阐释版。伯拉孟特的原图只显示了该设计的一半，因此也就容许了不同复原版本的可能。

107　这里可以给出几个最为重要的数比。主穹隆跟次穹隆之间的比为 2∶1；交叉口上的拱跟分支上拱的比为 2∶1；交叉处的直径与分支臂长的比为 1∶1；同样，参见 T·霍夫曼（T.Hofmann），《罗马圣彼得大教堂演化史》（Entstehungsgeschichte des St.Peter in Rom），1928 年，第 66 页。

在文本的中间他解释道："伯拉孟特是把光带入优秀和美丽建筑中的第一人，因为从古代到伯拉孟特的时代，光在建筑中已经被遗忘了。那么，对我来说，把伯拉孟特放到古人中间去占有一席之地应不算过分。"在此，伯拉孟特的坦比哀多小教堂（图 20）成了帕拉第奥设计任务书的可见证据。对于帕拉第奥来说，这个圆形建筑最完美地展示了——用他自己的话说——"统一性，无限基质性，均衡性和上帝的公正。"

坦比哀多在各个方面都满足了阿尔伯蒂为理想教堂所提出的要求；这个建筑位于一个美丽方块的中央，建筑的四面都是完全暴露的，建筑是落在一个底座上的；完美的圆形，宁静的半圆的主体穹隆[103]，庄重的带有水平向柱头的多立克柱式，对彩绘装饰的节制以及对雕像有目的的使用（帕拉第奥在他的图片中有代表性地包括了这一项）：所有的这一切——还有更多的证据——表明，从阿尔伯蒂以降，伯拉孟特都是阿尔伯蒂那些思想的最热衷的执行者。他也是阿尔伯蒂和帕拉第奥[104]之间在时间和艺术上的中间人，也是这三位伟大人文主义建筑师所组成的三角形中的那个顶点。

帕拉第奥自己是在晚年的时候才开始研究集中式教堂命题的。他在马塞尔（Maser）设计的带有古典门廊的庄严小教堂，参照的正是万神庙的范本，也就是古代集中式建筑最完美的例子（图 21，图 22）。这个教堂在平面上有一个完整的圆，在四根轴上各带一个礼拜堂。圆筒体上隆起一个半圆穹隆的安静天堂。帕拉第奥没有像伯拉孟特在坦比哀多身上那样使用座圈，而是把设计简化成为两种基本形式——圆筒体与半圆穹隆——之间道地的结合。那些墙体是白色的，上面没有绘画，没有带着雕像的装饰（图 24）。阿尔伯蒂有关完美神庙的指示仍然成立。我们可以明确无误地说，尽管存在着风格上的变化，如果阿尔伯蒂可以看到这个建筑的话，这个建筑就是那种能让阿尔伯蒂构想着眼前神性到场并让他心中充满深刻虔诚感的美的教堂。

回头看看，由伯拉孟特规划设计了基督教的祖教堂——圣彼得大教堂（St. Peter's）——并设计成了一个集中式建筑的形式，这其中似乎存在着一种历史的必然性。我们甚至可以说，早在 1505 年，除了集中式平面几乎没有其他类型的平面能够表达这个教堂的独特性和神圣性。当然，我知道不是每个人都会同意这种说法，因为我们还有很多其他证据说明伯拉孟特事实上本来是要设计一个拉丁十字平面的教堂的。但是，在仔细掂量了全部现有证据之后，我还是认为上述的结论是正确的。[105]

通过选择采用希腊十字类型的平面（图 25）[106]，伯拉孟特像此前的其他人以及朱利亚诺·达·圣迦洛那样把十字符号与集中式几何的象征意义结合在一起。但是，就像众所周知的那样，这样的平面是不同于卡尔切里圣母教堂的简单希腊十字的。带有统治性穹隆的主导性希腊十字形象还伴有斜向轴线上的相同形象的小尺度重复，这些轴线上的房间填出了一个方形。整体是框在一个大的方形之内的，只有四个半圆室后殿是从方框里突出出去的。这些几何形象各自的整体性都被仔细地保持着，从一个几何单元到另外一个几何单元的过渡显得异常含蓄。人们一旦理解了平面内在的逻辑性，也就感知到了它的几何简约性以及交响乐般的品质。[107]事实上，这个平面是有机几何亦即成比例整合

图 22- 图 24 马塞尔教堂 :（上）剖面图（图片取自贝尔托蒂·斯卡莫奇）；
（左下）立面 ;（右下）圣坛

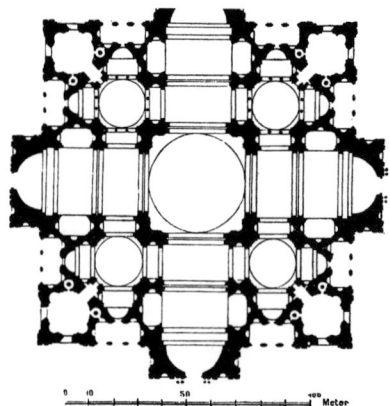

图 25　伯拉孟特设计的圣彼得大教堂
平面，罗马

图 26　伯拉孟特设计的圣彼得大教
堂。卡拉多索制作的奠基金属纪念章，
1506 年

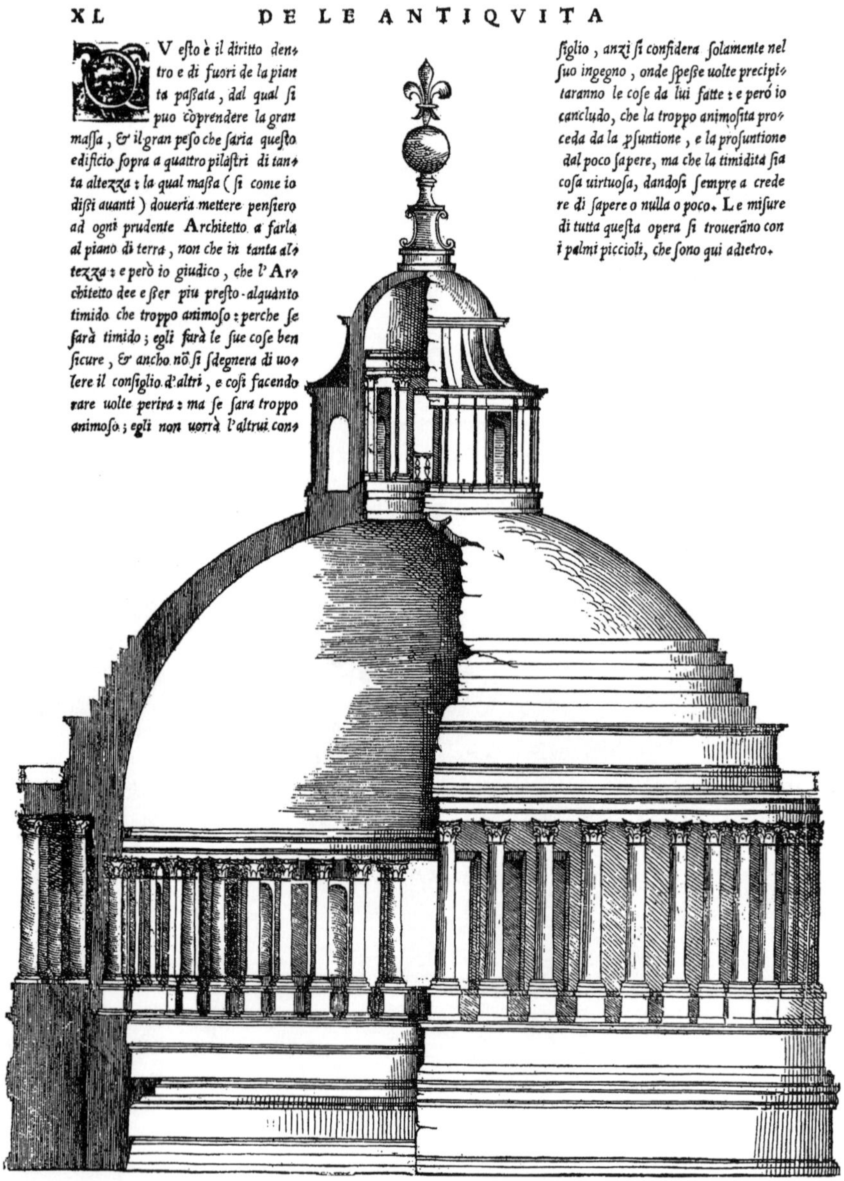

XL　　　　　DE LE ANTIQVITA

V esto è il diritto den-
tro e di fuori de la pian-
ta paſſata, dal qual ſi
puo coprendere la gran
maſſa, & il gran peſo che ſaria queſto
edificio ſopra a quattro pilaſtri di tan-
ta altezza: la qual maſſa (ſi come io
diſſi auanti) doueria mettere penſiero
ad ogni prudente Architetto a farla
al piano di terra, non che in tanta al-
tezza: e però io giudico, che l'Ar-
chitetto dee eſſer piu preſto-alquanto
timido che troppo animoſo: perche ſe
farà timido; egli farà le ſue coſe ben
ſicure, & ancho nõ ſi ſdegnera di uo-
lere il conſiglio d'altri, e coſi facendo
rare uolte perira: ma ſe ſara troppo
animoſo; egli non uorrà l'altrui con-

ſiglio, anzi ſi confidera ſolamente nel
ſuo ingegno, onde ſpeſſe uolte precipi-
taranno le coſe da lui fatte: e però io
cancludo, che la troppo animoſità pro-
ceda da la pſuntione, e la profuntione
dal poco ſapere, ma che la timidità ſia
coſa uirtuoſa, dandoſi ſempre a crede-
re di ſapere o nulla o poco. Le miſure
di tutta queſta opera ſi trouerano con
i palmi piccioli, che ſono qui adietro.

图 27　伯拉孟特设计的圣彼得大教堂穹隆。木刻图取自塞利奥《建筑五书》第三书

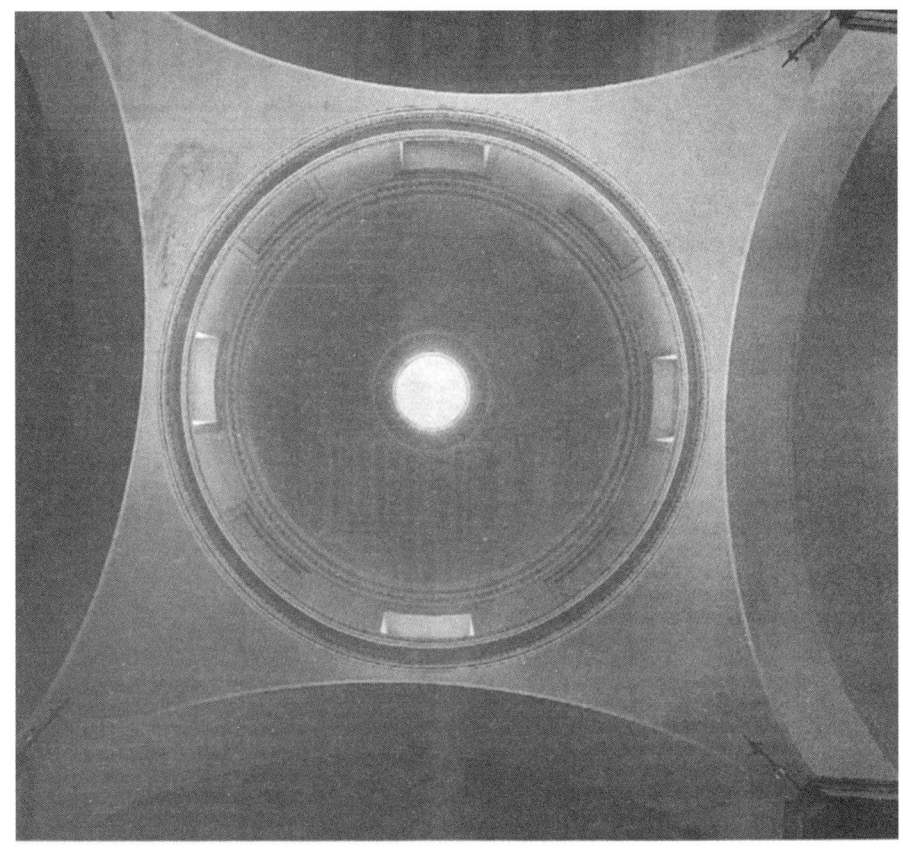

图 28　拉斐尔设计的奥雷菲奇圣埃利焦小教堂。穹隆仰视

起来的"空间数学"的典范，而这也正是我们所认为的文艺复兴建筑中一个明确的人文主义特征。

　　而与此平面相对应的建筑立面，我们现有的唯一记录竟只有在 1506 年卡拉多索（Caradosso）制作的著名的奠基金属纪念章（图 26）。[108]这里，穹隆的主导地位是明确的，整个下部结构显得在向穹隆升腾。这个教堂将要被加冕上如此宏大的穹隆，像是宏观宇宙的强大形象。我们从塞利奥的木刻（图 27）[109]中得知，这个穹隆的组成里包含着一个纯粹的圆筒座圈，上面是不受任何干扰的完全平衡的半球形穹隆。整体上，这个穹隆有着纪念碑性，是伯拉孟特自己坦比哀多的简约再现。正是这种结构性的宁静，在圆形几何中表现出神圣的稳定性，把人领向了上帝。

　　伯拉孟特的平面虽然经历了多次重大的修改，对于所有意大利建筑师们来说，这个平面还是具有一股巨大的鼓舞力量。从此，在希腊十字上加盖穹隆的教堂就出现在了意大利的各地。[110]拉斐尔（Raphael）自己就在罗马设计了类似的奥雷菲奇圣埃利焦小教堂（S.Eligio degli Orefici）（图 28）。这个小教堂纯白的色彩、严肃的形式、几何定式的抽象简洁性将文艺复兴时期的宗教表达与反改革运动的情感结合到了一起。[111]

108　值得注意的是，立面并不完全对应着平面。
109　塞利奥，《建筑五书》，第三书；1600 年本，帖码 66，反面页。
110　主要可以参见，斯特卡塔（Steccata）圣母教堂，帕尔玛；坎帕纳（Campagna）圣母大教堂，皮亚新察；圣母教堂（Chiesa della Madonna），蒙乔维诺（Mongiovine）；新圣母教堂（S. Maria Nuova），科尔托纳（Cortona）；卡里加诺（Carignano）圣母教堂，热那亚（Genova）；维尔津（Vergine）圣母教堂，马切拉塔（Macerata）；吉拉（Ghiara）圣母大教堂，拉齐奥（Reggio）；大教堂（Cathedral），布雷西亚；卡提纳里（Catinari）圣卡洛教堂，罗马，等等。
111　现有文献容许我们得出这么一个结论，就是拉斐尔的设计是被佩鲁齐调整过之后得以实施的。这个穹隆直到 1536 年才建成。1600 年之后，F·庞齐奥（Flaminio Ponzio）负责进行了某些重要的改动(1601–1605 年)；也是他，给室内刷上了白色。见佐卡（Zocca），《第一次全国建筑史会议汇编》（Atti 1° Congresso Nazionale di storia dell' architettura），1938 年，第 102 页之后的内容。

112 同样，参见下文第四部分。

113 阿尔伯蒂，《论建筑》第九书，第 5 章，1485 年本，帖码 x viii，反面页："当你要对美做出判断，你要依靠心灵固有的推理能力……这是情绪和幻想完全不会起作用的地方"。还有帖码 y iiii，反面页："实际上，正是心灵的本性让在和谐性（concinnitas）出现的地方把它识别出来"。

所有柏拉图主义思想家和神学家都同意，美只能通过灵魂结构和物体本身和谐的呼应才能被感知到。例如，费奇诺（Ficino），在他看来，灵魂"拥有神圣事物的影像，灵魂本身建立在这种基础之上。只有这样，才会有了灵魂在某种意义上自己生产出来的低等事物的概念和原本"。参见克里斯泰勒（Kristeller），《马尔西利奥·费奇诺》（Marsilio Ficino），1943 年，第 119 页上的内容。

114 此处可以借鉴 E·贡布里希（E.Gombrich）所讨论过的文艺复兴时期有关"直觉"的理论，见《瓦尔堡与考陶尔德研究院院刊》，第 11 期，1948 年，第 170 页上的内容。同样，库萨纳斯（Cusanus）《论精神》（liber de mente）里有关天生的判断力以及它与肉身世界的关系（E·卡西尔（E.Cassirer），《文艺复兴哲学中的个体与宇宙》（Individuum und Kosmos in der Philosophie der Renaissance），1927 年，第 222 页上以及之后的内容，第 226 页，第 230 页上以及之后的内容。

115 帕西奥利，《算术、几何、比例及概要》（Summa de Arithmetica），威尼斯，1494 年，第六部分，第 1 册，第 1 节。

116 我们认为，卡西尔对于库萨纳斯的成就《文艺复兴哲学中的个体与宇宙》第一章）并没有受到杜汉姆（Duhem）提奥恩戴克（Thorndike）等人的严重影响。读者或许还可以参阅杜兰（Durand）·巴伦（Baron）·史卡里、克里斯泰勒、洛克伍德（Lockwood）、提奥恩戴克等人参加的 15 世纪意大利科学研讨会，见《思想史杂志》（Journal of the History of Ideas），第 4 期，1943 年。

117 《二十四位哲学家之书》（Liber XXIV philosophorum），立论 2（propos.2）："上帝就是无限的球体，它的中心可以在各处，它的周围却哪里都不在"。参见，库萨的尼古拉（Nicolai de Cusa）《论有学识的无知》（De docta ignorantia），霍夫曼（E.Hoffmann）与克里班斯基（R. Klibansky）编，1932 年，第 104 页。

118 同上，第一书，第 12 章；第二书，第 12 章；第 25 页，第 100 页，第 101 页，第 104 页。

119 《论有学识的无知》卷一，第 21 章："圆是一种统一而简洁的完美图形……由于那个'一'是无限的，圆也是无限延伸的……这个圆是无限延伸的，没有开始也没有终点，是无限统一和充满能力的。由于这个圆是极大的，它的直径也是极大的。因为不可能有一个以上复数的极大。这个圆是无限一体性的，直径就是圆周。事实上，无限直径上的中间点也是无限的。中间点就是圆心。显然，同心、直径和圆周是一回事。我们在我们的无知当中所学到的就是难以想象的极大，其中，圆心也就是圆周"（E·霍夫曼（ed.Hoffmann）与 R·克里班斯基（Klibansky）编，1932 年，第 42 页上的内容。

120 曼克的著作里已经搜集了各种易于查询参考资料。见曼克，《无限的球与无所不在》，1937 年，第 59 页以及之后的内容。

121 参照曼克，之前所引著作。

122 有关那次关于中世纪早期的圆形和正多边形教

5. 集中式教堂的宗教象征意义

文艺复兴的艺术家们坚定地拥护着毕达哥拉斯门派（Pythagorean）"一切皆数"的观念。这样的观念曾经受到柏拉图主义者和新柏拉图主义者的指引以及来自奥古斯丁（Augustine）以降一系列神学家们的支持。这些人相信宇宙和所有创造中都有数学与和声的结构。[112] 如果和声数字的法则充盈着从天体到大地上最卑微的生命之中的话，那么，我们的灵魂就一定要符合这种和声。根据阿尔伯蒂的说法，我们每个人都有天生的感觉能力，使得我们可以感知和声[113]；换言之，他坚持认为，感官对和声的认知之所以可能，是因为我们灵魂中的这种归属性。这就意味着如果一个教堂是根据最基本的数学和声建造起来的话，我们就会对它有一种本能上的反应；即便是没有理性的分析，当我们走入一个建筑，如果这个建筑参与了所有物质背后把宇宙连在一起的生命力之中的话[114]，一种内在的感觉就会向我们吐露其中的和谐。倘若没有这样一种人的微观宇宙与上帝宏观宇宙的通感的话，祈祷也就失去了效用。像帕西奥利这样的作者甚至提出[115]，如果一个教堂的建造没有"正确比例"（con debita proportione）的话，教堂的神圣功能就会失效。这个观点的出发点就是，教堂必须具有完美的比例，无论这种精确的关系是否能被外在的眼睛所能看到。

而最完美的几何图形就是圆，圆被赋予了特殊的意义。要想完全理解圆的这样一种新重要性，我们就得花上片刻时间来了解一下库萨的尼古拉（Nicholas of Cusa）的思想。他是将经院传统的静态天体等级，也就是与单一中心即地球保持不变关系的各个天体，转变成为一个物质上统一、没有一个物理或意识中心的宇宙的这么一个人。[116] 在这个拥有无限关联性的新世界里，数学那不可诋毁的精确性具有了前所未有的重要性。对于库萨纳斯（Cusanus）来说，数学是深入认识上帝的一个必要工具，也就是说，必须通过数学符号来憧憬上帝。库萨的尼古拉通过一种伪密教般的公式[117]将上帝描绘成为最无形的（least tangible）同时又是最完美的几何形象，即圆的中心点和圆周[118]；因为在一个球体身上无限多的圆之中，中心、直径、圆周都是恒等的。[119] 同样，基于某些密教的说法以及柏罗丁的学说基础上，菲奇诺把上帝视为宇宙真正的中心，是一切事物的内核，但同时，上帝还是整个宇宙的圆周，相距一切如此遥远。[120]

文艺复兴时期的建筑师们很清楚这些知识。他们的专著中显示出他们对之没有丝毫的怀疑。我们这里不是坚持说所有的建筑师或者绝大多数建筑师都熟知哲学主张中的细枝末节。但是，他们是浸淫在这些思想之中的。在 15 世纪，柏拉图主义和新柏拉图主义曾经再度掀起高潮，并迅速且难以阻挡地传播开来。

通过圆或球的象征来为神进行几何化定义的历史可以上溯到俄耳浦斯密教诗人们（Orphic poets）那里。[121] 在柏拉图那里，这一传统被发扬光大，并在他的《蒂迈欧篇》的宇宙神话中成了中心的概念；在柏罗丁的著作中，这一观念被赋予了突出的重要性（pre-eminence）。在柏罗丁的影响下，在阿雷奥帕古斯议事会成员狄奥尼修斯（the pseudo-Dionysius the Areopagite）的写作中，在随后中世纪神秘神学家的写作中，这一观念同样被赋予了绝对重要性。但这里我们还是要问，为什么大教堂（cathedrals）的建造者们不试着将这样的概念转化成为视觉形状呢？[122] 为什么一直到等到 15 世纪，集中式平面的教堂才被认为是对神性最贴切的表达呢？答案其实在于意大利 15 世纪艺术家们引以为荣的对自然探索的新科学途径上。正是在阿尔伯蒂和达·芬奇的带领下，艺术家们在统一和传播用数学阐释所有事物的认识上形成了明显的共识。他们发现并详述了对于中世纪亚里士多德经院主义以及神秘神学来说都很陌生的可见世界与不可见世界之间的相关关系。他们把建筑学视为一种利用空间单元来工作的数学科学：他们在透视法则中找到了科学地阐释这些宇宙空间组成部分的钥匙。因此，他们让自己相信，他们能够重造普适性数比，并将这些数比阐释成为尽可能接近抽象几何的纯粹和绝对的东西。而且，他们还坚信，这种宇宙和声是不能够完全自行显露的，除非是通过用于宗教用途的建筑空间才能被显现出来。

那种认为宏观世界与微观世界存在着呼应关系的信仰，那种崇尚宇宙和声结构的信仰，那种通过中心点、圆与球的数学符号理解上帝的信仰，都是些彼此紧密相连的思想，都是根植于古代并属于中世纪哲学和神学不可辩驳信条的思想，它们在文艺复兴时期获得了新的生命，并在文艺复兴教堂身上找到了视觉表达。在肉身世界中的人造形式是对可理解的数学符号所进行的一次视觉物质化过程。这样一来，绝对数学的纯粹形式和应用数学的视觉化形式之间的关系就变得即刻可以被人们直觉地感知到了。对于文艺复兴时期的人们来说，拥有这样严格几何，拥有和声秩序的平衡感以及形式上的安静感和最为重要的穹隆球体的建筑，回响着也揭示着上帝的完美、全能、至真和至善。

这些思想在文艺复兴教堂身上的实现过程中隐约暗示着某种宗教感本身的转移，从巴西利卡式教堂到集中式教堂的转移是比哲学中对上帝和世界阐释上的变化更有说服力的标志。应该记得，有关形式与内容之间类比性的古典原理从来都没有被废弃掉。中世纪的建造者就是根据"十字"形式来布置教堂平面的[123]——他们的拉丁十字平面就是基督受难的象征性表达。我们看到，在文艺复兴时期，这样的理念并没有被废弃。真正变了的是有关神性（godhead）的认识：拥有完美与和谐基质的基督取代了那个为了人类在十字架上受难的耶稣；全能者替代了悲伤的人子。[124]

＊　　＊　　＊　　＊　　＊

在结束本章之前，还有若干要点需要澄清。首先，以正多边形和希腊十字为平面的教堂要远比圆形平面的教堂在数量上多得多。即便我们认识到这一点，即便我们知道因为对十字意义的援引使得希腊十字平面具有某种特别的吸引力，我们在面对大量有关圆形平面的热情讴歌与很少建成的圆形平面教堂的事实时，可能还是要问一个为什么。但是，阿尔伯蒂已经告诉我们，所有正多边形形象都是从圆形那里衍生出来的，是通过简化手段发展出来的（图 1）。在阿尔伯蒂的身后，帕拉第奥和其他人也都曾强调过规则图形的尺寸来自圆和方的形式。还有，正是架在圆形座圈之上的穹隆集中体现了文艺复兴教堂的象征性。

堂的研讨会内容，参照 K·克洛西摩（R.Krautheimer），"'中世纪图像志'前言"（Introduction to an Iconography of Mediaeval Architecture），《瓦尔堡与考陶尔德研究院院刊》，第 5 期，1942 年，第 9 页。从来没人探究过希腊学者对文艺复兴建筑发展的影响，这一话题需要一种特别的研究。无论如何，似乎没有什么疑问，人们对于希腊十字作为教堂平面的全面接纳是从 15 世纪希腊对意大利的"入侵"开始的。

123　参见 J·索尔（J.Sauer），《圆形建筑的象征性》（Symbolik des Kirchengebäudes），弗莱堡，1924 年，第 292 页。

124　布克哈特在《文艺复兴时期的文化》结尾处以优美的语句表达了这一思想："中世纪的人把这个世界看成是个泪谷……而这里，在这个被拣选的人的圈子里（就是文艺复兴时期的柏拉图主义者的圈子里），这些人相信这个可见的世界是上帝用爱创造出来的，这个可见的世界就是对上帝那里事先就存在的某种范本的拷贝，上帝永远是这个可见世界的推动者和修复者。人的灵魂不只可以通过认识上帝把上帝带入自己狭窄的天地里，还可以凭借着上帝拓展到无限——这是神对世界的恩赐。"但是布克哈特从来都没有想过可以把文艺复兴时期的建筑阐释成为这一新的上帝观的延伸。

有人曾经言之凿凿地说[125]，文艺复兴盛期的建筑师们是不喜欢理论的；换言之，他们更多的是些实践者而不是思想者。既然大量的集中式教堂出现在1490–1530年间（图29），我们本该承认这些教堂的集中式平面更多的是源自习惯而不是信念。我们不可能确切地判定别人头脑内想的都是些什么。我们也不敢用把建筑设计与象征之间那些若隐若现的相互关联用精确的度数来表达出来。[126] 但是，我们似乎可以将1500年前后建筑理论的缺失归结为环境原因而不是建筑师们对理论不感兴趣。前面有关集中式教堂的建筑理论一节所收集到的资料可以支持这样的论点。

读者可能会注意到很多文艺复兴时期的教堂——当然不是全部——多是献给贞女圣母的（the Virgin）。从中世纪晚期开始的贞女崇拜就有着越来越大的重要性，这是众所周知的事情。1439年，巴塞尔公会议（Council of Basel）支持了"圣洁受孕"（the Immaculate Conception）的说法。1476年，教皇西克斯图斯四世（Pope Sixtus IV）亦肯定了这样的说法。[127] 天主教宗教改革运动又给了天主教中玛利亚崇拜带来了新的动力。从很早的时候开始，随着人们有关贞女的入葬、升天、带冠的说法越积越多[128]，贞女就被当成天堂的王后和整个宇宙的保护者来荣耀了。在贞女坟墓上的贞洁牌，她所归入的天堂，天后的皇冠和圣洁者的星冠，她所统辖的宇宙之圆满性——所有这些相互关联的思想都促成了人们在建造献给贞女的教堂和神殿时，会倾向于选择集中式平面。有了上面的这些理由，我们就不再奇怪那些用集中式平面的完美几何表现"神性和谐"的文艺复兴建筑师为何特别愿意接纳上述的象征意义了。还有，其中通常还有一种含隐的意义，亦即是圣母培养了圣子。

* * * * *

这种有关宗教建筑的新阐释不久之后就受到了挑战。卡洛·博罗梅奥（Carlo Borromeo）在他1572年发表的《教会建筑与教会设施指南二书》（Instructionum Fabricae ecclesiasticae et Superlectilis ecclesiasticae Libri duo）[129]中将特伦特公会议（Council of Trent）的教令用到了教堂建筑的身上；对他来说，圆形建筑是异教徒的东西，他提倡向拉丁十字的"受难形式"（formam crucis）回归。[130] 但是，在天主教改革的狂热浪潮包围中，这些人也被有关理想化教堂的人文主义概念牢牢抓住。在他发表于1623年的有关城邦国家乌托邦的《太阳之城》（Città del Sole）中，托马索·坎帕内拉（Tommaso Campanella）描写了这么一种主教堂："神庙应该是完美的圆形，四面独立，但是具有巨大而优雅的柱子。穹隆作为令人称赞的作品位于应该神庙的中心或者是神庙的一个'极'……穹隆中央应该有开口，穹隆的下方是位于中心的单一圣坛……圣坛上应该有两个球体，大一点的那一个是天球，小一点的是地球，穹隆上应该绘有满是星星的天空。"尽管存在着反改革运动，集中式教堂还是在17、18世纪的建筑中扮演着重要的角色：对宇宙所进行的新柏拉图主义数学阐释同样也有着很长的寿命。

125　J·S·阿克曼（James S.Ackerman），"意大利文艺复兴时期的建筑实践"（Architectural Practice in the Italian Renaissance），《建筑史学家学会杂志》（Journal of the Society of Architectural Historians），第14期，1954年，第4页。

126　我们很少会有机会能够获得建筑师的某些陈述，使得我们可以作出肯定性判断。对于17世纪的一个案例，参照我的论文，见《建筑史学家学会杂志》，第16期，1957年，第6页，以及《艺术史论文与笔记》（Saggi e Memorie Di Storia Dell'arte），第3期，1962年。

127　E·马勒（Emile Mâle），《中世纪的宗教艺术》（L'art religieuse de la fin du moyen âge），巴黎，1931年，第198页上以及之后的内容，第209页。

128　克洛西摩，"圆形圣母教堂"（Santa Maria Rotunda），见《公元第一个千年的艺术》（Arte del primo millenio），帕维亚会议论文，1950年，第21页上以及之后的内容。同样，参见维特科尔，《艺术史论文与笔记》里的文章。

129　P·巴洛奇（P.Barocchi），《16世纪艺术论文集》（Trattati d'arte del Cinquecento），巴里，1962年，卷三，第2章，第15页上的内容。参见布伦特，之前所引著作，第128页上的内容。

130　参见P·卡塔尼奥（Pietro Cataneo），《建筑四书》（I quattro primi libri di architettura），威尼斯，1554年本，帖码35，反面页之后的内容。卡塔尼奥要求把大教堂献给替人类赎罪死在十字架上的基督，因此大教堂应该以拉丁十字形式去建造。但是卡塔尼奥容许在城镇的小教堂身上使用集中式，因为它们"很令眼睛愉悦"。同样，参见弥撒主持们于1595年对圣彼得大教堂希腊十字平面的批评。G·P·穆坎提（Gio.Paolo Mucante）的话，见M·切拉提（M.Cerrati），《蒂贝里·阿尔发兰提论梵蒂冈巴西利卡的新旧建筑》（Tiberii Alpharanti De Basilicae Vaticanae antiquissima et nova structura），罗马，1914年，第24页上的内容。

第二部分

阿尔伯蒂对待古代建筑的方法

1. 圆柱在阿尔伯蒂的理论和实践中的地位

阿尔伯蒂在他的《论建筑》中宣称一个建筑的美观外貌中包含着两种要素：美丽（Beauty）与装饰（Ornament）。如我们已经看到的那样，阿尔伯蒂将美丽[1]定义为"所有局部的和谐与谐调，它们之间达到了这样一种地步，就是多一分太多、少一分太少。"[2]而装饰则是"某种添彩和对美丽的改进。美丽是种散布在整体内部各处那些固有（proper）和内在（innate）的可爱的东西，而装饰是后加上去的，绑在上面的，不是固有和内在的。"[3]

因此，根据阿尔伯蒂的说法，美丽是一种内在于建筑的和谐。他跟着解释说，和谐并不来自个人的幻想，而是来自客观的理性思维。[4]美的主要特点就是古典观念（classical idea）中一个建筑的各部应该保持一套统一的比例系统。[5]而通往正确比例的关键是毕达哥拉斯的音乐和声（musical harmony）体系。[6]

装饰则是对建筑进行的"装饰"这个词最广义上的"修饰"（embellishment），从砌墙[7]的石头到建筑内的烛台。[8]阿尔伯蒂不止一次地强调过，"在所有建筑中，关键性的装饰就在于柱子。"[9]因此，圆柱（column）在阿尔伯蒂的美学理论以及相应的大量实际工作中占有着重要的位置。[10]

通过把柱子划入装饰的行列，阿尔伯蒂触摸到文艺复兴建筑的中心议题之一。在思考对于所有文艺复兴建筑师来说都很重要的组成部分即外墙时，阿尔伯蒂首先和首要地把柱子视为一种装饰。当然，阿尔伯蒂梦想着将自己的理论与古典建筑的精神调和起来。他并不了解那些将圆柱作为建筑基本要素的希腊神庙们。他唯一的指南是古罗马的帝国建筑，它们基本上可以叫做古希腊建筑和文艺复兴建筑之间的东西。古罗马建筑本质上乃是一种墙体建筑（a wall architecture），它们身上有着将希腊柱式改为装饰的过程中所有的那些必要妥协。不过在许多情形中，古罗马建筑仍然保留了柱式原初的功能性意义。

阿尔伯蒂给予圆柱的地位隐含着自相矛盾。在同一段话中，他既可以把将圆柱定义为"墙体中那些被加了固的部分，垂直着从基础贯穿到屋顶，"又可以说，"一排圆柱实际上就是一堵在许多地方被开了口子并且被切断的墙。"[11]因此，他将圆柱看成了一堵被穿凿的墙的残留。这个认识正好与古希腊建筑对于圆柱的理解相反。古希腊建筑师将圆柱通常视为自我独立的雕塑体单元。

阿尔伯蒂这种将圆柱视为墙体部分和局部的定义源自 12 世纪的托斯卡

1　参见上文，第 18 页。

2　英文的引文来自迄今为止仍难超越的 J·莱昂尼（James Leoni）的英译本《阿尔伯蒂的建筑十书》（The Architecture of Leon Battista Alberti in Ten Books....），伦敦，1726 年本。（由里 J·里克沃特（J. Rykwert）负责再版，伦敦，1955 年）。上述引文以及下面的引文都是原文的缩写版本，多少被现代化了。

　　第六书，第 2 章，1485 年本，帖码 vii，反面页："美，乃是一个体上各部分之间理性化的和谐，到了一个地步，多一点嫌多、少一点嫌少，稍微地增减都会带来损害"。

3　同上。"如此这般，装饰可以被界定成为是对美的增光和补充。因此，我相信，美是充盈着那个被叫作美的身体的各处的内在品质，而装饰则不是内在的，有着附属或是添加的特点"。

4　同上。"任何人想要建造出令人称赞的建筑，必须遵从一种清醒的理论。遵从理论的艺术，才是真正艺术的标志"。同样参见下文里阿尔伯蒂对那些认为"建筑形式应该依据个人趣味而变化，不受规则约束"的人的抨击。

5　维特鲁威在其《建筑十书》第三书、第 1 章里，用下面的话概括了所有古典建筑的这一公理："比例就是人造物各部之间的数比，是各部相对于整体的关系，从这种比例理性中，我们才有了均衡性"。阿尔伯蒂的"和谐性"（concinnitas）概念涵盖了相同的思想。

6　第四书，第 5 章；参见下文第四部分，第 104 页以上及之后的内容。

7　第六书，第 5 章。

8　第七书，第 13 章。

9　第六书，第 13 章，1485 年本，帖码 o.vi："在整个建筑艺术中，柱子无疑就是首要的装饰"。

10　主要参见第六书，第七书，第九书。

11　第一书，第 10 章，1485 年本，帖码 b.vi："这里要讨论的是柱子以及和柱子相关的事物。一排柱子不是别的什么东西，而是一堵被开出几个洞的墙。的确，单独去界定柱子时，柱子就是从地面垂直伸向屋顶起着支撑作用的墙的某些坚实且连续的片段"。

纳地区原–文艺复兴建筑（Tuscan Proto-Renaissance Buildings）。而后者则是源自古典晚期建筑和拜占庭建筑（Byzantine works）。对于佛罗伦萨山上圣米尼亚托教堂（S. Miniato al Monte）的连拱廊（arcade），我们只能从这样的视角来解释：实体性的墙出现在拱上和拱间，用阿尔伯蒂的话说，外廊本身就成了"一堵许多地方被开了口子并且被切断的墙。"类似圣米尼亚托教堂的建筑对阿尔伯蒂产生了决定性的影响。尽管算是对古典圆柱的公然误解，阿尔伯蒂自己的定义其实是附和了传统基督教建筑的定义，即把所有建筑都看成是墙体的建筑。

圆柱到底是装饰还是墙的残留，这还不是阿尔伯蒂有关圆柱前后不一的唯一一处陈述。实际上，无论我们前面怎么说，阿尔伯蒂比其他任何一位 15世纪的建筑师都更了解圆柱的意义。他很个性化地拒绝使用由圆柱支撑的拱，而这样的形式是作为文艺复兴建筑中一个主要母题由伯鲁乃列斯基引入并在此后被使用的。在阿尔伯蒂的定义中，尽管他将圆柱定义为墙的一部分，阿尔伯蒂一定还是意识到了在圆柱和拱之间的矛盾。拱实际上是属于墙的，仿佛是一堵墙被掏空的结果；拱也可以被解释为是一堵墙在"若干地方断掉"的结果（图 29）。这样，阿尔伯蒂理所当然地要求在圆柱上设置一道直的楣构[12]，并声称拱应该被"四方柱"（columnae quadrangulae）也就是方柱（pillars）所支撑。[13]

在他设计的宗教建筑中，阿尔伯蒂从来都是避免将拱与圆柱混合使用的。当他使用圆柱时，实际上他给它们设置了一道直线型的柱上楣构，当他引入拱时，他让它们落在方柱上，然后可能再贴上或不贴上一个作为装饰的半圆柱。阿尔伯蒂在罗马建筑中都找到了这两种形式的范本。但是第一类母题是希腊式的，罗马人只是扮演了一个调和者的角色，第二类母题才是罗马式的。第一类母题是建立在圆柱的功能性意义上的，第二类母题是建立在墙的整体性和统一性之上的。为了解释后面这一点：我们可以看到在罗马大角斗场（Colosseum）中，那些托起拱的方柱或许可以被理解为是一堵被挖空的墙的残余，外贴半圆柱，柱上楣构是直线型的，它们作为装饰贴在方柱上。因此，在实践中，阿尔伯蒂对于圆柱的认识基本上是希腊式的，而他对于拱的认识则基本上是罗马式的——在这两个方面，伯拉孟特和帕拉第奥都是阿尔伯蒂伟大的继承人。

但是，阿尔伯蒂并没有仅仅停留在对拱与圆柱的甄别上。在后来的岁月中，他逐渐发现了在任何一种圆柱与墙的组合时都存在的内在不一致性。对于他这么个严谨的人来说，圆柱的造型、圆柱的三维属性与墙体平坦个性之间的冲突早晚会要显现出来的。在他生命的晚期，他通过用方壁柱替代圆柱的方法解决了这些理论上的冲突。方壁柱因此是圆柱作为墙的装饰而演化出来的必然结果。方壁柱或许也可以被理解成为一种被压扁了的圆柱，从而失去了它的三维性和触感价值。

阿尔伯蒂于 1452 年前后完成了《论建筑》的主体部分[14]，时年 48 岁。这时，阿尔伯蒂才按照自己四十几岁时才形成的计划开始了建筑实践，他的职业生涯也是从这时开始又延续了 25 年。尽管在他的专著中他宣称圆柱是所有建

12　只有在那些次要的建筑身上才可以接受圆柱和拱的组合。第七书，第 6 章，1485 年本，帖码 q："但在神庙这样最尊贵的建筑身上，只能使用柱顶带横楣的柱廊"。同样的原则也适用于私人住宅的建造。第九书，第 4 章，1485 年本，帖码 x vii 反面页："最高等市民家的柱廊应该使用柱顶带横楣的模式，普通市民家的柱廊柱直接连拱即可"。参见上文第 18 页。

13　第七书，第 15 章，1485 年本，帖码 r vii 反面页："拱廊要用方柱。用圆柱就有问题"。作为弥补措施，阿尔伯蒂建议如果用圆柱，就在圆柱和拱之间加一个方形托板。这也是伯鲁乃列斯基在其孤儿院敞廊（Loggia degli Innocenti）上重新发明的做法。所以，在先是说出一句革命性的台词之后，阿尔伯蒂又向传统妥协了一些。然而，整体地看，这一做法并不是阿尔伯蒂特别喜欢的做法。

14　参见前文第 3 页，注释 1。

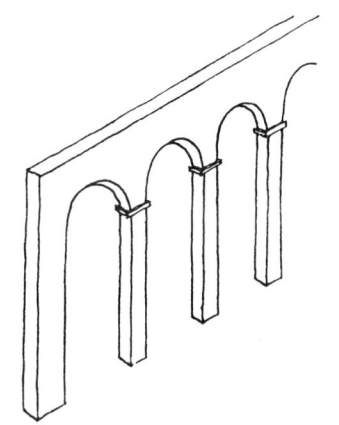 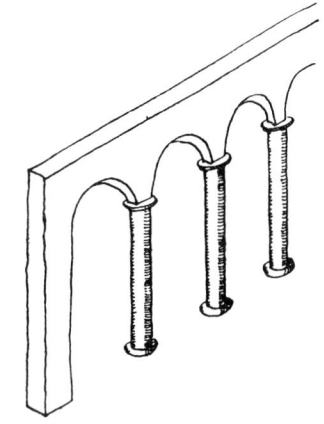

图29　示意图：方柱与拱，圆柱与拱

筑中的主要装饰，他在曼图亚设计的圣塞巴斯蒂亚诺教堂和圣安德烈亚教堂（S.Andrea）却用的是方柱体系来装饰的。但这并不意味着阿尔伯蒂背离了古代传统；而是意味着他发现了不需要妥协就能将古典建筑翻译成适应于墙体建筑的合理做法。

　　阿尔伯蒂将古典建筑要素改造成为墙体建筑要素的过程有四个明显的阶段。代表这四个阶段的里程碑分别是四座教堂的立面：里米尼的圣弗朗切斯科教堂，佛罗伦萨的新圣母教堂（S. Maria Novella），曼图亚的圣塞巴斯蒂亚诺教堂和圣安德烈亚教堂。

2. 里米尼的圣弗朗切斯科教堂

　　建在里米尼的圣弗朗切斯科教堂是阿尔伯蒂的第一个基督教教堂建筑作品（图30，图31），顾主是里米尼的领主西吉斯蒙多·马拉泰斯塔（Sigismondo Malatesta）。西吉斯蒙多想要把一个13世纪的老教堂改造成为一个个人化的纪念碑。工程开始时规模不大：从1447–1449年间，西吉斯蒙多在那个中世纪的老教堂南端加建了两个新的礼拜堂。一直拖到1450年，西吉斯蒙多才动了念头要将整个教堂里外翻新。尽管在过去10年间[15]我们对之进行了很多研究，我们至今还是不太清楚阿尔伯蒂是在工程的哪个阶段介入进来的，也不清楚阿尔伯蒂在多大程度上影响到了内部的设计，甚至我们还不清楚穹隆的建造和形状是否就该像马泰奥·德·帕斯蒂（Matteo de' Pasti）在金属纪念章上刻的那样（图32）。[16]但是我们知道，阿尔伯蒂在罗马一直认真关注着圣弗朗切斯科教堂的外部建设。然而，到了1454年，当建筑已经起到相当高度的时候就停工了，并且一直停工至1466年，等来的是西吉斯蒙多的去世。

　　对于该教堂的立面设计，阿尔伯蒂从罗马古代建筑那里借来了凯旋拱门

15　C·里奇（Corrado Ricci）1924年出版于米兰的经典之作《马拉泰斯塔教堂》（Il Tempio Malatestiano）尚无其他研究可以出其左右。参见M·萨尔米（M. Salmi），《罗马尼阿研究》（Studi Romagnoli），卷二，1951年（有了新增补的参考文献）以及同上，《圣卢卡学院汇刊》（Atti Dell' Accademia Di San Luca），1951–1952年。C·布兰迪（Cesare Brandi），《马拉泰斯塔教堂》（Il Tempio Malatestiano），都灵，1956年。

16　由伦敦索恩博物馆（the Soane Museum）所收藏的一本15世纪意大利北部画册中，有一幅把马拉泰斯塔教堂幻想着画成了集中式建筑的有趣线绘画。此图上画了架在高座圈上的矮穹隆。参见M·罗特利斯伯格（M. Röthlisberger），《帕拉第奥》（Palladio），1957年，第96页，图2。

图30、图31　阿尔伯蒂设计的里米尼圣弗朗切斯科教堂。（上图）立面；（下图）南侧

（the triumphal arch）的母题。[17] 巨大的中央拱券是教堂的入口，旁边窄拱中则置放着西吉斯蒙多和他情人伊索塔（Isotta）的石棺（sarcophagi）。西吉斯蒙多最终还是在 1456 年娶了伊索塔。而随着这些龛室的封砌，阿尔伯蒂设计上原本战胜死亡的概念也就削弱了。但是建筑的右侧（南向）立面上还有类似的东西保留了下来，那些拱的下面还置放着某些要人的石棺（图 31）。

　　将人安葬在一座教堂立面拱下的做法实际上是一种中世纪的习俗；类似的例子很多，阿尔伯蒂也一定很熟悉。[18] 在圣弗朗切斯科教堂正脸（front）和侧面上设有墓位的做法正是源自中世纪的模式。但是通过将刻有古典风格铭文的石棺置放在罗马拱券之下，阿尔伯蒂为英雄们创造了一个比传统意义上的墓葬形式更为令人印象深刻的万神庙。

　　正是带着这样的印象，造访者进入了该建筑的内部，并立即体验到一种反高潮，因为他发现自己已经身处一个哥特教堂之中。[19] 人们的第一反应是，这样不同的内部和外部肯定不是一个人设计的，再看到教堂名牌上建筑师的名字是马泰奥·德·帕斯蒂，就更是肯定了这样的印象。然而，我们知道马泰奥受的是阿尔伯蒂的指挥；我们还知道阿尔伯蒂为整个建筑的结构做了一个模型，而且没有实施的东翼改造设计也是出自他的手笔。那么，马泰奥·德·帕斯蒂仅是这个建筑的总监呢，还是一位起到了创作作用的建筑师呢？[20] 如果最终的处置权是在阿尔伯蒂手里的话，他不去过分干涉老教堂的哥特性格或许还是另有原因的。我们在佛罗伦萨的新圣母教堂的立面上将看到他是怎样处置相同难题的。

　　对于里米尼的圣弗朗切斯科教堂外立面，阿尔伯蒂有着足够的改动自由。他在这个中世纪教堂的四面建造了一个壳一般的结构，阿尔伯蒂的罗马拱券们将老建筑的墙装裱了起来（图 33）。[21] 因为把整个"神庙"都垫在一个高高的基础上，阿尔伯蒂把建筑从周围的环境隔离了出来 [22]，并赋予它某种特别独立的性格。我们知道，在阿尔伯蒂的理论要求中，"神庙"是要被架到普通世界之上的。[23]

　　当 15 世纪的建筑师们面对教堂立面的难题时，他们经常发现自己处于一种尴尬的境地，因为没有现成的古典体系能够解决这样的难题。圣弗朗切斯科教堂的立面是第一个将凯旋拱门母题嫁接到一面墙上的设计 [24]，并成了代表新风格的立面。它代表着对复杂问题的处理寻求一种统一性的古典化的努力方式。从此，凯旋拱门的母题就不断地被用到教堂立面的设计上，并在此背景下在一定时期里成为少数有效的途径之一。

　　但是，阿尔伯蒂将一种古典体系完全套在新的要求之上亦带来了诸多麻烦，在此阶段，阿尔伯蒂也只能用折中的办法来处理它们。罗马凯旋拱门通常只有一个楼层高；相形之下，教堂的正立面要遮盖的是两侧低矮的耳房或礼拜堂以及中间高大的二层高中殿。圣弗朗切斯科教堂就是这样的情形。阿尔伯蒂不得不找到一种将一个单层体系放大为两层体系的办法。圣弗朗切斯科教堂的上层部分从来都没有真正完工，但是它的主要特征还是可以从帕斯蒂 1450 年的那枚金属纪念章上复原出来（图 32）。两个边跨顶上低矮和曲线的墙挡住了背后老建筑的屋顶，中央一跨是个满二层的拱式龛室（arched

图 32　马泰奥·德·帕斯蒂刻制的圣弗朗切斯科教堂纪念章。1450 年

17　虽说阿尔伯蒂的设计在诸多细部上依靠的是里米尼的奥古斯都拱门（the Arch of Augustus）（底座、半圆柱、托盘、线脚），这是事实，也是许多学者经常提及的事情，但是这套系统的原型无疑是来自三段式的君士坦丁拱门。
18　参见阿尔伯蒂几年之后才开始介入的新圣母教堂的那个立面。想要了解对这一问题的全面讨论，参见里奇，之前所引著作，第 281 页以上以及之后的内容。
19　然而我们不该忘记，我们今天所见只是未完成的残段，如果大穹隆建起来的话，就会即刻吸引到我们的注意力。
20　这是盖米勒的结论（跟里奇的结论形成对照）（见斯特格曼 – 盖米勒（Stegmann-Geymüller），《托斯卡纳的文艺复兴时期建筑》（Die Architektur der Renaissance in Toscana）卷三，1885-1907 年，有关阿尔伯蒂的附录，第 4 页）。而我则相信，尽管盖米勒的陈述里有些不太准确，他称阿尔伯蒂在这一工程中主要动脑子人的说法，是正确的。
21　平面图上显示两侧出现了各带七个规则龛室的新墙，独立于有着不规则分布窗的礼拜堂。
22　虽说出于明显的原因，入口应该在街道路面标高上；参见下文第 55 页。
23　第七书，第 5 章，1485 年本，帖码 p vi："门廊乃至整个神庙所占据的空间都该高于城市的地平，以赋予神庙以强烈庄严的氛围"。
24　伯鲁乃列斯基设计的穹顶帕奇礼拜堂（the Cappella Pazzi）立面实际上是圣弗朗切斯科教堂出现之前唯一一个重要的文艺复兴建筑立面。但是因为这个立面是作为修道院（chiostro）的一部分去构思的，所以，它展示了跟独立式教堂立面不同的困难。

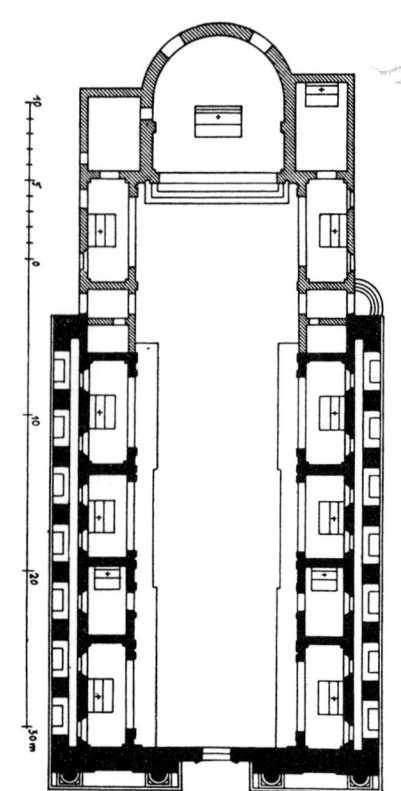

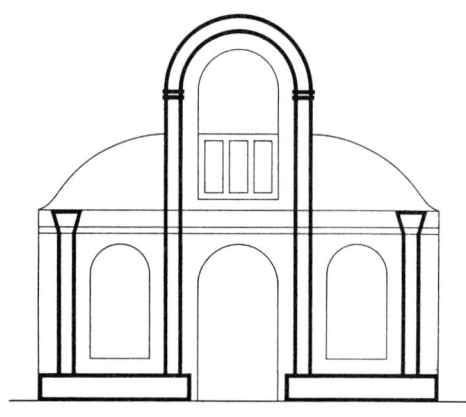

图 33、图 34　里米尼圣弗朗切斯科教堂。
（上图）平面图；（右图）立面示意图

25　参见里奇所搜集的材料，之前所引著作，第 255 页上以及之后的内容。

26　这一事实可以从阿尔伯蒂写给马泰奥·德·帕斯蒂（Matteo de' Pasti）的亲笔信里推断出来。而此信一度失踪 200 年，直到最近才被纽约皮尔庞特·摩根图书馆获得（the Pierpont Morgan Library）。由塞西尔·格雷森（Cecil Grayson）鼎力发表（纽约，1957年）的此信上包括阿尔伯蒂画的一张图，从中我们可以得出上述的结论。在他的文本里，格雷森令人信服地证明，此信写于 1454 年 11 月 18 日。同样参见 M·萨尔米（Mario Salmi），"马拉泰斯塔教堂的立面"（La facciata de "Malatestiano"），《民族国家报》（La Nazione），1960 年 8 月 3 日刊。

27　指的是方壁柱和取代了传统圆形窗的三窗式做法。要想了解阿尔伯蒂拒绝使用圆形窗的原因，参见里奇，之前所引著作，第 259 页上以及之后的内容。

28　这种做法在凯旋门上已现端倪。除了像君士坦丁拱门上在柱子顶端用楣构部分进行了同样的出挑之外，还存在着另外一类做法（例如，提图拱门（Arch of Titus）的做法。同样，参见图 47），在这类做法中，两根中柱上方的楣构出挑连续地不被打破地横向延伸出去，以至于壁龛似的界面围合起中央部分。因此，

aedicula），拱顶上面堆满花饰。拱顶下，嵌在高龛内，是那个三分式的窗子。在这个设计中，阿尔伯蒂追随了威尼斯和威尼斯陆地区域上哥特晚期教堂那众所周知的传统。[25] 近来的研究发现，在 1454 年时，阿尔伯蒂在一个重要方面已经与旧传统决裂，因为他打算在边跨上原本直线的坡屋顶之前（或许和现在的形式相呼应）装饰一个（从来没施工的）漩涡形设计（scroll design）[26]，也就是后来出现在新圣母教堂身上那无比夺目的漩涡饰的预演。

即使这样一个迟来的变化也还不能将本质上中世纪的二层与古典式的一层完全协调起来。即使二层上的重要细部都是古典式的设计[27]，它们也没有掩盖这么一个事实，在这个早期的发展阶段上，阿尔伯蒂对于自己如此调和两个不同谱系的努力还算满意。

为了将底层和上层协调起来，阿尔伯蒂在每根圆柱上方设置的突出出来的楣构带来了一个特别的难题。阿尔伯蒂套用了凯旋拱门身上将墙体、圆柱与拱券混合起来的模式。一道不间断的直线楣构创造出一条明显的水平障碍，它打破了圆柱在竖向上的连续性。眼睛预盼着一种竖向上的运动能一直延续到上层。但是在圣弗朗切斯科教堂的正立面上，边上的圆柱上方是没有冠饰收口的，只有中间的两根圆柱一直延续向上，成了上部的方壁柱，再被上部的顶拱连起来，这样，圆柱和方壁柱就形成了一个统一的中心母题。另一方面，圆柱们所落在的高起的地下室部分被入口切断了，在这个水平面上，中央的圆柱和外端的圆柱被一个共有的地下室部分串联到一起。这是一种复杂的节奏。[28] 边跨在底层是封闭的，但在主层是开放的，再向上又是不连续的。而中央跨在底层是开放的，向上，在主层上是连续的，但在第二层又封闭了起来（图 34）。这样的节奏源自一种大胆的尝试，就是将不相匹配的母题结合起来的做法。可以理解，这样的节奏在 15 世纪时并不多见。但在 16 和 17 世纪的建筑身上，这样的复杂设计是众所周知的，对于它们的熟悉常使得我们很少愿意去探询它们的出处。我们从上面的分析中可以看到，这种手法的产生是阿尔伯蒂在把一种古典体系套用在一种非古典的建筑类型身上时不得已而做出的折中。

阿尔伯蒂对他自己的理论很是忠诚，他一直将圆柱作为立面的主要装饰来使用的；根据他的要求，拱应该落在宽大的方柱之上，而圆柱顶上应该拥有一道笔直的楣构。但是理论与实践并不总是友好相处，我们的分析表明：只要将圆柱与墙体结合起来就会带来困难。对于这些困难，阿尔伯蒂既没有努力去解决也没有能力去解决。

另一方面，方柱和拱券同属于墙的领域。如圣弗朗切斯科教堂的侧立面所显示的那样（图31），没人比阿尔伯蒂更清楚这一点。这里，他对方柱－拱券母题没有加入任何作为装饰的圆柱，而是把圆柱这种装饰用到立面上更重要的部位。不可否认的是，阿尔伯蒂对建筑侧立面的设计是把正立面上的圆柱去掉之后得出来的。但同时，他一定还受到了罗马建筑理念的指引。后世的建筑师没人能像阿尔伯蒂那样更靠近比如在大角斗场[29]的内廊中所蕴藏的罗马建筑精神了。同样，在阿尔伯蒂之前，也没有哪个建筑师能够这么完美地将毕达哥拉斯比例与一个完整的建筑体贴地焊接在一起。[30]

3. 新圣母教堂

在新圣母教堂中（图35），阿尔伯蒂遇到了与在圣弗朗切斯科教堂设计中不同的难题。这里，同样也是要为一个现存的中世纪教堂加上一个立面，但是，不可能重复圣弗朗切斯科教堂的手法——即对一个老建筑进行全面的重新包装和建造一道独立的立面，因为新圣母教堂的立面中局部还是要被保留和保护的。这就意味着阿尔伯蒂不可避免地要在他的设计中将哥特式墓位、尖券下的侧门、砌死的高拱廊[31]以及上层那些巨大的圆窗们整合起来。

因此，尽管存在着遗憾，大多数现代评论家们还是十分认可阿尔伯蒂赋予该立面个人风格的能力的。但是坦白地讲，初次看到这个建筑时，不带偏见的人还是会得出相反的印象，因为人们常会以为这个建筑的立面是中世纪的。[32]

造成如此印象的原因并不仅仅是建筑上突出的中世纪设计元素，还有阿尔伯蒂本人明确希望将自己的设计与现存元素能进行调和之故。从这样一个视角看，这个立面就是一个具体的历史性悖论，因为尽管阿尔伯蒂希望在过去和现在之间做一次调和，他却创造了代表新风格的最重要的立面，并如众所周知的那样，成为后世教堂立面设计中最常见的类型和被效仿的对象。

阿尔伯蒂的写作给我们讲述了当他面对如何延续哥特立面的问题时所进行的思考过程。我们看到，他的基本公理是制造和谐并将一个建筑上的所有局部都统一起来（concinnitas universarum partium）。这一原理同时还意味着不同局部——即阿尔伯蒂的"形廓"（finitio）[33]——之间品质上的相互关联并且由此带来的新旧之间的精心调和。这样，对于古典概念中"和谐性"（concinnitas）的必然追求也可以导向非古典的结果。[34]这并不是个小理论。在圣弗朗切斯科教堂的建造中，阿尔伯蒂在从罗马发出的一封指导帕斯蒂工作的著名的信中写道："人们总是希望能够将已经建造起来的改进得更好，而不愿意破坏了未来将被建造的东西。"[35]这句话上半句的涵义是不应该忘记

我们就不能用简单的序列方式（a, a, a, a）去看那些柱子，而是要用 a, bb, a 的方式去解读它们的节奏。

29　阿尔伯蒂或许曾受到拉文纳（Ravenna）狄奥多里克之墓（Theodoric's Tomb）的影响。他称这个建筑为"尊贵的庙"（nobile delubrum）（见《论建筑》，第一书，第8章）。

30　这一毕达哥拉斯学派的主题在格尔达·泽格尔（Gerda Soergel）那里得到了令人信服的展示。G·泽格尔，《对意大利1450–1550年间理论化建筑设计的分析》（Untersuchungen über den theoretischen Architekturentwurf von 1450–1550 in Italien），慕尼黑，1958年（论文），第11页，以及其缩写本，《艺术年鉴》（Kunstchronik），第13期，1960年，第349页上的内容。

31　在本书早期的几个版本中，我提出过这么一个假说，就是这些实心的拱廊也是阿尔伯蒂设计的一部分。我之所以这么看，是因为这些实心的拱廊若断代为这一立面上哥特式部分建成的1350年的话，就会出现年代错乱。不过，我们也可以接受这样的事实，就是那位设计哥特式部分的建筑师有着某种拟古倾向，用了12世纪晚期佛罗伦萨前－文艺复兴时期的风格设计了这些拱廊（同样参见，帕茨（Paatz），《佛罗伦萨教堂》（Die Kirchen von Florenz），法兰克福，1957年，第678页）。对于该立面的二次研究显示了在立面的转角上，在旧拱廊的最后一拱上，置放了他的圆柱加方壁柱。

32　早前的一些作者比如博塔里（Bottari）、米利齐亚（Milizia）、夸特梅尔·德·坎西（Quatremère de Quincy）都是毫不犹豫地认为，这一立面身上有着"太多日耳曼人的东西"（troppo del tedesco）（亦即，太哥特化了）以至于他们很难将之归为阿尔伯蒂的手笔。参见曼西尼（Mancini），之前所引著作，第459页上的内容。

33　第九书，第5章。

34　参见，E·帕诺夫斯基（Erwin Panofsky），"乔治·瓦萨里《传记》的首页"（Das erste Blatt aus dem 'Libro' des Giorgio Vasari），《斯塔戴尔年鉴》（Städel Jahrbuch），第11期，1930年，第44页之后的内容。（其英文本见，《视觉艺术的意义》，纽约，1955年，第191页以下。

35　其原文如下，"Vuolsi aiutare quel ch'è fatto, e non guastare quello che s'abbia a fare"。参见C·格雷森，《阿尔伯蒂写给马泰奥·德·帕斯蒂的一封亲笔信》，纽约，1957年，第17页以下。

图35　阿尔伯蒂设计的新圣母教堂，佛罗伦萨

图36　新圣母教堂，佛罗伦萨。入口

图37　圣弗朗切斯科教堂，里米尼。入口

新旧之间的彼此和谐。而哥特教堂内部的有节制的现代化似乎是这样措辞的完美阐释。[36]

很显然，阿尔伯蒂在坚决忠于自己建筑原则的同时也没有抛弃立面上现存局部的精神。既然这些局部已经有了彩色理石的饰面（白色的理石、绿色的框线）——此乃托斯卡纳哥特式建筑从原-文艺复兴借来的一种装饰方式，阿尔伯蒂似乎感到可以根据"古典的"原-文艺复兴语言而不是那些"野蛮的"哥特式语言来阐释整个立面了。[37]

事实上，单单是统一化外饰面这一项就能够使阿尔伯蒂设计的这个立面跻身于 12 世纪原-文艺复兴建筑的家族，成为其中一个被追认的成员。还有，这个立面包含了从佛罗伦萨施洗礼堂和圣米尼亚托教堂借来的某些元素。施洗礼堂提供的是某些细部，比如带有水平饰面的边角方柱。而圣米尼亚托教堂提供的是如何处理两层立面的范本。在那个建筑身上，上层立面仅仅掩盖了中殿部分，并由一道人字墙来收口。

但是，就是这些起初看上去不很明显也很难界定的手笔，给了新圣母教堂以新的，现在可以说，是革命性的个性。首先，在主层和上层之间出现了一个新奇的高阁室元素。它帮助阿尔伯蒂克服了在里米尼的圣弗朗切斯科教堂中解决不了的困难。上层靠内的方壁柱被置放在底层圆柱的上方，但是上层靠外侧的方壁柱则不跟外层下部元素相呼应。阁室层的存在掩盖了这一上下不符。而在圣米尼亚托教堂，上下两层的柱式是相互独立的，而且没有阁室层的存在，结果，对于一个具有古典品位的观察者来说，这样的不和谐一眼就会被看出来。在新圣母教堂中，阁室层同时还是一个有效的水平间隔，它把圆柱上方突出的楣构在竖向上不断重复的趋势中和掉了，而同样的母题则在圣弗朗切斯科教堂身上造成了困难。还有，就像柱式靠楣构来收边那样，圣米尼亚托教堂的立面上由一道古典的人字墙来收口。新圣母教堂的立面则不是这样，新圣母教堂上下两层不同的宽度是由著名的涡漩饰来过渡的。这就在上下两层之间形成了彻底的粘接。

最为重要的是，阿尔伯蒂再次动用了巨型的圆柱去刻画主层，因为在那个阶段，对于阿尔伯蒂来说，圆柱就是所有建筑的主要装饰。圆柱们给予建筑立面以强有力的节奏性重音；同时，靠外侧的圆柱大胆地连接着旁边的方柱，将整个建筑捆在了一起（图 51）。

靠内侧的两根圆柱框限着立面入口处最为精致的部分（图 36）。方壁柱托着一个半圆的拱券，围合出一个具有一定深度的龛。龛深正好容得下两侧各有两根方壁柱的位置。方壁柱上方的楣构贯穿了整个龛，龛后墙上一直到楣构的位置都是门本身。[38] 人们通常会强调这个入口与圣弗朗切斯科教堂入口（图 37）的形似性。但是，圣弗朗切斯科教堂的入口缺少新圣母教堂入口的精确性和紧凑性。在圣弗朗切斯科教堂中，这些细部存在着一定的模糊性[39]，在装饰上存在着一定的游戏性[40]，总之，门仿佛是飘浮在龛的巨大空间中似的。类似的概念差异也存在于两个建筑的其他部分[41]，最明显地，就是新圣母教堂那于冠顶的严格古典人字墙与圣弗朗切斯科教堂没有被实施的装饰性拱顶之间的差别。

[36] 里奇（第 255 页）用了上一注释里所引用的阿尔伯蒂的话，作为支持他自己观点的证据。他认为，圣弗朗切斯科教堂内部的现代式改造不是出自阿尔伯蒂的手笔。但是这一阐释有悖于那句话的意思。盖米勒，之前所引著作，第 4 页上的内容，用了一种在我们看来唯一成立的可能解读了阿尔伯蒂的这句话。

[37] 当然，这是通常都会被强调的东西。M·温伯格（M.Weinberger）在《瓦尔堡与考陶尔德研究院院刊》第 4 期，1940–1941 年，第 79 页上令人信服地提出，阿尔伯蒂的新圣母教堂是受到了 A·迪·坎皮奥（Arnolfo di Cambio）在佛罗伦萨所设计的那个大教堂立面的影响的。

[38] 这个门是由 G·迪·贝尔蒂诺（Giovanni di Bertino）完成的（参见曼西尼，之前所引著作，第 460 页）。有些作者搞岔了，以为迪·贝尔蒂诺还参与了该立面其他部分的设计。

[39] 例如，托着拱的柱头下面并不是应该的方壁柱，而是落在了巨大的方柱上。

[40] 参见挂在入口山花上的沉重花环饰，以及拱下面的彩色理石图案。

[41] 可以将诸如新圣母教堂转角上那个圆柱加方壁柱的母题和圣弗朗切斯科教堂超出墙面的外端柱子们做一个比较。

有关新圣母教堂立面的改建时间通常是个有争议的论题。有些学者依据文件线索推定该工程始于 1448 年，有些学者则认为是 1456 年。[42] 后面的这个日期与真实的情形更为接近，因为根据鲁彻拉伊档案（Rucellai Archives）里的一份文件，此立面工程始于 1458 年。上层那道楣构上的刻文记录着这项工程的竣工时间是 1470 年，但是，门厅的改造直到 1478 年才结束。也就是说，于 1450 年开始设计的圣弗朗切斯科教堂入口改造工程仅仅是第一步[43]，后来领向的则是新圣母教堂改建项目中展现出来的高度发达的古典化构成。

在设计新圣母教堂入口的个性时，阿尔伯蒂严格地描摹了某个古代建筑的主要特点，那就是万神庙入口的特点。在万神庙幽深的入口两侧，各贴着两个呈直角转角的方壁柱。这样的手法同样被用到了新圣母教堂的入口处；还有，我们发现了二者有着相似的上部带着楣构与拱的大门。

因此很显然，阿尔伯蒂在对旧立面加建新立面的时候直接注入了古代建筑的母题。对于他而言，这样的做法与他所声称的信仰是相吻合的。那个信仰就是，在新旧部件之间是可以保持连续性的，同时，也存在对"前人作品进行改进的可能"（vuolsi aiutare quello ch'è fatto）。

阿尔伯蒂为这个立面引入的新元素还有圆柱、人字墙、阁室层、涡漩饰。如果没有充盈四下的和谐，也就是他理论的整体背景和基础，这些元素很有可能会以各自为政的状态存在。和谐作为美的基质，如我们所见，蕴藏在局部之间以及局部与整体之间的关联中，而且，还有一套且唯一一套比例体系渗透到了整个立面，渗透到每一个局部的大小与布置之中，固定并限定着局部。阿尔伯蒂所推荐的比例体系就是简单的 1：1，1：2，2：3，3：4，等[44]，也就是阿尔伯蒂从古典建筑中发现的音乐和声元素。例如，万神庙的直径与它的整体高度是相等的，半径与下部结构的高度和穹隆的高度是相等的，凡此种种。

阿尔伯蒂用的就是这些简单数比。新圣母教堂的整个立面可以被一个正方形精确地外切。由此正方形一半边长构成的小正方形则限定着主层和顶层的关系。主层亦可以被划分为两个这样的小正方形，顶层是一个。换句话说，整个建筑与其中主要局部的比例是 1：2，用音乐的术语说就是构成了一个八度音的关系。这个比例也是顶层的宽与主层的宽的关系。

这个 1：2 的相同数比亦不断地出现在每一层内的亚单元中（图 39）。上层的中央跨（central bay）构成了一个完美的正方形，这个正方形的边长正好等于整个上层宽度的一半。两个相同的小正方形框限着人字墙加楣构。上层的楣构与上层基准线之间也是同样的两个小正方形大小。这个小正方形边长的一半正好是上层边跨的宽度，也是阁楼层的高度。[45] 同样的亚单元还限定着主层入口一跨的比例。主层入口一跨的高度是其宽度的一倍半，也就是说，此处的宽高比为二比三。最后，阁室上那些深色饰块的高度是阁室高度的三分之一，与圆柱直径之间的比例是 2：1。这样，整个立面是被几何化地建造出来一个递进的二倍放大过程，换言之，具有了一个不断折半的数比。显然，这里实现了阿尔伯蒂的理论名言，就是用同一个比例贯穿一栋建筑。正是因为严格地执行了一种不间断的数比关系，这个准 - 原 - 文艺复兴建筑立面才被赋予了一

42 这个"大约 1456 年"的日期是米拉内西在他那一版瓦萨里《意大利著名建筑师、画家和雕塑家传记》，第二书，第 541 页，注释 1 中给出的。这一时期也被也许多人包括维里希（Willich）所接受。见维里希，《意大利文艺复兴时期的建筑艺术》（Die Baukunst der Renaissance in Italien）（《艺术品手册》（Handbuch der Kunstw.）卷一，第 83 页。在之前所引曼西尼著作，第 466 页，发表的是日期 1448 年。这个日期则被鲍姆（Baum）等人所接受。见鲍姆，《文艺复兴初期的建筑艺术与装饰性雕塑》（Baukunst und dekorative Plastik der Frührenaissance），斯图加特，1926 年，第 321 页。

43 只是在本书出版到第二版时我才找到这些新文件。它们支持了我原初只是基于对阿尔伯蒂设计发展的某种假设性复原所得出的结论的基本正确性。这些新文件的文本会在别处发表。

44 第九书，第 5 章，第 6 章。见第四部分。

45 漩涡饰构成了一个正方形的对角线。这个正方形的边跟屋顶室的高度关系为 5：3，或者跟上层的层高关系为 5：6。

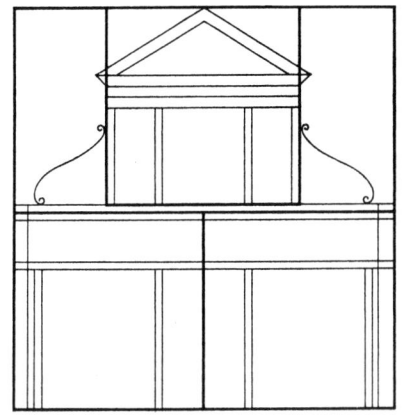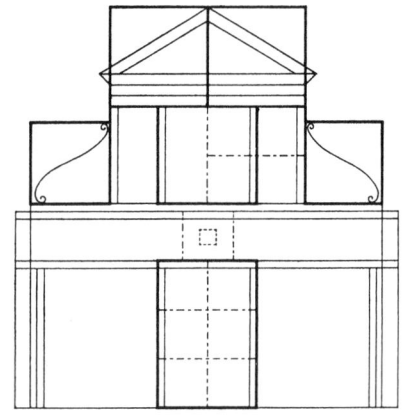

图 38、图 39　佛罗伦萨新圣母教堂立面示意图

种非中世纪的性格，使它成为代表古典比例均整性（eurythmia）的文艺复兴建筑中第一个伟大的实例。[46]

4. 曼图亚的圣塞巴斯蒂亚诺教堂和圣安德烈亚教堂

　　在下面的两个教堂，即曼图亚的圣塞巴斯蒂亚诺教堂和圣安德烈亚教堂的设计中（图 41，图 46），圆柱彻底消失了。这在阿尔伯蒂对建筑的阐释上代表着一个重要的转折点。我们或许记得[47]，在 1450 年前后，阿尔伯蒂尚且认为圆柱是建筑的主要装饰，也就是说在那个时候，他还不能想象在一个最高贵的建筑——神庙或者教堂——身上不具有这种最高贵的装饰形式；的确，他在圣弗朗切斯科教堂和新圣母教堂的设计中就是这么做的。

　　因此，我们可以公允地推定，阿尔伯蒂在圣塞巴斯蒂亚诺教堂和圣安德烈亚教堂中对待圆柱使用的重新阐释反映出他在理论上的一种变化。这种变化把我们带向他自己在《论建筑》中所倡导的立场。虽然我们在阿尔伯蒂自己的文本中找不到有关这种 180 度转变（the volte-face）的明确陈述，作为证据，这两个教堂却还是足以说明问题：他一定在古代建筑的权威性和当代对墙体结构的合理要求之间权衡过，并决定了拒绝使用圆柱和墙体混用的折中做法——即，诸多文艺复兴建筑师都使用的折中做法——转而走向一种整体性的墙体建筑。[48]

　　虽然阿尔伯蒂一如既往地关注着古人的建筑，但从此时开始他思考的是怎样才能让古人的建筑适应现代的要求。在圣塞巴斯蒂亚诺教堂和圣安德烈亚教堂的那些正脸背后，其实藏着一个带有圆柱、楣构、人字墙的古典神庙正立面形象。但是，古典神庙内殿（cella）的墙现在被推到外面来了，而外面的柱式仿佛正在嵌入墙内，那些圆柱也正在变成方壁柱的形式，符合了墙的特点。

　　古罗马人偶尔也会采取同样的方式吸纳希腊神庙正脸的处理手法，不过，

46　阿克曼曾经针对本书第一版写过一篇具有建设性的评述（《艺术通报》，1955 年，第 198 页）。他指出，阿尔伯蒂的方法就是"哥特式立面方格法（ad quadratum）理性化的后代……"但也恰恰是因为这套体系是出自圆柱的直径（维特鲁威的模数），才让阿尔伯蒂的方法有别于中世纪建筑师的方法。同样，参见我在本书第四部分对于比例的讨论。
47　参见上文第 41 页。
48　参见上文第 42 页上的内容。

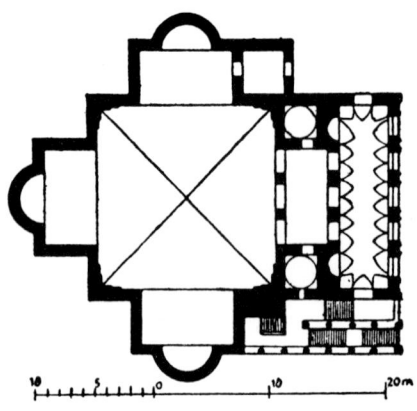

图 40、图 41 阿尔伯蒂设计的曼图亚圣塞巴斯蒂亚诺教堂。(上图)平面图;(右图)立面现状

49 参见里沃拉(Rivoira),《罗马建筑》(Roman Architecture),1925 年,图 182。人们已经修复了这栋建筑,拿掉了中世纪时的那些改动部分。

50 布拉吉罗利(Braghirolli)所发表的有关圣塞巴斯蒂亚诺教堂(S.Sebastiano)的文献,见布拉吉罗利,《意大利历史档案》(Archivio Storico Italiano),第 9 期,1869 年,第 3 页之后的内容。F·马拉古齐(F. Malaguzzi)所发表了有关圣塞巴斯蒂亚诺教堂的文献,见《艺术评论》(Rassegna D'Arte),1901 年,第一期,第 13 页。达瓦里(Davari),同上,第 93 页上的内容。还有曼西尼,之前所引著作,第 392 页上以及之后的内容。

51 布拉吉罗利,之前所引著作,第 13 页:"我们已经看了你引述的巴蒂斯塔·阿尔伯蒂关于消减门廊方壁柱的意见。向你做出肯定,我们的意见和他一致"。日期是 1470 年 10 月 13 日。同样参见,洛多维科·贡扎加(Lodovico Gonzaga)1470 年 11 月 25 日写给阿尔伯蒂的信(布拉吉罗利,第 16 页)。在那封信中,他感谢阿尔伯蒂对门廊部分"施工的尺度和方式"(quelle misure et modi di lavorare)的调整并表达了他期待尽快完工的意愿。

"Minuire"既可以指"规模上的消减"也可以指"数目上的消减",不过,在此处语境中应该只有后者是正确的理解。

这种做法不会早过公元 2 世纪,而且,从来没在神庙身上这么做过。建于公元 2 世纪下半叶,位于罗马附近卡法雷拉谷地(the Valle Caffarella)的安妮·雷吉拉(Annia Regilla)墓,就是这样的例子。阿尔伯蒂也一定知道这个例子。[49]

在圣塞巴斯蒂亚诺教堂和圣安德烈亚教堂中,立面后面跟着的都是通廊(vestibule),而且,这两个立面的主要比例是一样的。在新圣母教堂中,立面宽度是与入口地面标高到人字墙顶点的高度相等的,因此,它们才能被框限在一个正方形里。这样的 1:1 比例很受阿尔伯蒂推崇。不过,这两个教堂立面构思之间的相似性也仅仅到此为止。二者的差别在于:首先,圣塞巴斯蒂亚诺教堂尽量显示着实墙,而圣安德烈亚教堂尽量不显示实墙;这里,除了巨大的中央拱券之外,边跨导向的是门、龛室、窗户,一个叠着一个。在圣塞巴斯蒂亚诺教堂,一道非常沉重的楣构压着非常薄的方壁柱们;在圣安德烈亚教堂,二者之间的关系是相反的。最后,在圣塞巴斯蒂亚诺教堂,中央开间特别窄、边跨特别宽;同样,在圣安德烈亚教堂,二者之间的关系是相反的。关于这两个立面之间的粗浅比较,我们就说这么多。显然,二者代表着两种复兴古典神庙正脸的不同方案,二者都适应了墙体建筑的需要。

对这两个教堂立面如果做进一步研究的话将会带出无数个问题。圣塞巴斯蒂亚诺教堂是早一点的项目,我们在此首先对它进行讨论。作为文艺复兴时期希腊十字结构的先导(图 40),圣塞巴斯蒂亚诺教堂始建于 1460 年,在经过一个快速的开始期之后进入了一个相对缓慢的施工期。[50]到了 1470 年时,通廊部分还没有完工。很幸运，这一年的一封信被保留到了今天。信中，这个建筑的业主洛多维科·贡扎加（Lodovico Gonzaga）对主管建筑师卢卡·法切利（Luca Fancelli）表示说自己认同阿尔伯蒂削减门厅（portico）方壁柱数量的建议。[51] 因为方壁柱仅仅是出现在外立面上（而不是在室内），所以它们的数量应该减少。

这也就是说，在 1460–1470 年间曾经存在过一个针对立面的设计方案，而阿尔伯蒂提出削减方壁柱数量的建议正是针对这一方案的修改。洛多维科·贡扎加的信为我们复原 1460 年的方案提供了线索。现存立面上外端上较大开间的宽度正好是中央开间的两倍外加一个方壁柱的宽度。换言之，如果在外端开间中间放根方壁柱的话就会将外开间等分，每一等份正好是中央跨的宽度。现在外开间上那个拱式开口和旁边的矩形开口中间正是一个方壁柱的位置。结果，相同的六根方壁柱就会把立面墙面等分了。这一点应该是阿尔伯蒂 1460 年设计方案上的一个显著特征。

但是，半地下的建筑部分带出了一个新问题。图 41 所显示的立面是 1925 年大修之后的状况。[52] 三个中心部分的拱现在通向一个延伸至整个教堂地下的密室。外侧两拱现在被两部现代修建的楼梯挡住了。在 1925 年之前，五个拱全部都是可以被看得透的；但现在它们都被封砌起来，它们原有的基础部分现在也藏在底层建筑的水平层下（图 42）。在现代翻修之前，进入教堂的途径只能通过在正立面左边的这部楼梯。只有它才能通向连着通廊的 15 世纪小型敞廊。在建筑身上加一个跟主体结构如此没有关联的楼梯既不符合阿尔伯蒂的风格，也不符合这个门廊本身的细部风格。因此，这部楼梯既不属于阿尔伯蒂 1460 年的旧设计方案，也不属于阿尔伯蒂 1470 年的新设计方案。现代的重建也一定不对，因为楼梯后面的连拱廊本来是肯定可以被看见的。还有，这样的立面在文艺复兴建筑中也是没有先例的。

现在一定要问的是，那些拱廊是否也属于阿尔伯蒂原初的设计？这看上去不太可能。这个立面上的方壁柱比底层结构上的方壁柱要粗得多。单就这一点就排除了阿尔伯蒂设计的可能性，因为把一个高大柱式放在窄小柱式之上的做法完全有悖于阿尔伯蒂的设计原则。[53]

有关这个建筑的历史能帮助我们解开这些谜团。即便是 1925 年前存在的立面也是在阿尔伯蒂去世很久之后才完工的。在一封写于 1478 年即阿尔伯蒂去世 6 年后的信中，卢卡·法切利表示他对用在通廊上的石料非常满意。[54] 1478 年，洛多维科·贡扎加去世。他的儿子费德里科（Federico）最终决定放弃圣塞巴斯蒂亚诺教堂的建设。我们还知道，到了 1479 年的 5 月，还是这个法切利成功地完成了将主体楣构上两个部分组装到位的艰巨任务。[55] 在此之后，几乎是长达 20 年的沉默。[56] 一直到 1499 年，一位名气不大的建筑师佩勒戈里诺·阿尔迪佐尼（Pellegrino Ardizoni）才接受委托去完成这个建筑的建设。[57]

在明显不了解阿尔伯蒂设计意图的前提下，阿尔迪佐尼尽自己所能完成了该教堂的建设。底层那开放的拱廊以及左边那部楼梯一定出自他的手笔；因为这些部件都是画蛇添足式的。[58] 他一定还设计了中门那厚重的门套，该门套

图 42　圣塞巴斯蒂亚诺教堂，曼图亚。改造之前

52　事实上，这些拱里只有四个拱才有建筑性的贴面。

53　典型性的是阿尔伯蒂对那些一层以上建筑的门廊的建议。第八书，第 6 章："如果你可以在一层的一排柱子的上面设计第二排柱子的话，上面这些柱子应该比下面的柱子细 1/4、短 1/4。"

54　布拉吉罗利，之前所引著作，第 28 页。因此，这个门廊不可能像布拉吉罗利自己所坚持的那样建成于 1472 年（第 18 页）。曼西尼，之前所引著作，第 398 页。斯特格曼，之前所引著作，第 7 页以及其他人的观点。

55　达瓦里，之前所引著作，第 94 页："这个晚上，我们给圣塞巴斯蒂安门廊装上了两个大檐口。感谢上帝，我解决了一个大麻烦"。

56　1488 年，圣塞巴斯蒂亚诺教堂的教士们试图完成该教堂的建设，而当时，该教堂仍部分处在残旧状态。参见达瓦里，之前所引著作，第 93 页。

57　马拉古奇（Malaguzzi），之前所引著作，第 13 页。

58　因为阿尔迪佐尼（Ardizoni）不知道阿尔伯蒂想要用一个楼梯间掩盖住下部结构（见下文），他不得不既要装饰这个很容易被看见的下部结构，又要给楼梯间找个位置。

图43 贾科莫·达·彼得拉桑塔设计的圣阿戈斯蒂诺教堂，立面。罗马，1479–1483 年

59 这个窗在 1925 年修复之前就已经被人用砖砌死了。

60 英特拉（Intra）不太令人信服地将那些有着一堆抓着贡扎加徽章、纹章（arms）的胖神童雕像（putti）的护墙说成是卢卡·法切利（Luca Fancelli）的手笔。见英特拉，《伦巴第历史档案》（Archivio Stor. Lombardo），第 11 期，1886 年，第 669 页。曼西尼附和着英特拉的说法。见曼西尼，之前所引著作，第 393 页。那些护墙一定是属于 1499 年阿尔迪佐尼的时代。文杜里则把这些墙说成是多纳泰罗（Donatello）

身后追随者的手笔。见文杜里，《意大利艺术史》（Storia dell' Arte Italiana），卷六，第 470 页。

由乌费奇宫所收藏的拉巴科（Labacco）画的一张图上（发表在曼西尼的著作中，第 396 页）显示着这个门廊只有三个门。这张图也许就是对于阿尔伯蒂方案的复制，因为那个从来都没有建成的穹隆出现在图上。这张图也是此教堂室内空间复原时的一份重要文献。

61 见上文第 18 页上的内容。

62 主要可参见罗马的波波罗圣母教堂（S.Maria del

Popolo）和圣阿诺斯蒂诺教堂（S. Agostino）以及都灵的大教堂立面。圣阿诺斯蒂诺教堂特别重要，因为这里的楼梯并不是像圣安德烈亚教堂（S.Andrea）楼梯那样调转了方向，对着立面，而是追随了古典神庙里楼梯的布置方式（图 43）。

63 G·弗兰克尔在其《意大利文艺复兴建筑》（Die Renaissancearchitektur in Italien），莱比锡，1912 年，第 36 页上那句独特的评述"或许此乃基督教教堂建筑里第一个真正的古代神庙立面"就预期着这样一种重构。

64 这一母题一定是阿尔伯蒂的，因为如前文第 53

甚至与旁边的方壁柱部分地重叠了。由于粗心而且缺乏想象力，阿尔迪佐尼在此处套用了从通廊进入教堂的中央大门上的门套做法。[59] 或许，我们还可以把一些次要的细部比如中央开间上窗顶的直线形式也归于他，因为在其他希腊十字建筑翼端上的相同位置上，窗本该是起拱的。

我们或许可以就此做结，即现代版的翻修既不符合阿尔迪佐尼的设计，比如加上去的那些拱廊，也不符合阿尔伯蒂的方案。首先，我们没有证据表明是阿尔伯蒂设计了那些底层结构上的拱廊。假定阿尔伯蒂没有设计这些拱廊的话，我们就可以自由地把他的楼梯放到它应该被放置的地方：就是教堂的前脸处。我们不由地会设想阿尔伯蒂原本设计了一部横贯整个立面、导向通廊地面标高的大楼梯。一个简单的观察支持着这个假设：现在立面上的那五个开口原本就该是门。显然，这些门是要导向某个地方的。由于缺少了这样的楼梯，这些开口都被改成了阳台。[60]

总之，我们关于原来设计中的楼梯是部横楼梯的推测是从阿尔伯蒂自己的思想和作品中推导出来的。阿尔伯蒂说[61]，教堂应该站在一个高的底座上。位于里米尼的圣弗朗切斯科教堂是个特例。在那个建筑中，阿尔伯蒂不得不在中间把地下部分切开，因为入口的地面是被原来哥特建筑室内地面的标高所决定的。在古代，一部横向大楼梯导向的是神庙门厅的地面标高。我一点儿也不怀疑这就是阿尔伯蒂在设计圣安德烈亚教堂楼梯（始于 1472 年）时脑子里的想法。他的此类概念还可以在某些教堂的立面上得到回应，主要是在罗马，由那些不太有名气，以这样或那样的方式依赖着阿尔伯蒂思想的建筑师们设计的作品身上有所回响（图 43）。[62] 现在，我们可以说，所有这些楼梯做法的先例就是阿尔伯蒂在圣塞巴斯蒂亚诺教堂身上的设计。

图 44 圣塞巴斯蒂亚诺教堂立面图，曼图亚。阿尔伯蒂 1460 年设计的复原图

从上述论证当中，我们可以对阿尔伯蒂 1460 年的设计进行一次试探性的复原（图 44）。他的那个设计代表着标准的神庙正脸设计。其中，当然就有着能把正脸都投射在同一墙体平面上的应有考虑。[63]

这里，似乎仍然存在着一些打破了古典式和谐的要素，它们就是楣构上的缺口以及人字墙下将缺口两边联系起来的拱。直线楣构与拱的结合方式应该是多样的。[64] 伯鲁乃列斯基在他设计的帕奇礼拜堂（Cappella Pazzi）上就为文艺复兴建筑引入了类似的处理手法。他描摹的对象是诸如罗马附近的西维塔·卡斯特拉纳大教堂（the Cathedral of Civitá Castellana）立面上的伪 – 古典式中世纪建筑设计（pseudo-classical mediaeval works）。但是我们怀疑，此处阿尔伯蒂设计的庄严神庙正脸真的来自这样的原型。另一方面，这样的手法也频繁出现在希腊化时期（Hellenistic）的神庙和小亚细亚（Asia Minor）墓葬建筑身上。[65] 这些想法很诱人，但是我们还是不能推定阿尔伯蒂对这些远方建筑就一定熟悉。唯一能够影响到阿尔伯蒂的建筑是 15 世纪艺术家们都熟悉的一个纪念性建筑，就是奥朗日（Orange）的凯旋拱门（图 45）[66]，这个凯旋门的侧面所显示的细部刻画和手法都与我们对阿尔伯蒂设计的复原相似。

图 45 凯旋拱门，奥朗日。局部。取自朱利亚诺·达·圣迦洛的线绘图

这一希腊化母题赋予阿尔伯蒂 1460 年设计的立面以一种活力，不然的话，整个立面就显得太过庄重。这一母题毫无掩饰地指向一段发展古典建筑新方法的酝酿期。这一变化的第一个标志就是阿尔伯蒂在 1470 年提出了对自己 1460

页注释 55 所引的那封信所显示的那样，楣构部分是法切利作为阿尔伯蒂设计的忠实实施者铺设到位的。
65 参见位于特尔梅索斯（Termessus）的那座神庙，由里奇复原绘制，见其《莱昂·巴蒂斯塔·阿尔伯蒂》，1917 年，第 21 号图片。里奇也是第一个讨论阿尔伯蒂使用这一母题的人。
66 这张插图是根据朱利亚诺·达·圣迦洛（Giuliano da Sangallo）的图片绘制的。参照 C·许尔森（Christian Hülsen），《朱利亚诺·达·圣迦洛速写本》，莱比锡，1910 年，第 25 号图片。

图46　阿尔伯蒂设计的圣安德烈亚教堂，立面。曼图亚，1470 年之后

67　阿尔伯蒂于 1472 年故去。这栋建筑是由法切利根据阿尔伯蒂的设计一直到 1493 年才算主体实施完毕。这一建筑的建造史充满了曲折事件，也拖延了几个世纪。其室内的装饰是到了 19 世纪才算完工。里特舍尔（Ritscher）对这一过程有过详细的调查。见里特舍尔的文章，《建设杂志》（Zeitschrift für Bauwesen），1899 年，第 1 页上以及之后的内容，第 181 页上以及之后的内容。要想了解有关圣安德烈亚教堂设计的诸多困难，参见 E·胡巴拉（Erich Hubala），《艺术年鉴》（Kunstchronik），第 13 期，1960 年，第 354 页上的内容。
68　参见舒马赫（Schumacher），之前所引著作，第 11 页。
69　这样，这一简单的方壁柱序列出现了微调（a',a,a,a'）。这一立面的细部证实，阿尔伯蒂的设计在这里是得到了忠实执行的。（我是在二战前得出这一结论的，但是现在胡巴拉，之前所引著作，第 356 页，认为阿尔伯蒂只是控制了整体的计划而已。）
70　阿尔伯蒂试图复兴他所以为的伊特鲁尼亚神庙的形式（参照上文第 16 页，注释 6），就像他在跟圣安德烈亚教堂初稿一道送给贡扎加的心里所解释的那样（参见舒马赫，之前所引著作，第 5 页）。又见克洛西摩，《艺术年鉴》，第 13 期，1960 年，第 364 页。
71　参见盖米勒，《圣彼得大教堂的初始设计》，1875 年，第 7 页。

年圣塞巴斯蒂亚诺教堂方案的修改建议。通过删除六根方壁柱中的两根，突出了墙体的重要性，从而抛弃了原本将古典神庙正脸教条地套在墙体建筑身上的做法。正是这种朝着对古典建筑生动而非正统阐释的迈进，标志着阿尔伯蒂艺术晚期的到来。

在对圣塞巴斯蒂亚诺教堂立面设计进行了修改之后，那一年也就是 1470 年，阿尔伯蒂设计了圣安德烈亚教堂。该项目于 1472 年动工。[67] 它代表着阿尔伯蒂对待古典建筑的新方法（图 46）。在圣安德烈亚教堂的背后不仅藏着神庙的正脸形象还藏着凯旋拱门的形象。巨大的中央拱券轻易地显露出自己的出处。[68] 但是这里的范本不是他在米尼圣弗朗切斯科教堂上使用过的那种三拱类型。这一次，阿尔伯蒂描摹的是罗马提图凯旋门或者是安科纳的图拉真凯旋门的类型（图 47），就是只留一条宽的中央通道，两侧是小开间的类型。在此类拱门中，有些例子里中央拱下部的那道线脚一直会延伸到旁边的两个窄开间上，好像线脚是被中央的大跨切断了似的。阿尔伯蒂将这样的手法结合到这个教堂的立面设计上。它强化了人们的印象，以为巨大的壁柱既属于拱门也属于神庙的整个正脸。换言之，他将两种古典体系前所未有地融合到了一起。

阿尔伯蒂将两种在古代根本无法匹配的体系融在一起的做法是彻底非古典的做法，并为后来 16 世纪手法主义（Mannerist）建筑的理念铺平了道路。值得一提的是，阿尔伯蒂还在细部的微妙使用上竭尽全力统一着这两种体系。"神庙"人字墙下那道楣构上的线脚和线脚的齿化方式在属于下面"凯旋门"的楣构身上得到了重复。边端方壁柱的柱头形式[69]——跟内侧方壁柱的柱头形式并不相同——也在小型柱式的柱头形式上有所回应。

现在，我们有必要花上一点时间来探讨一下该教堂的室内设计了，因为它带有外部立面的痕迹（bearing）。带有巨大拱顶的中殿两侧各有三个礼拜堂——这样的整体是彻底且革命性地新奇——它是阿尔伯蒂从罗马大浴场（Roman thermae）或君士坦丁王宫（the Basilica of Constantine）那里得来的印象。[70] 但是，这个罗马式大厅的墙的装饰却非常地非罗马化。因为在这里，外部立面的刻画方式作为一种连续性序列延伸到了室内（图 48，图 49）。没有了顶上那堵人字墙，现在，室内两侧出现的是窄墙与巨型开口所形成的 3∶4 的节奏变化。这样的母题一般被称为"有节奏变化的开间"（rhythmische Travée）形式。[71] 众所周知，在伯拉孟特在他的梵蒂冈建筑上使用了这种开间形式之后，这一母题就具有了无比的重要性。通过在建筑的内部与外部使用相同的细部刻画手法，阿尔伯蒂赋予他的墙体建筑以视觉上的均质性。但是，这样的诠释放在古时是不可思议的。

通常，人们多会惊讶地注意到圣安德烈亚教堂的正立面要比背后教堂的屋顶低了许多。在设计立面时，阿尔伯蒂必须把教堂左角的旧塔楼考虑进来。旧塔楼的存在迫使阿尔伯蒂把通廊宽度设计得比教堂面宽窄些。这本身也不会妨碍阿尔伯蒂把教堂在整个高度上都覆上一个二层立面。可是，阿尔伯蒂想强调那种内部和外部的连续性，并竭力想让内部和外部的尺寸都一致：外部立面的高度（除去人字墙）与大厅内墙体升到拱筒的高度是相同的，立面的宽度则

图 47　图拉真凯旋拱门，安科纳

图 48、图 49　阿尔伯蒂设计的圣安德烈亚教堂，曼
图亚。（上图）立面图；（下图）剖面图

与室内两侧"有节奏变化的开间"的墙宽相等。还有，阿尔伯蒂宁愿将他设计的立面上方那部分教堂的墙裸露出来，也不愿放弃使用巨型的神庙正脸。对阿尔伯蒂公平一点的话，我们应该在此指出，所有有关该教堂立面的照片都是从一个高点拍摄到的，如果人们是从教堂正面的小广场看过来的话，其实是很难看到后面的墙的。[72]

5. 阿尔伯蒂在古典建筑阐释上的变化

图 50　圣弗朗切斯科教堂，里米尼。立面上的柱头

我们在这里讨论的这些立面——圣弗朗切斯科教堂（S. Francesco，1450年）立面，新圣母教堂（S. Maria Novella，1458年）立面，圣塞巴斯蒂亚诺（S. Sebastiano）教堂立面的第一和第二方案（1460年和1470年）和圣安德烈亚教堂（S. Andrea，1470年）立面——展现了阿尔伯蒂在对待古代建筑方法上的变化和由此而来的发展。在他设计的第一个教堂立面即圣弗朗切斯科教堂立面上，阿尔伯蒂在套用一个古典体系时却不能够扬弃其中问题化的元素、传统特征以及哥特式遗风。此外，那些古典化细部还显露出一股子对浪漫和新奇形式的偏爱。人们只要看看那些柱头形式就会明白这一点（图 50）。古代建筑的确具有某种引导着阿尔伯蒂的权威性，但是，阿尔伯蒂的方法绝不古板而是生动的。

接下来新圣母教堂的立面以及圣塞巴斯蒂亚诺教堂立面的第一稿，由于具有了对古代建筑更为洁净的追求，显现出一种纯粹的古典主义倾向，而且在细部上也很明显（图 51）。但是，圣弗朗切斯科教堂和新圣母教堂的共性是它们都表现出在墙体和圆柱之间的折中，而圣塞巴斯蒂亚诺教堂则放弃了这种折中。在圣塞巴斯蒂亚诺教堂中，对于古典手法的顺从变成了根据统一的墙体建筑要求对古典手法所做的阐释。在圣塞巴斯蒂亚诺教堂立面的第二稿中以及更明显地在圣安德烈亚教堂中，对于古典建筑清教徒般的态度让位于对这些元素自由和自觉的组合。

图 51　新圣母教堂，佛罗伦萨。立面转角处

在相对很短的 20 年间，阿尔伯蒂走完了在文艺复兴时期几乎所有古典复兴的各个阶段。他的设计从一种情绪化的建筑外貌发展成一种考古式的外貌。跟着，他让古典建筑的权威性听从墙体结构的逻辑。最后，他又批驳了考古式和客观主义的方法，将古典建筑当成了宝库，为他自由和个人化的墙体建筑设计提供着养料。阿尔伯蒂可能是唯一一经历了所有阶段的建筑师。他从一个阶段到另一个阶段，走完了一段顺理成章的演化历程。

因此，我们必须将阿尔伯蒂设计的这些立面视为具有极高价值的知识和艺术成就。其他任何一位 15 世纪建筑师可能都喜欢绕开问题。与他们相比，阿尔伯蒂则给我们留下了一系列解决问题的宝贵答案——事实上，是四种不同思路的答案——供他的后继者从中挑选。如果谁不怕麻烦去调查一下阿尔伯蒂身后的那些教堂立面的话，马上就会看到后世建筑在很大程度上是有赖于他的工作的。在后来整整的 100 年时间里，没人能像他那样真正胜任这项工作。一直等到帕拉第奥设计了他的教堂立面，才出现了一个在分析问题时具有同样穿凿力的建筑师。我们因此将在本书下一部分回到这一主题上去。

72　人们还是能从下面看到山花上方那个像神龛一般的突出部分。它上面有一巨大的窗，是唯一能让阳光直接进入中殿筒拱内的地方。人们通常以为（参见里特舍尔，之前所引著作，第 185 页、第 186 页）这个神龛般的遮蔽物是 18 世纪初才按上去的，目的是要保护立面山花处的屋顶。但是最近洛茨（在《赫齐亚纳图书馆藏书》（Miscellanea Bibliothecae Hertzianae），慕尼黑，1961 年，第 171 页）发表了小费舍尔（Hermann Vischer the Younger）在 1515 年绘制的带有这个教堂立面的一幅图画，图上显示着这个遮蔽物出自原来的设计。不过，它当下的细部表明，它是在 18 世纪的修复过程中被部分复建的。

第三部分

帕拉第奥的建筑原理

1. 作为"通才"（uomo universale）的建筑师：帕拉第奥，特里西诺和巴尔巴罗

1 参见 G·托法尼（G. Toffanin），《16 世纪意大利文学史》（Il Cinquecento, Storia letteraria d' Italia），米兰，1929 年，第 448 页上的内容。

2 特里西诺的史诗《从哥特人手下解放出来的意大利》（L' Italia liberata）的初创时间是 1526 年，到 1529 年时，该史诗完成过半。参见 B·莫尔索林（Bernardo Morsolin），《詹乔治·特里西诺》（Giangiorgio Trissino），维琴察，1878 年，第 348 页。帕拉第奥这个人文主义化的名字最早出现在了 1540 年 2 月 25 日和 3 月 10 日的文件上。在所有之前的文件上，帕拉第奥都被叫作"安德烈亚"或是"安德烈亚·迪·皮耶罗"。参见佐尔齐（Zorzi），《威内托－特伦托地区档案》（Archivio Veneto–Tridentino），1972 年，第 136 页。

3 最终，有文献证据支持了 1508 这个年份，这才平息了有关帕拉第奥生年（是 1508 年还是 1518 年）的长久争议。参见佐尔齐，之前所引著作，第 120 页上以及之后的内容。有关帕拉第奥出生地的争议（最终原来是帕多瓦而不是维琴察），见 A·M·达拉·波扎（A.M.Dalla Pozza），《帕拉第奥》（Palladio），维琴察，1943 年，第 9 页上以及之后的内容。佐尔齐，《威尼斯艺术》（Arte Veneta），第 3 期，1949 年，第 140 页上以及之后的内容。

4 F·兰佩蒂科（F.Lampertico），《历史手稿与书信》（Scrini stor. e let.），1882 年，第 336 页，第 366 页上的内容。

5 佐尔齐，之前所引著作（见前文注释 2）并参见 G·菲奥科（G. Fiocco），《帕多瓦人安德烈亚·帕拉第奥》（Andrea Palladio Padovano），1933 年，第 5 页之后的内容。从 1545 年开始，帕拉第奥会经常使用 "architetto"（建筑师）这个词。

6 一份日期为 1538 年 2 月 19 日的文件（参照佐尔齐，之前所引著作，第 137 页，第 143 页）乃是有关这二人交往的第一份证据。

7 这栋别墅建成于 1530–1538 年之间。参见鲁莫尔（Rumor），《威内托－特伦托地区档案》（Archivio Veneto–Tridentino），1926 年，第 202 页上以及之后的内容。尽管存在着相佐的证据，鲁莫尔以及菲奥科，见之前所引著作第 10 页，都坚持老的说法，把这栋别墅的设计师说成是帕拉第奥。但是先于他们的某些作者就对此有了怀疑，比如，贝尔托蒂·斯卡莫齐（Bertotti Scamozzi），《安德烈亚·帕拉第奥的建筑与设计》（Les Bâtiments et les desseins de André Palladio），1786 年（第 2 版）第二书，第 32 页之后的内容，以及伯格（Burger），《安德烈亚·帕拉第奥设计的别墅》（Die Villen des Andrea Palladio），1909 年，第 31 页。——对于这一问题，贾罗拉莫·瓜尔迪（Girolamo Gualdi）1538 年 5 月

1547 年，詹乔治·特里西诺（Giangiorgio Trissino）发表了《从哥特人手下解放出来的意大利》一书（L' Italia liberata dai Goti）。它是 16 世纪一系列伟大英雄史诗中的第一部，是严格地根据一些古代箴言写成的。作者自己曾不止一次骄傲地说，他认亚里士多德为自己的"导师"（maestro），由荷马"引领行动、引领思想"（per duce, e per idea）。这部史诗在题材选择上颇有意思。它讲述了贝利萨留斯（Belisarius），也就是查士丁尼大帝的统帅（Justinian's commander），将哥特人（Goths）从意大利赶出去的故事。这次军事胜利保障了古典传统在意大利的复兴，使得意大利成了希腊文明所在的东方帝国的一部分。但是在特里西诺撰写这部史诗的时候，那个东方帝国的主人却不是基督徒了；因此，特里西诺很适时宜地将这本书献给了查理五世（Charles V），新的查士丁尼，因为他正准备从西方出发去解放东方。

在撰写此书的二十多年时间里，如作者自己所宣称的那样，他浏览了所有拉丁和希腊文献。这本书不仅将神话与神学结合了起来，还涉及了天文、医学、炼丹术、巫术、数学，最后还涉及诸如航海、军事和民用建筑。这部史诗凝结了特里西诺毕生的心血和抱负。他是一位百科全书式具有无穷创造力的全面的人文主义者。他试图恢复伟大的希腊史诗传统，他在《索福尼斯巴》（Sofonisba，1514-1515 年）中将希腊悲剧介绍到意大利；他的喜剧《摹仿》（I Simillimi，1548 年）模仿的是普劳图斯（Plautus），他的《诗颂》（Canzoni）模仿的是品达（Pindar）；他写了《牧歌》（Eclogues），还用拉丁文写诗，并翻译了贺拉斯（Horace）的作品。这个时期的人文主义者特别热衷于语言学问题，同样，特里西诺也很感兴趣。他出版了《诗学》（Ars poetica），以及关于语法的书籍，最后，他还因试图将意大利语的拼写与发音方式希腊化而著名。他要人为地创造一种公共的意大利语言。这就与一般的人文主义潮流相左。由本搏（Bembo）、斯佩罗尼（Speroni）、瓦尔基（Varchi）以及许多其他人所代表的潮流倾向于把乌加尔俗语（the Volgare）（托斯卡纳语言）作为学术和学者的语言。这股潮流在号称"秕糠学园"圈子（the Accademia della Crusca）的作品中达到了顶峰。而特里西诺的人文主义标签是贵族化的，在某种意义上也是与现实错位的；他所提倡的是一种正规、神秘、严格的古典主义，跟任何一种大众潮流都无关的古典主义。[1]

在《解放意大利》一书的第五书中，有一段有关宫殿的描写。这段话能够很好地告诉我们特里西诺的脑子里想的是什么。在有关宫殿四周和入口的冗长叙述后，跟着是关于庭院的记述：

　　回廊环绕着这个小小的院子
　　回廊宽敞的拱们落在圆柱之上
　　圆柱的高度与走廊的宽度相等；
　　圆柱的粗细是它们高度的八分之一。
　　每一根圆柱都有一个银色的柱头
　　柱头的高度与柱子的粗细相同，
　　而圆柱的底座是金属制成的
　　底座的高度是柱身的一半。

　　这段叙述透着一种学院气的对模数结构的憧憬。它是对维特鲁威文本的诗意复述；我们将看到，特里西诺对待维特鲁威文本的兴趣并不只停留在泛泛的层面上。在这个名为阿克拉奇奥宫（Acrazio）的建筑内部，对于征战到此的军队来说还有各种各样不和谐的惊奇；为了避免灾难，上帝亲自派遣了贝利萨留斯的护卫天使来到大地作为卫士及帮手。正是这个天使朗诵了上面那段描述，而天使的名字叫帕拉第奥（Palladio）。

　　当年轻的雕塑家安德烈亚·迪·皮耶罗·达·帕多瓦（Andrea di Pietro da Padova）进入特里西诺的圈子时，根据人文主义圈子里的时尚，特里西诺给安德烈亚取了一个古典化的名字，"帕拉第奥"。这个名字与希腊智慧女神雅典娜的别名帕拉斯（Pallas）形象的关联也正是特里西诺期待在这个年轻艺术家身上能看到的东西。如果我们查一查年代的话，就会发现帕拉第奥的名字首先是用来命名史诗中的天使的，这个天使也非常善于谈论建筑。那么，当"帕拉第奥"再被用在这位年轻建筑师身上时，也就有了双重的寓意。[2]

　　安德烈亚·迪·皮耶罗生于1508年。[3]1524年4月，在他16岁时，安德烈亚的名字被记录在维琴察（Vicenza）砖工和石匠的行会名单里。[4]在此后的10年中，有文件记录说他从事的是雕塑工作。在一份1542年的文件中，他却仍然被称为"切石工"（lapicida）。[5]但是，在此前的某个时间里，大约是在1536年，发生了一件对欧洲建筑造成深远影响的事件。特里西诺，当时在维琴察附近的克里科利（Cricoli）修建他自己别墅的时候，发现了工地上一位年轻石匠的天才。特里西诺不仅促使帕拉第奥改换了职业，还对帕拉第奥在对待建筑的方法上产生了方向性的影响。[6]

　　通常人们会把克里科利的别墅归功于帕拉第奥，但是，有明确的证据表明特里西诺自己才是别墅的真正设计者。[7]特里西诺生前的部分建筑图纸被保留到今天，其中的一张图上写着："克里科利住居的若干平面图"（Alcune piante della casa di Cricoli）。[8]他对建筑问题的关注还记录在现存的一份无日期标记的手稿片段中。这个残篇很短，但却揭示出他的思想倾向。他宣称，他已经完成了一部建筑专著的撰写任务，因为他注意到人们需要更多的启蒙："因为在仔细阅读过维特鲁威的文字之后……我发现那些在他那个年代人们非常熟悉的东西现在全都变得很陌生……这样的维特鲁威是非常不能够被人们所理解的，他也不能够充分向人们教授建筑艺术；因此，维特鲁威虽然努力显示他特别了解各种知识，他却很难传授它们。莱昂·巴蒂斯塔·阿尔伯蒂想要追随维特鲁威

20日写给特里西诺的信似乎就可以帮助我们做出定论。那封信提到了"先生您（在克里科利别墅）设计的绝大部分"一项（la maggior parte del disegno (scill. Cricoli) di Vostra Signoria）。（之所以提到"绝大部分"是因为其他部分都是现状的老建筑）；参见莫尔索林，之前所引著作，第230页。达拉·波扎（在之前所引著作，第48页，第50页以上以及之后的内容）用了跟我们相似的观点，排除了帕拉第奥参与克里科利格局设计的可能。佐尔齐（见《帕拉第奥》卷四，1954年，第107页）认为，特里西诺早在1523年时就开始了这个别墅的建造，并在1537年之前就完工了。

8　存于米兰的布雷拉展馆（the Brera）。图上特里西诺的题字证实着这些设计和克里科利别墅之间的关联。莫尔索林在其著作第225页之后讨论了这些绘图却没有发表它们。达拉·波扎在其著作中发表了其中一张图，见达拉·波扎，之前所引著作，第51页。那张图展示了特里西诺是以要再现维特鲁威式古罗马住宅的目的开始设计的。

9　参见佩塞里科－博尔托利尼（Nozze Peserico-Bertolini），《詹乔治·特里西诺「论建筑」片段》（Dell' architettura, Frammento di Giangiorgio Trissino），维琴察，1878年。

10　坎蒂莫里（Cantimori）讨论过在这个圈子里修辞作为一种激发政治品德的手段的重要性。见坎蒂莫里，《瓦尔堡与考陶尔德研究院院刊》，第1期，1937-1938年，第83页。同样参见F·吉尔伯特（F.Gilbert），同上，第12期，1949年，第114页以上以及之后的内容。

11　莫尔索林，之前所引著作，第232页上以及之后的内容。莫尔索林对于这个学院给出了详细的描述。想要阅读进一步的文献，同样参见兰佩蒂科，之前所引著作，第154页以上以及之后的内容。这个学院的教师都是像B·多纳托（Bernardino Donato）、B·帕尔泰尼奥（Bernardino Partenio）这样的名人。在他1555年5月20日写给帕尔泰尼奥有关推举他为该学院教师的信里，P·曼努齐奥（Paolo Manuzio）给人们留下了这样一个印象，就是这个学院所享有的声望。曼努齐奥写道："我和你们一起高兴，也和那个伟大城市一起高兴，带着对于那个学院的荣誉感；从那个学院里将走出一批最优秀的青年，在很短的时间里，就像从特洛伊木马里出来一样，他们将用他们名字的荣誉，不仅占领他们的故乡维琴察，也会占领整个意大利"（阿塔纳吉（Atanagi），《十三名人书信录》（Lettere di XIII uomini illustri），威尼斯，1560年，第280页）。

12　"我从詹乔治·特里西诺先生那里获得了这种基础，特里西诺先生是知晓各种学科的智者，对于这一学科，他也有完全的了解"。

13　此建筑师的生平录被当作朱塞佩的儿子保罗（1553—1621）的手笔发表在乔万尼·蒙特纳里（Giovanni Montenari）的著作里。见蒙特纳里，《奥林匹克剧场》（Del Teatro Olimpico），1749年。然而，保罗似乎是对他父亲的笔记做了些增补而已。参见卡尔维（Calvi），《维琴察作家们的著作与背景》（Biblioteca e storia degli scrittori di Vicenza），1778年，卷四，第155页以上以及之后的内容。晚近发现的文件支持了瓜尔多（Gualdo）那经常受到人们质疑的信誉。同样参见达拉·波扎一章："瓜尔多传记的历史价值"（Il valore storico della biografia del Gualdo）（之前所引著作，第36页到39页）。佐尔齐重印了瓜尔多的《帕拉第奥生平》，附上大量的注释（见《艺术史论文与笔记》

图52、图53　詹乔治·特里西诺设计的特里西诺别墅，维琴察附近的克里科利。（上图）立面与（下图）平面图

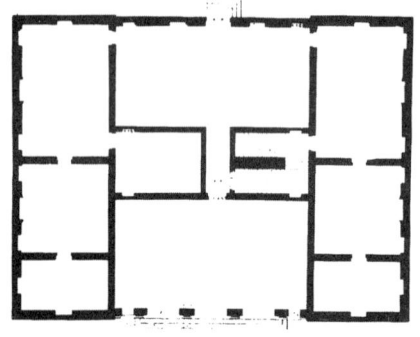

（Saggi E Memorie Di Storia Dell'Arte），第2期，1958–1959年，第93页至104页。）

14　参见莫尔索林，之前所引著作，第321页上以及之后的内容。后来，特里西诺只在他去世的1550年一个人回过罗马一次。佐尔齐（《安德烈亚·帕拉第奥绘制的古代遗迹图》（I disegni delle antichità di Andrea Palladio），威尼斯，1958年，第20页，第21页）认定，帕拉第奥在1549年和1554年曾短暂地过罗马。

有关人们还记得的写了威尼斯之诗的马可·蒂内（Marco Thiene），参见莫尔索林的文章，见《威尼斯皇家学院汇刊》（Atti R. Istituto Veneto），系列七，卷四，1894–1895年，第839页至874页。

15　菲奥科，之前所引著作，第10页。菲奥科强调这一门廊对于由法尔科内托（Falconetto）于1524年建造的帕多瓦朱斯蒂尼宫（the Palazzo Giustiniani）花园里的科尔纳罗敞廊（the Loggia Cornaro）的依赖（同样参见菲奥科，《戴德拉斯》（DEDALO），第11期，1930–1931年，第1217页）。这一观察只是部分成立的。这两个建筑之间还是有着很大的不同：即，在克里科利别墅身上下部是爱奥尼亚方壁柱、上部是科林斯方壁柱，而不是下部为多里克半圆壁柱、上部为爱奥尼亚方壁柱；在克里科利别墅身上的两端是3个大跨和1个半跨，而不是5个大跨；在上下两层上都是连续的楣构，而不是在柱子上楣构部分出现断裂。在这些具体方面，克里科利别墅倒是很符合塞利奥对拉斐尔设计的马达玛别墅（the

的足迹……但是，除了他专著的长度之外，对我而言，人们会发现在他的书中既缺失了很多东西，又论述得啰嗦。"[9]

特里西诺在克里科利修建别墅的目的是要实现自己在郊野幽静的环境中创建一所学园的梦想。后来，这个学园就被称作"特里西诺学园"。那里的房间都被点缀上希腊和拉丁语名句，在三道门上分别写着："才高且勤勉"（Genio et studiis）、"情淡且尚艺"（Otio et musis）、"品端且少语"（Virtuti et quieti）。勤学、尚艺、品端，这三个关键词概括了这个学园的教程。学生们住在克里科利，他们的工作从天亮到天黑都受到严格的约束。特里西诺似乎是希望能够将僧侣生活的理想与希腊哲学学园传统融合到一起。严格的行为道德规范以及身体上的洁净是首要的要求。特里西诺希望通过拉丁和希腊文的学习能够引导学生们修得在意大利语写作上的高雅，并作为一种媒介，向年轻一代灌输文明的品质。特里西诺曾经特别热衷于参与以"奥里切拉里园"（Orti Oricellari）为名的聚会。在那些场合下，著名的佛罗伦萨人文主义者们会彼此探讨各种思想。[10]正是这条线将特里西诺的事业与位于佛罗伦萨的旧柏拉图主义经院串在了一起。这种百科全书式的知识传统的确包罗万象，有哲学、天文、地理，而且一定要有音乐。在1530年代晚期到1540年代之间，维琴察所有的年轻贵族们都光顾了特里西诺学园。此时的帕拉第奥虽然不再年轻也不是贵族出身却有可能参与到了克里科利的社会生活之中。[11]

毫无疑问，帕拉第奥与特里西诺的私交甚笃。他在《建筑四书》（Quattro libri dell'Architettura）的前言中特别提到特里西诺是"我们这个时代的天才"（splendore de' tempi nostri）。在他编撰的《恺撒〈高卢战记〉》的献词中，帕拉第奥又说是博学（dottissimo）的特里西诺教会了他古代军事科学的秘密。[12]帕拉第奥的同时代人朱塞佩·瓜尔多（Giuseppe Gualdo）曾经可靠地描写过建筑师帕拉第奥的生平[13]，并提到"当特里西诺注意到帕拉第奥是位很有理想的年轻人并且热爱数学时，特里西诺就决定培养这个天才去学习维特鲁威的著作，并三次把帕拉第奥带到罗马……"如果我们看看特里西诺对待维特鲁威文本的态度，瓜尔多的陈述似乎无懈可击。还有，我们知道，在1545年的秋天，特里西诺与三个朋友一起前往罗马旅行。这三个朋友其中的一位是画家、诗人贾巴蒂斯塔·马甘扎（Giambattista Maganza），第二位是诗人马可·蒂内（Marco Thiene），第三位是帕拉第奥。他们在罗马停留了将近两年，直到1547年7月他们才打道回府。[14]

当特里西诺把维特鲁威以及古代纪念性建筑介绍给帕拉第奥时，他自己也在克里科利展示着将这样的知识应用到实践中的方法。对于那些现存的以传统"古堡"样式建造的房子，特里西诺会保留其塔楼，并用一个拉斐尔趣味的门厅将这些塔楼串联起来[15]；在主层层面上，特里西诺套用了房间之间形成对称和比例关系的原理。后者在帕拉第奥手上得到了全面的发展（图52，图53）。

在特里西诺的启发下，帕拉第奥将古典研究当成了自己一生的关注对象。所以，他的建筑也不能同这个圈子里的人文主义训练脱开来看。这种训练一直是科学的、学院化的，在某种程度上有些教条。因此要理解帕拉第奥的建筑就必须考虑到上述诸多的复杂思想。[16]

帕拉第奥的文学造诣也是这种训练的结果之一。帕拉第奥天性慎言，能让事实自己讲话就不会多用词语。这在具有创造力的艺术家中是常见的事情。[17]但是，帕拉第奥对人文思想的贡献可能比同时代其他任何一位建筑师都大，而且不仅仅局限在建筑上。他的罗马之行的首批成果是两本小小的导游书，尺寸不大价值却不小。这两本小册子都于 1554 年在罗马出版。[18] 其中的一本叫《罗马古代遗迹》（Le antichità di Roma），里面有对古代遗址及历史的简要描写，并且在内容上进行了分类，易于旅行者获取信息。这本书取代了中世纪版的《罗马胜迹》一书（Mirabilia urbis Romae）。帕拉第奥认为后者"充满了谎言"。现在，帕拉第奥根据文艺复兴新的研究标准去展现古典材料。帕拉第奥写道，"因为知道人们对真正了解这些古迹的巨大兴趣，"他对古迹进行了测绘，并围绕它们收集了很多可靠的信息。他的学术水平令人侧目；他不仅引用了比翁多（Biondo）、富尔维奥（Fulvio）、法乌诺（Fauno）、马利亚尼（Marliani）这些当时古罗马研究者的文献，还关注古典作家诸如哈利卡纳苏斯的狄奥尼修斯（Dionysius of Halicarnassus）、李维（Livy）、普莱尼（Pliny）、普卢塔克（Plutarch）、亚历山大的阿庇安（Appianus Alessandrinus）、瓦列里乌斯·马克西莫斯（Valerius Maximus）、欧特罗庇厄斯（Eutropius）等人的著作。到了 18 世纪中叶，帕拉第奥的这本小册子已经被再版过三十多次。它在 200 年间帮助旅行者们正确地认识了古代罗马。帕拉第奥的第二本书叫《教堂、苦路、赦罪礼以及罗马城里的圣体遗迹介绍》（Descritione de le Chiese, Stationi, Indulgenze & Reliquie de Corpi Sancti, che sonno in la città de Roma）。在这本书中，除了古代遗址，还包括了对罗马教堂的描写，这样的纯宗教描写就是针对罗马朝圣者的。这本书虽然清楚地继承了传统的写作套路，帕拉第奥还把旅行路线做了重新安排，并首次将艺术鉴赏活动介绍了进来；他的著作在 18 世纪前就像一个核，差不多所有罗马的导游书都是从这本书衍生出来的。[19]

在他事业的晚期，即 1575 年，帕拉第奥出版了带有 41 张插图的《恺撒〈高卢战记〉》（Caesar's Commentaries）。[20] 帕拉第奥对古代作家的东西是如此痴迷，他甚至带着儿子莱奥尼达（Leonida）和奥拉齐奥（Orazio）一起研究了恺撒，而且是儿子们准备了书中的插图。两个儿子都英年早逝，作为父亲的帕拉第奥把这本书作为纪念献给了两个儿子。在前言中他说，他曾经花了多年时间研究古代军事科学，阅读了所有研究这个问题的历史学家和古代作者的书。前言中囊括了他所发现的文献的概要。在为波利比乌斯（Polybius）的著作做插图时，帕拉第奥还动用了他从古代历史学家那里获得的知识。但是，这部他献给托斯卡纳大公（the Grand Duke of Tuscany）的著作却遗失了。[21]

所有这些著作如果与他发表于 1570 年雄心勃勃的《建筑四书》相比都是微不足道的副产品。在《建筑四书》中，帕拉第奥开始研究建筑的全部领域。第一书讲的是柱式和基本问题，第二书是关于居住建筑，第三书是公共建筑和城镇规划，第四书讲的是"文明赖以存在"的神庙。[22] 前面的两书是献给贾科莫·安纳拉诺伯爵的（Conte Giacomo Angarano）。在那两书中，帕拉第奥详尽介绍了推动自己写作的动力。古代遗存是他衡量永恒价值的尺子。他认为古代"巨大的废墟是罗马人伟大和品德（virtù）的一个闪光而崇高的见证。"他宣称在研究这种"品德品质"（quality of virtue）时内心常常深受震撼，并且在这些研究中已竭尽全力。[23] 在第三书的前言中，帕拉第奥再次谈到"如此众多华美建筑的遗迹"带给我们"一些有关罗马品质和伟大的知识，如果没有这些遗迹

Villa Madama）敞廊配上的插图（《建筑五书》第三书的第 148 页上的内容）。但是塞利奥的"第三书"1540 年时才问世，而那时，克里科别墅已经建完了。要么是特里西诺有可能在塞利奥发表"第三书"之前就接触到了这一资料（塞利奥是从 1528 年之后就住在威尼斯的），要么是特里西诺从罗马带回来相似的线绘图。盖米勒也注意到了在克里科别墅和塞利奥插图之间的相似性。见盖米勒，《对作为建筑师的拉斐尔》（Raffaello studiato come architetto），1884 年，第 87 页；同样参见达拉·波扎，之前所引著作，第 53 页以上以及之后的内容。

在人文主义者、哲学家路易吉（阿尔维斯）·科尔纳罗（Luigi（Aluise）Cornaro）跟他的建筑师法尔科内托之间的关系（有关法尔科内托在罗马对于古代建筑的研究，参见瓦萨里，《意大利著名建筑师、画家和雕塑家传记》，第 319 页）预演了一种特里西诺和帕拉第奥之间的关系。有关科尔纳罗，参见布克哈特，《意大利文艺复兴时期的文化》（Die Kultur der Renaissance），第 10 版，卷二，第 56 页之后的内容。就像特里西诺那样，科尔纳罗也试图写下有关建筑的思考。菲奥科发表了科尔纳罗那简短的专著，《阿尔维斯·科尔纳罗以及他的建筑论》（Alvise Cornaro e i suoi trattati sul' architectura），见《林塞国家学院汇刊》（Atti Della Accademia Naz. Dei Lincel），科学伦理类，历史学与文献学，系列八，卷四，1952 年，第 195 页之后的内容。有关特里西诺和科尔纳罗对待建筑的差别，参见施洛塞，《艺术文献》（Die Kunstliteratur），维也纳，1924 年，第 222 页。

16　有关特里西诺是否对帕拉第奥的早期职业生涯产生了影响，我们以既可找到支持者又能找到反对者。而达拉·波扎在他那本很有价值的有关帕拉第奥的书里，不当地强调着塞利奥对于帕拉第奥的影响（第 65—87 页）。

17　参照帕拉第奥《建筑四书》的"序言"；"在这几部书里，我将省去冗长的论述，仅仅讨论那些最为基本的东西"。同样参照第三书的"序言"。在其写给《罗马古代遗迹》（Antichità）的序言里，帕拉第奥声称他"尽可能短地"写完了此书。

18　依据瓜尔多的说法，帕拉第奥那一年是在罗马的。

19　想要了解帕拉第奥绘制的《罗马古代遗迹》（Antichità）以及《教堂、苦路、赦罪礼以及罗马城里的圣体遗迹介绍》（Descritione），参见 L·舒特（Ludwig Schudt）《罗马指南》（Le Guide di Roma），1930 年，第 26 页以上及之后的内容，第 126 页上以及之后的内容。参见该书不同版本的完整参考文献。

20　《带有军营、战役和城墙雕版插图的朱利奥·恺撒〈高卢战记〉》，威尼斯，皮耶罗·德弗朗切斯科，1575 年。

21　献给托斯卡纳大公的这一版是 1569 年由马格里尼（Magrini）出版的，《有关安德烈亚·帕拉第奥的生平与建筑作品实录》（Memorie intorno la vita e le opere di Andrea Palladio），帕多瓦，1845 年，附录，第 16 页。帕拉第奥的插图就在这个版本里（参照，同上，第 21 号图片），但是如今却找不到该书的任何一本拷贝了。

22　第三书，"序言"。

23　"……即使经过诸多毁坏，罗马的伟大和品德仍然以这种可以摸得着的方式清晰灿烂地体现出来，可以让我们对那种品德进行研究，我希望能把我的思考表达给您……"。

24 引自 I·韦尔（Isaac Ware）1738 年的《建筑四书》英文译本。局部有小的改动。

25 第一书，第 15 页。

26 同上，以及第一书，第 47 页和各处零散内容。同样参见他在第三书的"献词"。

27 帕拉第奥为本书准备很久，似乎早在 1555 年之前就有了一个不同的版本要去出版了。参见 A·F·多尼（A.F.Doni），《多尼文库第二卷》（La seconda libreria），威尼斯，1555 年，第 155 页。多尼对于这本当时还没起书名的著作说过一段有名的话："我们从中可以学到真正的建筑规范"。D·巴尔巴罗（Daniele Barbaro）在他的《维特鲁威〈建筑十书〉》评注中，第 179，提到"不久，将会有本由帕拉第奥绘制和设计的有关私人住宅的书出版"。有关帕拉第奥为了出版该书所做的改动，同样参见 T·泰曼扎（Tommaso Temanza），《安德烈亚·帕拉第奥生平》（Vita di Andrea Palladio），威尼斯，1762 年，第 42 页上以及之后的内容。西科纳拉（Cicogna），《威尼斯碑文集》（Iscr. Ven.），卷四，第 408 页上以及之后的内容。马格里尼（Magrini），之前所引著作，第 105 页上以及之后的内容。达拉·波扎，之前所引著作，第 109 页上以及之后的内容。佐尔齐，《亚德烈安·帕拉第奥绘制的古代遗迹图》（I disegni delle antichità di A.P.），威尼斯，1958 年，第 148 页上以及之后的内容。

帕拉第奥大量尚未发表的绘图后多由伯林顿勋爵（Lord Burlington）收藏，现藏在英国皇家建筑师学会那里。其中，有 60 多张图都是伯林顿勋爵从帕拉第奥为他的朋友巴尔巴罗设计的马塞尔别墅那里收购来的（参见伯林顿在他写给《亚德烈安·帕拉第奥绘制的古代遗迹图》（Fabbriche Antiche disegnate da Andrea Palladio）的序言，1730 年）。其余的图是伯林顿从伊尼戈·琼斯（Inigo Jones）那里获得的，而琼斯的某些收藏又是他在意大利期间（1614—1615 年）从斯卡莫齐那里获得的（参见 W·基思（W.Grant Keith），《英国皇家建筑师学会杂志》（JOURNAL R.I.B.A.），第 33 期，1925 年，第 95 页上以及之后的内容）。一组数量较小的系列绘图，其中有些图纸可能就是瓜尔多所言的贾科莫·康塔里尼（Giacomo Contarini）收藏的一部分，经斯卡莫齐、F·阿尔巴内塞（Francesco Albanese）、穆托尼（Muttoni）（参见《帕拉第奥的建筑……以及建筑师穆托尼的评论》（Architettura di A.Palladio…con le osservazioni dell' Architetto N.N.[Muttoni]），1740 年，卷一，第 7 页，第 12 页）、泰曼扎、达尔·佩德（Dal Peder）、皮纳利（Pinali）之手转给了维琴察的城市博物馆。参见马格里尼，之前所引著作，第 43 页，第 295 页上以及之后的内容。佐尔齐，《维琴察省报》（La Provincia di Vicenza），1910 年 5 月 17 日刊，第 133 号。少数几幅帕拉第奥的图是在布雷西亚的皮纳科泰卡艺术馆（the Pinacoteca）那里，一幅在维罗纳的城市博物馆那里。有 4 幅帕拉第奥对于古建筑的还原图，就我们所知还从未被提到过，现收藏在梵蒂冈图书馆里。抄本，梵蒂冈，拉丁语类，第 9838 号。其他一些帕拉第奥的系列绘图比如 19 世纪时尚属米兰朱塞佩·瓦拉尔迪（Giuseppe Vallardi）藏品的 12 幅线绘图似乎已经丢失。参见马格里尼，第 305 页上以及之后的内容。那幅关于博洛尼亚的圣佩特罗尼奥教堂的图似乎也丢失了。参

或许人们还不会相信罗马的伟大。"[24] 我们或许可以这样为他做结，好的建筑实践是一种道德责任，进而，再次附和着特里西诺学园的信条，帕拉第奥把建筑看成是由艺术和科学构成的一门重要学科，在科学和技术的结合中，蕴藏着有关品质的理想。但是，作为品质宣言的建筑在帕拉第奥看来还有更多更具体的含义，我们将在本章的后面部分谈到这一点。

帕拉第奥的各种出版计划最终被他的去世所中断。在《建筑四书》第一书的前言中，他给出了一个他写作计划的单子，其中包括剧院、露天剧场、拱券、大浴场、水渠、城防、港口。在他的文本中他不止一次地提到他即将出版的"古迹之书"（libri dell' Antichità）[25] 或者"拱券之书"（libro degli Archi）[26]，而且根据瓜尔多的说法，帕拉第奥还有一个集子，是关于"古代遗迹、拱、墓地、温泉浴场、桥、有关罗马古迹的公共建筑的一些专题。"这个集子据说是留给了贾科莫伯爵——帕拉第奥的朋友兼顾主——去发表的。在这些资料中，只有关于罗马大浴场的部分由伯林顿爵士（Lord Burlington）在帕拉第奥过世 150 年后才出版的。[27]

帕拉第奥强调说，为了准备此书他曾经学习了前人有关建筑的著作[28]；他不止一次地强调了阿尔伯蒂的重要性。的确，阿尔伯蒂对他的影响是巨大的。[29] 但是在所有现代著作之上，他还是拣选维特鲁威作为"导师和领路人"（per maestro, e guida）。[30] 他可能比他同时代的其他任何一位建筑师都更熟悉维特鲁威。与特里西诺的观点相同，帕拉第奥相信维特鲁威揭示了古代建筑最深的秘密。他对维特鲁威具有想象力和洞穿力的阐释在他给 1556 年巴尔巴罗版（Barbaro's edition）的《建筑十书》评注本的插图中表露无遗。在谈到与帕拉第奥合作的这本书时，我们或许应该让巴尔巴罗自己说："在重要的插图设计上，我使用了维琴察建筑师安德烈亚·帕拉第奥先生的作品。他是我个人所知道或听说的人当中，最具天才判断力、最能理解真正建筑、不仅掌握了建筑美与含蓄的原则还能在他最纤细精致的平立剖中实现它们并在他自己的家乡和别处完成及建造出诸多华美建筑的那个人；他的作品可以与古人媲美，可以启迪他的同时代人，也将激起后来者的景仰。帕拉第奥用他轻盈的技艺和思想为我们解释和阐释了维特鲁威的著作，告诉了我们在剧场、神庙、巴西利卡等这些建筑背后形成它们'划分'（compartimenti）的最美丽和最深层的原因；正是他，从遍布意大利的古代建筑中选拣出最美丽的风格，并把现存的古代建筑都做了一遍量测。"[31]

达尼埃莱·巴尔巴罗（Daniele Barbaro）属于帕拉第奥的同代人（他生于 1513 年）。像特里西诺那样，他是基于全面古典学园教育的文艺复兴典范。他是一位杰出的数学家、诗人、哲学家、神学家、历史学家和外交家；他在帕多瓦创建了植物园，并亲手进行了室内装修。他自己就是 16 世纪中叶最杰出的人物之一，并与阿雷蒂诺（Aretino）、本搏、瓦尔基、斯佩罗尼等人保持着亲密的朋友关系。他给威尼斯议会有关他在 1548 年到 1550 年间出使英国的报告是叙述清晰和精确的楷模，他也因此作为第一个向意大利真正全面介绍英国人生活及习俗的意大利人而闻名。[32] 他的著作覆盖了宽阔的领域；在它们之中，有一篇是论雄辩术的对话录（1557 年），有一篇是关于透视的专著（1568 年），他在其中大量援引了丢勒（Dürer）。[33] 但是，像特里西诺那样，他终究

是一位亚里士多德学派的学者。[34] 他以博学的评注发表了他大伯俄莫劳·巴尔巴罗（Ermolao Barbaro）对亚里士多德《修辞学》的拉丁译本（1544年），并校对了俄莫劳·巴尔巴罗对《尼各马可伦理学》（1544年）的译文以及对亚里士多德经院派自然史的简编（1545年）；在这之前，巴尔巴罗还写过有关波菲利（Porphyry）《导言》（Osagoge）的专著，其中包括了对亚里士多德范畴学的讨论，他的这篇论习惯上是作为他的《工具论》（Organon）一书（1542年）的前言来发表的。达尼埃莱·巴尔巴罗以阿奎拉主教（Patriarch of Aquileia）的身份死于1570年。在遗嘱中，他象征性地留给"值得敬爱的建筑师"（nostro amorevole architetto）帕拉第奥15个杜卡特金币（ducats）。正是因为他和他的弟弟马康尔托尼奥（Marcantonio），帕拉第奥得以在阿索洛（Asolo）附近建造了著名的马塞尔别墅（Villa Maser）。这座别墅里拥有着号称"维罗纳人"的画家保罗·卡里亚利的壁画与雕塑家亚历山德罗·维多利亚（Vittoria）的塑像。这座别墅也成为意大利北方最完美的文艺复兴建筑之一。[35]

巴尔巴罗对维特鲁威著作的评注可以说是最详尽的了，他通常用维特鲁威文本中的一句话引出对某个具体问题一段冗长而博学的阐述。他的方法即刻显示出他那亚里士多德学派的训练背景，那种纯逻辑和演绎性的阐述方式，从定义引向定义；而他的思想则常常是完全柏拉图式的。在前言中，他对诸艺和建筑给出了一个哲学化的定义。他一上来就基于亚里士多德的五种知性品质——即技艺、科学、审慎、智慧、知性（intellect）——用人类追求的一般性体系对各种艺术给出定义。[36] 在此，我们没必要跟从巴尔巴罗的细节论述，而是要把注意力放在与我们话题有直接关系的那些思想倾向上。对于巴尔巴罗来说，科学和知性关注的都是"确定性真理"（il vero necessario），也就是在客观事物中的真理，它们是可以通过严谨的证明来发现的。但是，科学是后天获得的，知性则是内在的，它折射着灵魂的力量和品质。而艺术关注的是"非确定性真理"（il vero contingente），也就是通过人类创造表现出来的人类意志力的真理。但是，在"确定"和"不确定"真理的这两个领域之间是存在着联系的。数学从知性那里获得了生命；而那些建立在数字、几何以及其他数学学科基础之上的艺术就具有了伟大性，在这一点上，正是建筑的尊严所在。[37]

在如此解释了诸艺与其他知性领域的紧密关系之后，巴尔巴罗继续着他详尽的艺术定义。他不断地重复着一个简洁的句子 "nasce ogni arte da isperienza,"就是亚里士多德的名言"体验创造技艺。"[38] 巴尔巴罗也用自己的名言效仿着亚里士多德。他相信体验有赖于感觉，但感觉只关心孤例，而艺术依靠的是普遍性原理，但这些普遍性原理必须通过体验才能被发现。因此，艺术接近智慧，智慧则是与科学和知性相关的品质，而科学和知性则是求证"确定性真理"的一种清晰性知识。

这些思想的线绳也将维特鲁威的文本串联了起来。这里，亚里士多德体系被赋予了一个柏拉图式的立场。在维特鲁威谈论一个建筑师应该具有的能力的地方（第一书，第1章，第3节），巴尔巴罗评注到："艺术家首先是在知性领域里工作，在头脑中构思，然后用外在的事物特别是建筑去象征内在的意象的。"换言之，建筑比其他任何艺术都更接近柏拉图理念。他接着说："建筑与任何其他艺术相比都更具有象征力即表现力，'这样的特殊品德'（le cose alla virtu）在他看来使得形式更加

照 G·祖齐尼（G.Zucchini），《圣佩特罗尼奥教堂的立面图》（Disegni…per la facciata di S.Petronio），1933年，第14号图片，第19–21号图片。佐尔齐曾对帕拉第奥绘图（跟我之前的概述并不完全符合）的历史和去向给出一段完整的陈述。佐尔齐，《绘图》，之前所引著作，第40页以上以及之后的内容。

28　见帕拉第奥在第一书"献词"里的话："我花了好多年时间和好多工夫，去专研那些丰富了这一光荣学科的人的作品"。

29　参见第一部分、第31页以及下文第四部分、第108页，第109页。

30　第一书的"序言"。

31《维特鲁威〈建筑十书〉：由巴尔巴罗教士翻译并评注》（I dieci libri dell' A rchitettura di M. Vitruvio tradutti et commentati da Monsignor Barbaro），威尼斯，1556年，第一书，第6章，第40页。在别处，巴尔巴罗对帕拉第奥对他的帮助表示了感谢，特别是对爱奥尼亚涡漩式的复原图（第三书，第3章，第95页；参见马格里尼，之前所引著作，第30页上的内容）以及对罗马剧场的复原图（第五书，第8章，第167页）。帕拉第奥在其《建筑四书》里也向他的读者几次提及在巴尔巴罗本维特鲁威《建筑十书》里的那些插图（参见第三书，第19章，以及第四书，第13章）。这两本书里的插图风格很相像，某些插图几乎就像是同出一人之手。

32　参见《威尼斯现存官方文件一览表》（Calendar of State Papers…existing in…Venice），卷五，1534–1554年，第338页上以及之后的内容。

33　有关巴尔巴罗的生平几乎无人专门撰写。关于他最为完整的介绍要数乔万尼·波兰尼（Giovanni Poleni），《对维特鲁威思想的初次演练》（Exercitationes Vitruvianae primae），1739年，第73–82页。在 C·伊里亚特（C.Yriate）的书里也会有若干地方谈到巴尔巴罗。伊里亚特，《16世纪威尼斯贵族之间的斗争》（La vie d' un patrician de Venise au XVI c siècle）（纽约），第109页上以及之后的内容，第355页。巴尔巴罗所写的"威尼斯历史：1512–1515年"发表在《意大利建筑史》（Arch. stor.Ital.）上，1844年，第949页。

34　根据德·图（De Thou）的说法。德·图，《时间史》（Historiae sui temporis），日内瓦，1620年，卷二，第615页。巴尔巴罗经常说："如果是非基督徒的话，那就用亚里士多德的话说，存在着信仰的证据"（nisi Christianus esset, se in Aristotelis verba juraturum fuisse）。

35　参见伯格，之前所引著作，第104页以上以及之后的内容以及下文第四部分，第125页上的内容。

36　亚里士多德，《尼各马可伦理学》（Nic. Ethics），V3–8节。

37　柏拉图，《斐莱布篇》（Philebos），34节；这些思想很久以来都流行着。参见 F·达·蒙泰费尔特（Federigo da Montefeltre）1468年颁给 L·劳拉诺（Luciano Laurano）的专利许可，达·蒙泰费尔特提到了"建筑师的品德是基于算术和几何学的，这两个学科都是七艺之中的学科，而真就是其中最为重要的学科，因为它们带来了第一手的肯定性和知性优越性下可理解的艺术"（尹伊，《通信集》（Carteggio），卷一，第214页）。

38　亚里士多德，《形而上学》（Metaphysics），981a。

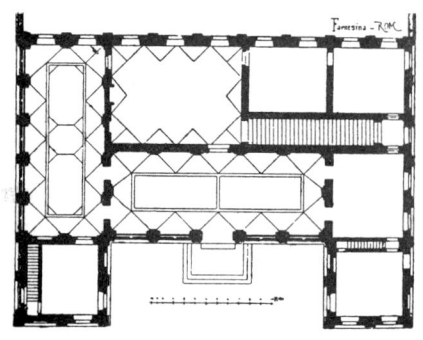

图 54　佩鲁齐设计的法尔内西纳别墅，罗马。1509–1511 年。平面图

接近理念。沿着相同的思路，巴尔巴罗在另外的地方（第一书，第 1 章，第 1 节）用另一种方式重又写道：'品德显现于实施之中'（la virtù consiste nell' applicazione）。"

众多的段落表明巴尔巴罗从没有把建筑学视为一门孤立的学科，而是把建筑看作与人类心智具有相同法则并彰显着人类心智的无数表达中的一种。类似的亚里士多德式看法还出现在他在对维特鲁威第一书第二章的评注中。在此，维特鲁威讨论了建筑学所包括的六大范畴——法式（ordinatio）、布置（dispositio）、均整（eurythmia）、均衡（symmetria）、得体（decor）、配置（distributio）。巴尔巴罗宣称，我们可以在很多事物中看到这些元素，接着他写道："这些术语都是广义和常义的，就像最早出现的被称为形而上学的广义和常义艺术中的那些定义那样。但是，当一个艺术家想要把这些元素应用到他自己的工作中时，他就应该根据他自己艺术的特殊而具体的要求来限定那种普遍性。"[39]

同样，我们几乎不能想象帕拉第奥可以逃脱亚里士多德的影响；帕拉第奥的实践感觉似乎折射了他对亚里士多德有关体验信条的信仰，他对古代原型的坚持似乎折射着他对亚里士多德有关模仿信条的熟悉；后者在《诗学》中被当成了艺术中的最高原理，也在意大利北方从特里西诺到卡斯泰尔维特罗（Castelvetro）的这些人的圈子里得到了强烈的回响。这些亚里士多德的信条与柏拉图理念的合一似乎在帕拉第奥的建筑中显得特别明显；细心的读者将在他的《建筑四书》中发现这种综合的清晰痕迹。无论如何，显然帕拉第奥是非常熟悉巴尔巴罗对维特鲁威的评注的，巴尔巴罗自己的陈述证明他们当中的很多人可能都在研究着同样的问题。对于巴尔巴罗来说，帕拉第奥的工作就寄托着他自己科学化与数学化建筑的理想。或许我们可以假设帕拉第奥自己的思考方式就是他的顾主们能如此纯熟阐释的那种思考方式。在《建筑四书》中，很有可能是通过把品德与建筑连在一起，帕拉第奥如巴尔巴罗那样，也认为在建筑中存在着某种"品德"，就是能够在空间中将数学的"确定性真理"物质化的可能性。《建筑四书》的扉页支持着这样的理解。扉页上的寓言显示的是"几何神"和"建筑神"，她们向上指着带着皇冠、拿着神杖及书的"品德女神"（Regina Virtus）。

我们或许会说，从阿尔伯蒂的时代起，人们就把建筑学当成了应用数学了；然而，在巴尔巴罗之前，这个主题并没有被如此严密的逻辑分析过。帕拉第奥的《建筑四书》关心的几乎全部是实际问题，但同样具有突出的犀利、精确、清晰而又理性的论述。正如特里西诺将亚里士多德《诗学》应用到了戏剧和史诗身上，赋予了它们结构性、统一性和清晰性那样，帕拉第奥在古典规则权威性的基础之上赋予建筑设计以不可动摇的清晰性。

1555 年，奥林匹克学园（the Accademia Olimpica）在维琴察成立，帕拉第奥是这里的主要发起人之一。这里的教程仍然是旧时意大利学园的模式，就是要培养"通才"。帕拉第奥发现他似乎又回到了当年的特里西诺学园，再度置身于一群志向相同的青年人中间。戏剧表演很快就变成了奥林匹克学园诸多闻名的活动之一。1562 年，该学院上演的第一出戏剧就是为纪念特里西诺的《索福尼斯巴》。帕拉第奥为此次演出将拉焦内宫（the Palazzo della Ragione）的大厅改造成为剧场空间。[40] 后来，帕拉第奥受雇真的去建造一个永久性剧院。这个剧院的奠基石是在 1580 年 3 月 23 日埋下的，距离巴尔巴罗去世的时间整整 10 年。如果巴尔巴罗还

39　这些标注并不是旨在对巴尔巴罗评述的复杂逻辑结构进行的某种概括，也不是要在这里追溯巴尔巴罗除了亚里士多德和柏拉图之外的思想来源。巴尔巴罗用过诸多文献资源，其中，他可能就用过亚里士多德学者对于 1536 年佩鲁贾出版的卡普拉里本（Caporali）的维特鲁威《建筑十书》。

40　见 P·卡斯泰利（Pierfilippo Castelli），《詹乔治·特里西诺的生平》（La vita di Giovangiorgio Trissino），威尼斯，1753 年，第 26 页。卡斯泰利认为，帕拉第奥的奥林匹克剧场模型就是为了这一场合而展出的。同样参见卡尔维，之前所引著作，卷四，第 275 页上以及之后的内容。

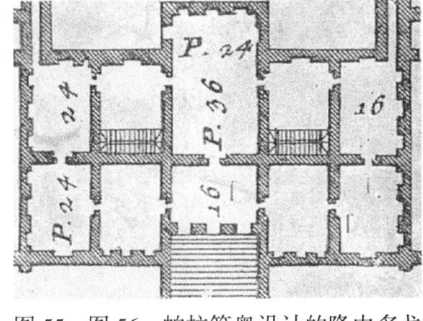

图 55、图 56　帕拉第奥设计的隆内多戈迪·波尔托别墅。1540 年。（左图）立面；（上图）平面局部（取自帕拉第奥的《建筑四书》，第二书）

活着的话，他一定会比其他任何人都能更好地欣赏帕拉第奥的设计。因为这个剧院的所有初衷和目的就是要重现古罗马剧院，而这个题目，巴尔巴罗在帕拉第奥的帮助下，在他有关维特鲁威的评注中已有论述。[41] 帕拉第奥本人在这个建筑开工后的第六个月时也过世了。1585 年，剧院对外开放，就像是对特里西诺魂灵（the manes）的吊唁——因为是他引入了希腊悲剧的潮流，这里上演的第一出戏是色芬克斯（Sophocles）的《暴君俄狄浦斯》（Oedipus Tyrannus）。

2. 帕拉第奥的几何：别墅

在评论建筑通病的一个章节中，帕拉第奥写道："虽然新的样式和事物会让人高兴，但是对它们的使用不应有悖于艺术的箴言，有悖于理性的指导；就像在我论及古代建筑的书中所提及的那样，人们会注意到，古代建筑虽然有很多式样，但它们从来都没有背离某些普遍性和必要性的艺术原则。"[42] 帕拉第奥是在一个特定的背景下发表这样的言论的，因此，我们不该将这句话的意思推而广之。我们下面要做的是探讨一下帕拉第奥是怎样阐释那些建筑中的普适性箴言的。在这一方面，他设计的那些别墅将对我们的研究特别有帮助。因为在这些别墅和府邸的设计上，他的确坚持着某些准则，而且从未背离过。他总是要在中轴线上设一个厅，然后让两侧的小房间门彼此形成绝对的对称。"可以看到，那些在右边的房间与左边的房间相对应，这样，建筑里的一个局部就会与另一个局部保持一致性。"[43]

文艺复兴时期的建筑师们一直坚持对称是一种设计上的理论需要，并且在菲拉雷特、弗朗切斯科·迪·乔治、朱里亚诺·达·圣迦洛[44] 设计的建筑平面上已经上出现了严格的对称。但在实践中，这种学说很少被套用。对比一下帕拉第奥式的平面（图 56）与一个典型文艺复兴建筑平面比如佩鲁齐设计的罗马法尔内西纳宫（the Farnesina）的平面（1509 年，图 54），人们会

41　在其一份精彩的研究论文中，L·马加内托（L.Magagnato）《瓦尔堡与考陶尔德研究院院刊》第 14 期，1951 年，第 209 页上以及之后的内容）讨论了帕拉第奥奥林匹克剧场设计中的非古典要素。同样参见马加内托，《16 世纪意大利剧场》（Teatri italiani del Cinquecento）威尼斯，1954 年，第 50 页上以及之后的内容。

42　帕拉第奥，《建筑四书》，第一书，第 20 章，第 48 页。

43　同上，第一书，第 21 章，第 48 页。

44　盖米勒 – 斯泰格曼，《托斯卡纳地区的文艺复兴建筑》（Die Architektur der Renaissance in Toscana）卷十一，合集（Gesamtüberblick），图 41– 图 49。

45 罗马浴场规则的平面为帕拉第奥提供了可靠的证据，他认为，均衡性也是古代居住建筑中一个不可或缺的前提条件。

46 帕拉第奥一直到 1552 年还在收着这一项目的付款。参照斯卡莫奇，之前所引著作，第二书，第 16 页，但是该建筑的主体应该在 1542 年时就完成了（也是立面上刻下的日期）。同样参见伯格，之前所引著作，第 16 页以及之后的内容。帕拉第奥自己的插图（卷二，第 63 页）显示了一个修改过的建筑正脸。

47 这是源自威尼斯府邸府传统的做法。要想了解有着这一特征的 15 和 16 世纪的房子，参见法索洛（Fasolo），《维琴蒂诺别墅》（Ville de Vicentino），第 24—27 号图片，第 32 号图片，以及 G·马佐蒂（Giuseppe Mazzotti），《威尼斯别墅》（Le ville venete），特莱维索，1954 年。

48 参见诸如 15 世纪晚期的里奇别墅（Villa Ricci）、布鲁萨（Ca' Brusa）。法索洛，之前所引著作，第 14 号图片，第 15 号图片。

49 在这些房间当中，有两个房间拥有小楼梯，它们改变了这些房间的形状。但是通过不去显示这些楼梯和房间之间的隔墙，帕拉第奥在他的插图里希望读者可以 "读出" 房间的理想形状来。

50 帕拉第奥，《建筑四书》第二书，第 60 页。这一建筑从来都没有真正完工，也没有被保留下来。参照伯格，之前所引著作，第 37 页上以及之后的内容。

51 帕拉第奥，《建筑四书》第二书，第 66 页。伯格，第 93 页。佐尔齐《威尼斯艺术》（Arte Veneta），第 9 期，1955 年，第 120 页上的内容。

52 帕拉第奥，《建筑四书》第二书，第 56 页。伯格，第 98 页。佐尔齐，之前所引著作，第 96 页。

53 帕拉第奥，《建筑四书》第二书，第 46 页。伯格，第 110 页上以及之后的内容。马佐蒂，之前所引著作，第 477 页，标出该别墅的时间是 1568—1570 年。

54 帕拉第奥，《建筑四书》第二书，第 47 页。伯格，第 47 页上以及之后的内容。

55 帕拉第奥，《建筑四书》第二书，第 51 页。伯格，第 95 页以及之后的内容。

56 帕拉第奥，《建筑四书》第二书，第 50 页。布鲁内利与卡莱加里（Brunelli e Callegari），《布伦塔别墅》（Ville del Brenta），1931 年，第 337 页。对于 1553—1555 年这个时间，参照佐尔齐，之前所引著作，第 116 页。

57 帕拉第奥，《建筑四书》第二书，第 53 页。伯格，第 102 页上以及之后的内容。

58 帕拉第奥，《建筑四书》第二书，第 48 页。伯格，第 88 页上以及之后的内容。布鲁内利与卡莱加里，之前所引著作，第 16 页上以及之后的内容。

59 帕拉第奥，《建筑四书》第二书，第 45 页。伯格，第 40 页上以及之后的内容。对于这个日期，参见佐尔齐，《威尼斯艺术》，第 9 期，1955 年，第 97 页。

60 帕拉第奥，《建筑四书》第二书，第 16 页，第 17 页。伯格，第 53 页上以及之后的内容。佐尔齐，之前所引著作，第 100 页上以及之后的内容。圆厅别墅是 1550 年初或是不久就开始建造的。马加诺 1554 年的诗（伯格，第 64 页）让这一点变得确定无疑（此为作者观点——译者注）。罗伯托·佩恩（Roberto Pane）所给出的晚了许多的日期，因此可以被否定了。见佩恩，《安德烈亚·帕拉第奥》，都灵，1948 年，第 46 页。

立刻发现帕拉第奥与旧日传统的彻底决裂。是这种主层平面的系统化才构成了帕拉第奥府邸与别墅建筑的显著标志。[45] 在克里科利，特里西诺已经预演了帕拉第奥式平面；后来，帕拉第奥所进行的一切都是从这个原型发展而来的。

可以明确划在帕拉第奥名下的第一个建筑应该是位于隆内多（Lonedo）的戈迪·波尔托别墅（Villa Godi Porto）（图 55，图 56）。从 1540 年往后[46]，帕拉第奥才陆续收到了这个建筑的设计费。与克里科利的那个建筑相比，这个别墅的设计是 "回归型" 的。正立面上的窗子们是不对称的，这种格局在威尼斯陆地地区[47]数不清的乡村房子上随处可见。中间三拱的门厅打破了正立面的连续性，产生出来的门厅后退效果也是传统的手法。[48] 主层平面跟克里科利相比（图 53）也是简化过的。但是，中轴线两侧四个尺寸相同的房间倒是严格地遵守着对称的原则。[49] 这个令人吃惊、毫不造作的平面已经包含了后来发展出来的帕拉第奥平面的所有元素。

等帕拉第奥从罗马归来，原来戈迪·波尔托别墅正立面上那些明显的地方性和传统性特征就全都消失了。但是，从 1540 年往后，他作为维琴察当红建筑师设计的诸多乡村住宅平面们仍然是戈迪·波尔托别墅的主题变奏（图 57）。这些平面的模式基本是建立在意大利别墅的直接需要之上的：敞廊、中轴线上的大厅、每侧两到三个起居室或各种大小的卧室，在这些房间和大厅之间是那些小型的闲暇房间和楼梯空间。对帕拉第奥 15 年里若干典型平面的分析表明，它们都源自同一种几何套路。在齐科纳（Cicogna）[50]建于 1550 年间的蒂内别墅（the Villa Thiene）最为清晰地显示出这种模式。房间与厅所组成的矩形，被横向上的两条线和纵向上的四条线所分割。此种类型的变种是始建于 1564 年在米加（Miega）的萨莱哥别墅（the Villa Sarego），不过，这个别墅只有部分被保留下来[51]；在这里，门厅的宽度也包括了两部楼梯的宽度。在 1560 年之前，帕拉第奥曾经为波亚纳别墅（Villa Poiana）设计了一个简化的平面[52]。1560 年在波莱西内的弗拉塔的巴杜尔别墅（the Villa Badoer at Fratta, Polesine）遵循了同样的模式[53]，但是有一个厅现在被放在了建筑的立方体之外。在 1558 年和 1566 年之间，在切萨尔托的泽诺别墅（Villa Zeno at Cessalto）就属于这个类型（颠倒的）[54]，但是，厅两边的小房间被串在一起形成了大房间，这些大房间的轴线与厅的轴线相互垂直。我们在据说是早于 1566 年的皮翁比诺德塞的科尔纳别墅（Villa Cornaro at Piombino Dese）身上发现了同样的特征[55]，在那儿，楼梯被转移到两翼；因此中间的厅几乎成正方形，并与前后门厅的宽度相同。通过对这些元素的另外一种变动，在蒙塔尼亚纳的皮萨尼别墅（Villa Pisani at Montagnana）的早期平面浮现了。[56] 对这一平面的颠倒又得出了 1560 年在范佐洛的埃莫别墅（Villa Emo at Fanzolo）平面。[57] 如果将科尔纳别墅中的楼梯沿着小房间的外墙摆放，那么，厅就成了一种十字形状，这就是我们在马尔孔腾塔别墅（Villa Malcontenta）中所见到的情形。[58] 这一类型又在其他建筑中得以变化，特别是在 1561—1562 年在巴诺罗的皮萨尼别墅（Villa Pisani）身上。[59] 最后，在圆厅别墅（Villa Rotonda）的平面上我们看到了那个基本几何骨架最完美的体现。[60]

那么，当帕拉第奥一遍又一遍地尝试着相同要素的时候他在心里想的又

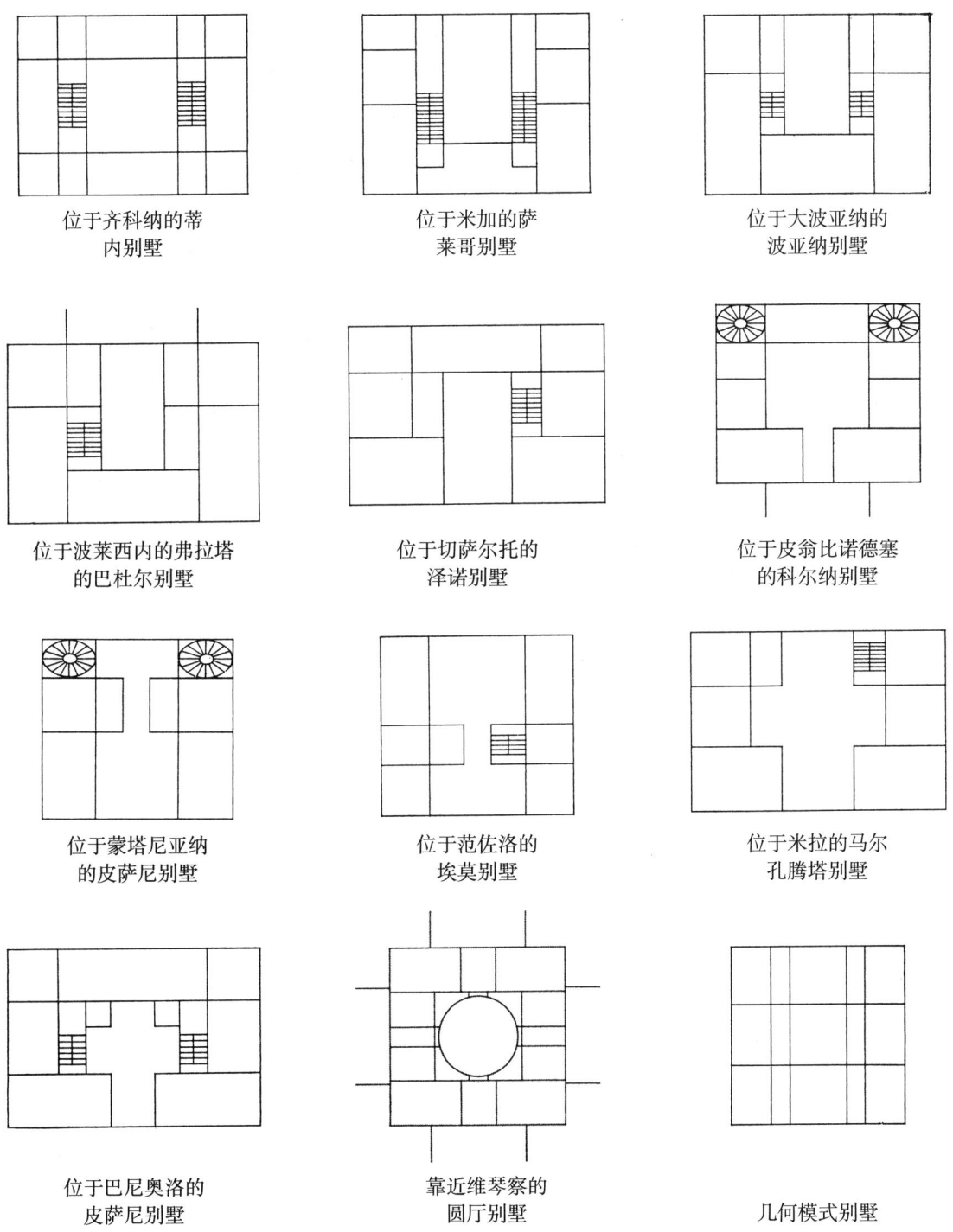

位于齐科纳的蒂
内别墅

位于米加的萨
莱哥别墅

位于大波亚纳的
波亚纳别墅

位于波莱西内的弗拉塔
的巴杜尔别墅

位于切萨尔托的
泽诺别墅

位于皮翁比诺德塞
的科尔纳别墅

位于蒙塔尼亚纳
的皮萨尼别墅

位于范佐洛的
埃莫别墅

位于米拉的马尔
孔腾塔别墅

位于巴尼奥洛的
皮萨尼别墅

靠近维琴察的
圆厅别墅

几何模式别墅

图 57　帕拉第奥设计的 11 个别墅的简要平面图

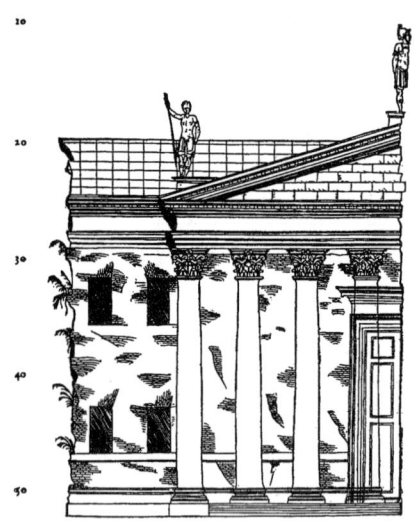

图58 帕拉第奥对古代住宅做的复原图。取自巴尔巴罗《维特鲁威〈建筑十书〉评注》第十书。威尼斯，1556年

是什么？一旦他为解决"别墅"问题找到了基本几何模式，他就会根据每一次设计的具体要求极尽清晰而简洁地调整着这个模式。他在设计任务与终极而不可更改的数学中的"确定性真理"之间进行着一种调和。每一位探访过帕拉第奥别墅的参观者都会下意识而不是有意识地感觉到其中的几何基调。正是这个基调给了他的建筑一种可信的品质。

然而，帕拉第奥这种对同一模式的组合和再组合并不像看上去的那样只是一种简单的操作。帕拉第奥小心翼翼地将和声数比放在每个房间里，放在房间之间的关系上。正是这样对恰当数比的要求，构成了帕拉第奥建筑认识的核心。本书的最后一部分将讨论这一颇为复杂的主题。

帕拉第奥别墅的立面提出了一个本质上类似平面的难题。与法国和英国的情形形成反差，意大利的纪念性建筑如果可能的话通常是被构想成一个实体性的三维体块。意大利的建筑师们一直努力着将一个容易感知的数比赋予建筑长宽高的关系。帕拉第奥的别墅最清楚地展示了这一点。体块必须有个正立面。帕拉第奥求助的是带有尊严和高贵母题的古典神庙正脸，并把这样的母题用到他的别墅身上。帕拉第奥在一段话中曾经给出了他为什么这么做的原因，这段话也表明对他来说务实的考虑与更高层次的原则之间是相互关联的："我在我设计的所有别墅和某些城镇房屋的正立面上都使用了这样的前脸（即，门厅上的人字墙）……因为这样的前脸突出着房子的入口，为建筑的伟大和宏伟添彩，这样，正立面一定要做得比其他立面突出；还有，它们应该非常宽敞，足够放置主人的标志和族徽，这些东西通常是被放在正立面的中央。古人在他们的建筑身上是这么做的，正如我们在神庙和公共建筑的遗存上所看到的那样，如我在第一书的前言中所言，古人很可能是从私人建筑也就是说从住宅身上获得这些发明和原则的。"[61]

至于古代居住建筑的立面是什么模样谁也不清楚，但是，通过把神庙的正立面用到住宅身上，帕拉第奥相信他重新创造了古代居住建筑的形式和精神；在巴尔巴罗对维特鲁威的注释中，巴尔巴罗的古代住宅复原图展示了一种巨大的八柱门厅[62]（图58）。他的结论是建立在两个谬误之上的，一个是有关社会发展的错误学说，另一个是有关建筑起源的错误学说。他以为，"人类最初是独自生活的；后来，他发现需要别人的帮助才能获得那些能够使他快乐的东西（如果这些东西背后真有快乐的话），他自然地寻求并喜欢别人的陪伴；从几个房子发展成为村子，然后发展成为村庄们、城市们。在这些地方，人们建造了公共场所和各种建筑。"因此，巴尔巴罗总结到，私人住宅是公共建筑的核；换言之，神庙折射着古代住宅的容貌。[63]这种把神庙当成一个放大了的住宅的观点倒是为帕拉第奥自己有关建筑构成的提炼认识过程投上了一道有趣的光照。他没有用进化的眼光来思考建筑，但他憧憬了在将来的某些条件下建筑的预制单元可以从一类建筑身上转移到另一类建筑身上，既可以被放大也可以被缩小。[64]这样，将神庙的正立面用到私人建筑身上对于帕拉第奥来说代表着一种合情合理的向古代习俗的回归。但实际上，帕拉第奥奇特的思辨过程把他引向的道路却是用从古代神圣建筑那里借来的主要母题去装扮贵族们的居住建筑。伴随着这样非古典式的挪移，母题获得了新的活力。帕拉第奥对此做了全面的探索。他是第一位坚持将神庙立面嫁

61 帕拉第奥，《建筑四书》第二书，第16章。
62 《维特鲁威〈建筑十书〉评注》第六书，第2章。
63 帕拉第奥，《建筑四书》第一书，"序言"。帕拉第奥把城市当成一个大房子以及反过来把房子说成是小城市的类比（第二书，第12章）是受着实用性思考的约束。关于（本书中未曾讨论到的）帕拉第奥式别墅的整体性，参见 F·弗兰科（Fausto Franco），"帕拉第奥'小城市'般的别墅的功能性与古典性"（Classicismo e funzionalità della villa Palladiana "città piccola"），《第一次全国建筑史会议汇编》（Atti de 1° congresso nazionale di storia dell' architettura），佛罗伦萨，1938年，第249页上以及之后的内容。
64 同样参见第一书、第12章里这一显然是受到阿尔伯蒂影响的陈述："城市可以被当做一个大宅子，反过来住家也就是一座小城市"。

图 59　帕拉第奥设计的圆厅别墅。维琴察附近，1550 年

图 60　帕拉第奥设计的马尔孔腾塔别墅。布伦塔河畔，1560 年

图61　帕拉第奥设计的埃莫别墅。范佐洛，1567年前后

图62　帕拉第奥设计的蒂内别墅。昆托，1550年前后

图 63　帕拉第奥设计的马塞尔别墅。阿索洛附近，1566 年前

65　在他之前就有人尝试着朝这一方向努力，参见诸如位于波焦·阿·卡亚诺（Poggio a Caiano）的朱利亚诺·达·圣迦洛别墅。

66　A·B·卡洛索（Achille Bertini Calosso）讨论过这一别墅以及圆厅别墅跟帕拉第奥对于特拉维（Trevi）附近克利图穆神庙（Temple of Clitumnus）（圣萨尔瓦多教堂（S.Salvatore））的复原图的关系。见卡洛索，"安德烈亚·帕拉第奥与克利图穆神庙"，见《伊特鲁尼亚与罗马建筑随笔》（Saggi sull'architettura Etrusca e Romana），罗马，1940 年，第 183 页。

67　这栋别墅只有很小部分可能在 1549 年才开始被实施（参见伯格，第 68 页上以及之后的内容，还有他的图片 24；佐尔齐，《威尼斯艺术》，第 9 期，1955 年，第 96 页）。本书里的图 62 所展示的"神庙式正立面"是原本非常长的正脸上所保留下来的一翼。我们可以看出，这里，帕拉第奥几乎就像阿尔伯蒂那样，把古代神庙正脸转化成了一种道地的墙体建筑了。参照前文第 55 页上的内容。

68　始建于 1566 年之前；见佐尔齐，第 98 页。R·帕卢基尼（R.Pallucchini）（见《帕拉第奥、'维罗纳人'保罗·卡里亚利与亚历山德罗·维多利亚在马塞尔》（Palladio, Veronese e Vittoria a Maser），米兰，1960 年，第 74 页）将维罗纳的壁画断代为大约 1560–1561 年那么早的作品。马塞尔别墅的设计在早些时候的靠近巴萨诺（Bassano）的安加拉诺别墅（Villa Angarano）身上已经有了预演。我们今天所看到的安加拉诺别墅是 18 世纪初彻底重建的产物。参见伯格，第 26 页上以及之后的内容。

接到住居建筑墙体上的建筑师。[65] 而且通过他，此类做法变得广为流传。最接近带有宽大宏伟楼梯的古典门厅的做法体现在圆厅别墅（Villa Rotonda）的设计上（图 59）；但即便在这里，这个门厅也应该被置放到建筑立方体的大背景中并在它跟这个立方体的关系中来被认识。马尔孔腾塔别墅（图 60）的门厅也是独立式的；但是，此门厅变成了居住建筑的一个有机部分，因为它既高于家用的地下室，又有多部对称的楼梯沿着立面的外墙与它联系起来。[66] 沿着这个思路的下一步工作就是如埃莫别墅所展示的那样将神庙的正立面放到墙面上的做法（图 61）。最后，如昆托的蒂内别墅 [67] 和马塞尔别墅 [68] 所显示的那样（图 62，图 63），整个立面都被改造成了一个神庙外表的模样。各

图 64　帕拉第奥在维琴察使用的"巴西利卡"体系。取自帕拉第奥的《建筑四书》第三书

图 65　某威尼斯府邸的立面。取自塞利奥的《一般性建筑规则》，威尼斯，1537 年

图 66　伯拉孟特、拉斐尔设计的"拉斐尔之家"。罗马，1510 年后。取自安东尼奥·拉弗雷里的雕版画

种式样的可能性是如此之多，帕拉第奥可以充分挑选。上面的几个案例已经充分说明帕拉第奥认为其基本模式的优点已成定论，要做的只是将同一构思进行不断的更改。今天，当人们看到这些立面的时候会不由自主地以为在这些立面的设计上充满了无穷无尽的想法，只是人们不该忘记它们都是从一个基本模式演化而来的。

3. 帕拉第奥与古典建筑：府邸与公共建筑

我们在上文中已经提到，帕拉第奥的建筑仿佛是同一个柏拉图式别墅理念的不同实现方式，都是同一几何主题的变奏。不过如果我们因此就认定帕拉第奥的建筑彼此之间没有发展变化的话那就大错特错了。在下面的章节里，我们将主要关注他的建筑中的那些变化因素；还有，因为帕拉第奥的标准一直是古典的古代建筑，那么要理解帕拉第奥设计中的发展变化就得先要审查一下他在对待古代建筑方法上的发展变化。[69]

帕拉第奥第一个获得了巨大公众反响的设计是他对维琴察拉焦内宫（Palazzo della Ragione）的结构加固改造工程（图64）。[70]他的贴面是一个两层高、不间断序列的著名的"帕拉第奥母题"（Palladio motif）。在此处，帕拉第奥将伯拉孟特圈子里的人常用的后来被塞利奥在《建筑五书》第四书中所推广的方法纪念碑化（monumentalized）（图67）。[71]在他《建筑四书》有关古代巴西利卡的讨论中，帕拉第奥加入了一个关于"我们这个时代的巴西利卡"的章节。他提出，尽管古代和现代在风俗和建造方式上存在着差别，巴西利卡的名字仍然可以被贴切地用在诸如布雷西亚的科缪宫（Palazzo del Comune in Brescia）、帕多瓦和维琴察的拉焦内宫身上。在新旧巴西利卡之间存在着重要的"三种可比性"（tertium comparationis），因为二者都是施法权力的所在。[72]在这个章节中，帕拉第奥根据维特鲁威的描写复原了古代的巴西利卡，然后附上他在维琴察设计的建筑的两张图，并在旁边写道："我不怀疑，这个建筑可以与古代建筑有得一比并且能够跻身于从古到今最高贵、材质最美丽的建筑的行列。不仅仅是因为它的宏大和装饰，还因为它的材料……"[73]他把他自己的建筑看成是将旧时巴西利卡类型进行了古为今用的尝试，而他用来进行其古典复兴的媒介正是被伯拉孟特所诠释过的古典形式。

根据泰曼扎（Temanza）的记载，波尔托－科莱奥尼宫（Palazzo Porto-Colleoni）立面上刻有："约瑟夫·波尔托 MDLII"的字样。[74]这个建筑的始建时间因此可能是1550年。其立面出处就是由伯拉孟特和拉斐尔设计的那些罗马地区的府邸。这一点已是显而易见（图66，图67）。[75]这些建筑自己就是一个组群，代表着从1515年到1520年间文艺复兴盛期府邸设计的高潮。这些府邸都有地下部分的粗琢化处理（rusticated）与主层（piano nobile）光滑外墙的对比，有双半圆柱的壮丽序列，有少数几种良好的形式。它们细部简练，建筑部件之间作有机的区分（比如阳台与柱础之间的区分），密集使用墙体，体块突悬得有力量感。这些功能性的区分，无论在古代还是在当时都是前所未有的，它们赋予了这些府邸真正的皇家辉煌，使得这些府邸具有了古代罗马建筑那种宁静而庄严

69　参见赫伯特·佩厄（Herbert Pée），《安德烈亚·帕拉第奥的府邸建筑》（Die Palastbauten des Andrea Palladio），符慈堡（Würzburg），1939年，以及洛茨那篇颇具批判力的综述，见洛茨，《艺术史年鉴》（Zeitschrift für Kunstgeschichte），第9期，1940年，第216页以上以及之后的内容。

70　帕拉第奥于1545年10月27日收到了4幅图的款项（参见马格里尼，之前所引著作，第17页），此时，他已经和特里西诺一道去了罗马。几乎三年后，也就是1548年9月6日，他的模型才正式被接纳，开始了实施（同上，第20页以上以及之后的内容，同样参见其他关于此项目进度的文件）。达拉·波扎，之前所引著作，第95—142页。达拉·波扎所叙述的这一建筑的历史，有着新文件的支持。

71　在意大利，因此，这一母题通常被称为"塞利奥风"。我曾在另外一个背景中讨论过这一母题的诞生过程；参见《英格兰与地中海地区的传统》（England and the Mediterranean Tradition），由瓦尔堡与考陶尔德研究院编辑，1945年，第142页上的内容。

72　帕拉第奥，《建筑四书》第三书，"序言"；第16章，第27页；第20章，第37页。有关阿尔伯蒂对于古代巴西利卡作为施法中心的评述，参见前文第一部分，第17页。

73　帕拉第奥，《建筑四书》第三书，第20章，第37页。

74　之前所引著作，第13页。

75　1515年由拉斐尔设计的维多尼－卡法莱利宫（Palazzo Vidoni-Caffarelli）是由伯拉孟特为卡尔皮纳伯爵（Count Caprina）建造、由拉斐尔于1517年前后完成的所谓"拉斐尔之宅"（已经被破坏）。同样参见在博尔戈（Borgo）的布雷西亚诺宫（Palazzo Bresciano）（1515年）（文杜里，卷十一，第1册，第237页）。佩鲁齐的奥索利宫（Palazzo Ossoli）（同上，图343）以及其他府邸。

帕拉第奥设计的第一栋别墅，就是位于维琴察（1540—1542年建造）的奇文纳宫（the Palazzo Civena）比波尔托宫（the Palazzo Porto）更靠近罗马府邸类型。想要了解如今大家一般都赞同的把奇文纳宫归属到帕拉第奥门下的过程，参见佐尔齐，"帕拉第奥权属的确认"（Una restituzione palladiana），《威尼斯艺术》，第3期，1949年，第99页上以及之后的内容。

的气质。正是这样的府邸类型建筑将圣米凯利（Sanmicheli）在维罗纳庞贝府邸（Palazzo Pompei）首先使用然后被帕拉第奥使用的威尼斯元素综合了起来，尔后，作为一种受欢迎的古典式样，任由欧洲各地的建筑师们不断抄袭。

帕拉第奥比圣米凯利更加严格地恪守着自己的模式，但通过引入诸如靠天空映衬的雕像剪影、装饰窗户的人像与垂花（festoons）、地下室的面具冠石等这些元素，帕拉第奥赋予他的建筑以一种更加丰富而亲切的外貌；这些附件原本都是威尼斯及威尼斯陆地地区建筑的特色。帕拉第奥在圣索维诺（Sansovino）设计的图书馆身上几乎可以找到这些元素的全部。他将原本笨重的多立克双柱改成了更加优雅的爱奥尼单柱序列[76]，为原本沉重的罗马毛石立面增添了一丝轻快和装饰的气息。[77]帕拉第奥对罗马府邸的强烈关注还可以从他留传下来的部分图纸中得到证实。伯林顿 – 丹弗郡（Burlington-Devonshire）藏品中不仅包括了帕拉第奥对拉斐尔之家（Casa di Raffaello）绘制的图纸，还有被认为是波尔托宫早期设计的3张立面图。这些图纸显示出帕拉第奥从罗马类型的建筑最终发展出他自己设计（图68）的各种经过。[78]

就像那些别墅的平面那样，波尔托宫的平面在16世纪时尚无先例可循（图69）。它包括在一个内院前后两侧两个相同的体块，不过只有其中的一侧被幸运地建了起来。在这样的布局方式中，如帕拉第奥自己所言，他效仿的是希腊私人住宅的类型，其中家庭的居住部分与客房是分开来的。每个体块都沿一条中轴线，分出两边对称的两组房间，在每个体块上都有一个四柱大厅作为中心。这个类型的厅名叫"四列柱式"厅（tetrastyle），它在帕拉第奥罗马住宅复原图中占据着中心和主导地位，并扮演着重要角色。[79]四列柱式厅作为主层平面的主旋律（leit-motif）是帕拉第奥设计的府邸中反复出现的特征。在第二书、第八章中，帕拉第奥用"四柱大厅"的标题给出了一幅大尺度四列柱式厅的概念图；旁边的文字是："下面是关于厅的设计，因为厅有四根圆柱，所以叫四列柱式厅。这些厅都是正方形的；柱子的高宽比例适中，并能够牢固地支撑住上部建筑；我在自己设计的许多建筑中使用了四列柱式厅。"古时的中庭是无顶的；既然现代建筑师很少设计这样的开敞中庭，帕拉第奥就用四列柱厅当作了他的中庭。但帕拉第奥对这种调换给出了很好的理由。在维特鲁威提到的五种中庭式样中只有一种是四柱的，即四列柱式的。[80]帕拉第奥对于这种中庭式样的喜爱不仅仅是因为它在结构上坚实，更是因为他认为它的正方形才是一种完美的形式。[81]

帕拉第奥平面所展示出来的形式化特点或许在其对楼梯位置的处理显现得最为明显。他将楼梯放在内院边侧通道下一个很不舒服的地方；帕拉第奥解释说他之所以这么做是因为他想督促那些总想上楼的人们先在楼下把这个建筑最为精致的部分看个究竟。实际上，人们认为内院——即古代有着列柱廊式（peristyle）的内院——是房子里最重要的部分。巴尔巴罗在他的评注中附和着阿尔伯蒂有关城市广场（forum）与住宅内院（cortile）的那个类比："si dà prima d'occhio al cortile"——即"人们看待内院的第一印象就是它乃是各种事物汇聚的中心。"[82]帕拉第奥设计的内院具有巨型复合柱式的围合柱廊（composite colonnade）（图67），因此显得前所未有的辉煌；他的用意是要为意

76　帕拉第奥从来没有在"第一层"上使用过多立克柱式，而多立克柱式是跟地面层联系在一起的。

77　这还不是差别的全部。我们已经给出了对于帕拉第奥图片的描述（《建筑四书》第二书，第7页）。在这栋建筑身上窗顶人像饰和花饰只出现在中央和两个端跨上；在中央跨上，没有设置压顶人像，而是在夹层前脸上一左一右立了两尊人像。图67显示的是帕拉第奥为刻版所绘制的图（《伯林顿 – 德文郡收藏》（Burlington-Devonshire Coll.），英国皇家建筑师学会，卷三十七，第3册）。该图与《建筑四书》上的图片比，更加接近实际实施的效果。

78　《伯林顿 – 德文郡收藏》，卷十四，第11册：拉斐尔之宅；文杜里的插图，见《艺术史》卷十一，第1册，图189（该图只有左半部保留了下来）。大家也通常不把该图归属于帕拉第奥的手笔。卷十七，第12册：带有科林斯方壁柱的立面。为地面层立面所做的两种不同粗琢做法研究。在反面页上，还有两种针对这一地面层的另外两种不同的粗琢做法。卷十七，第9册（图68）：两个不同的设计，一个是把夹层放在檐口之下，另一个是把夹层放到檐口之上，后者跟实际实施的情况相同。无疑，这些图跟波尔托宫有关。就像在定稿设计上那样，所有七个项目都有7开间的。当然，它们的尺寸几乎相同。在第68号图左边的立面上，在地面层窗子之下的柱脚高是5掌尺（palmi），同样的高度也刻到了《建筑四书》中有关这个建筑的图片上去了（第二书，第7页）；夹层的长度是7$\frac{1}{2}$掌尺，《建筑四书》的图片上也是如此。半圆柱们的宽度也都是一样的（2掌尺），但是柱子们之间存在着高度上$\frac{1}{3}$掌尺的差别（设计图上出现的是18掌尺，而不是18$\frac{1}{2}$掌尺）。

达拉·波扎，之前所引著作，第167页上的内容。达拉·波扎认为这张图属于位于维琴察的波伊亚纳宫。波伊亚纳宫有5开间而不是7开间。它参照了波尔托宫。

79　第二书，第7章，第32页，标着字母E的平面图，"四柱式客厅"（salotti di quattro colonne）。

80　帕拉第奥在第二书，第5章中给出了复原图，"四柱式中庭"（Dell'Atrio di Quattro Colonne）。

81　第一书，第21章，第48页，有关"厅"（sale）："厅越是接近一个方形的形状，就越是变得更为便利和值得推崇"。

82　巴尔巴罗，《维特鲁威〈建筑十书〉的评注》第六书，第3章，第171页。

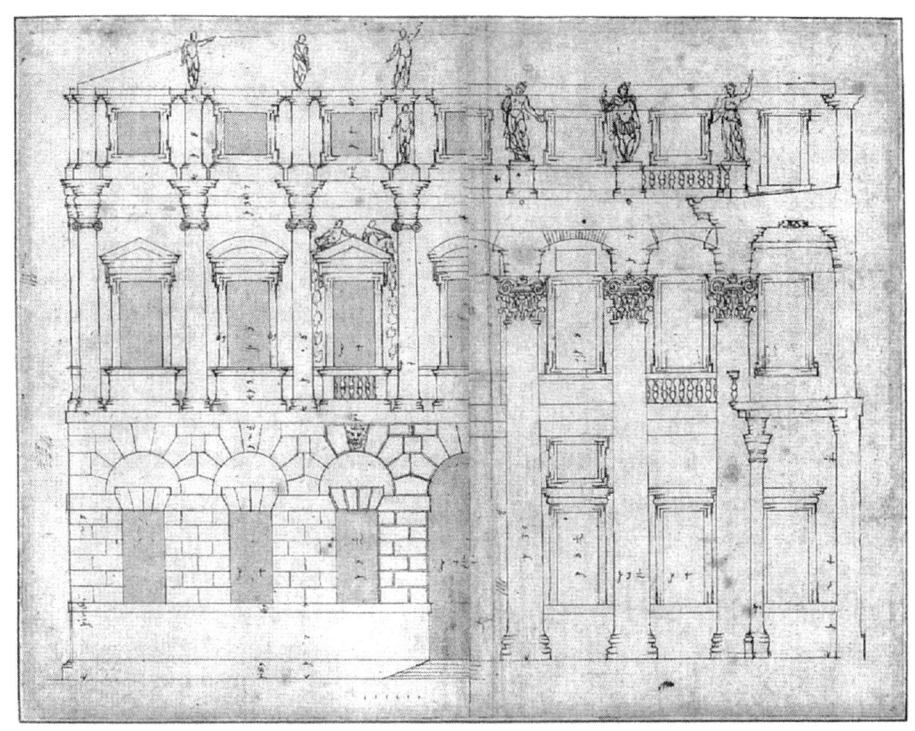

图 67 帕拉第奥设计的波尔托 – 科莱奥尼宫。1550 年前后。正立面（左）与内院的立面图（右）

图 68 帕拉第奥为波尔托 – 科莱奥尼宫绘制的早期设计图

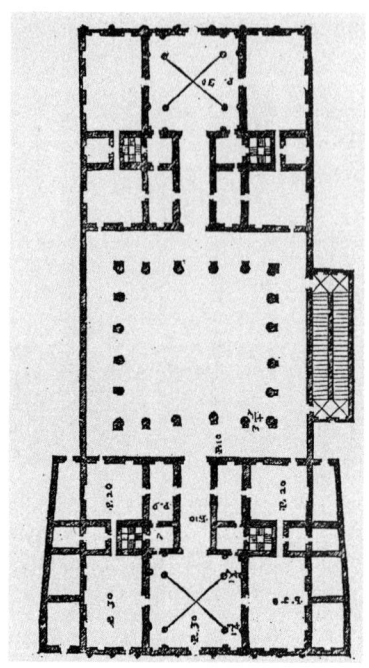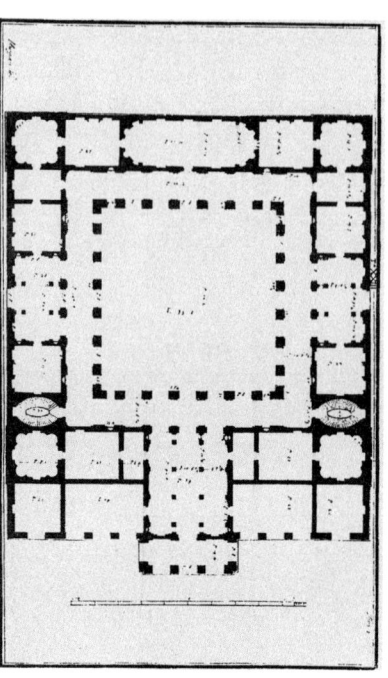

图 69　波尔托－科莱奥尼宫。取
自帕拉第奥的《建筑四书》第二书

图 70　帕拉第奥设计的蒂内宫。取自
贝尔托蒂·斯卡莫奇，《安德烈亚·帕
拉第奥的建筑与设计》，卷一

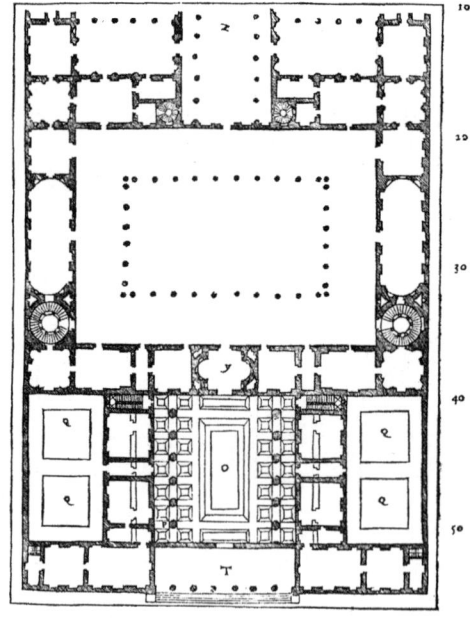

图 71　帕拉第奥完成的罗马住宅复原图。取自巴
尔巴罗的《维特鲁威〈建筑十书〉评注》，第十书

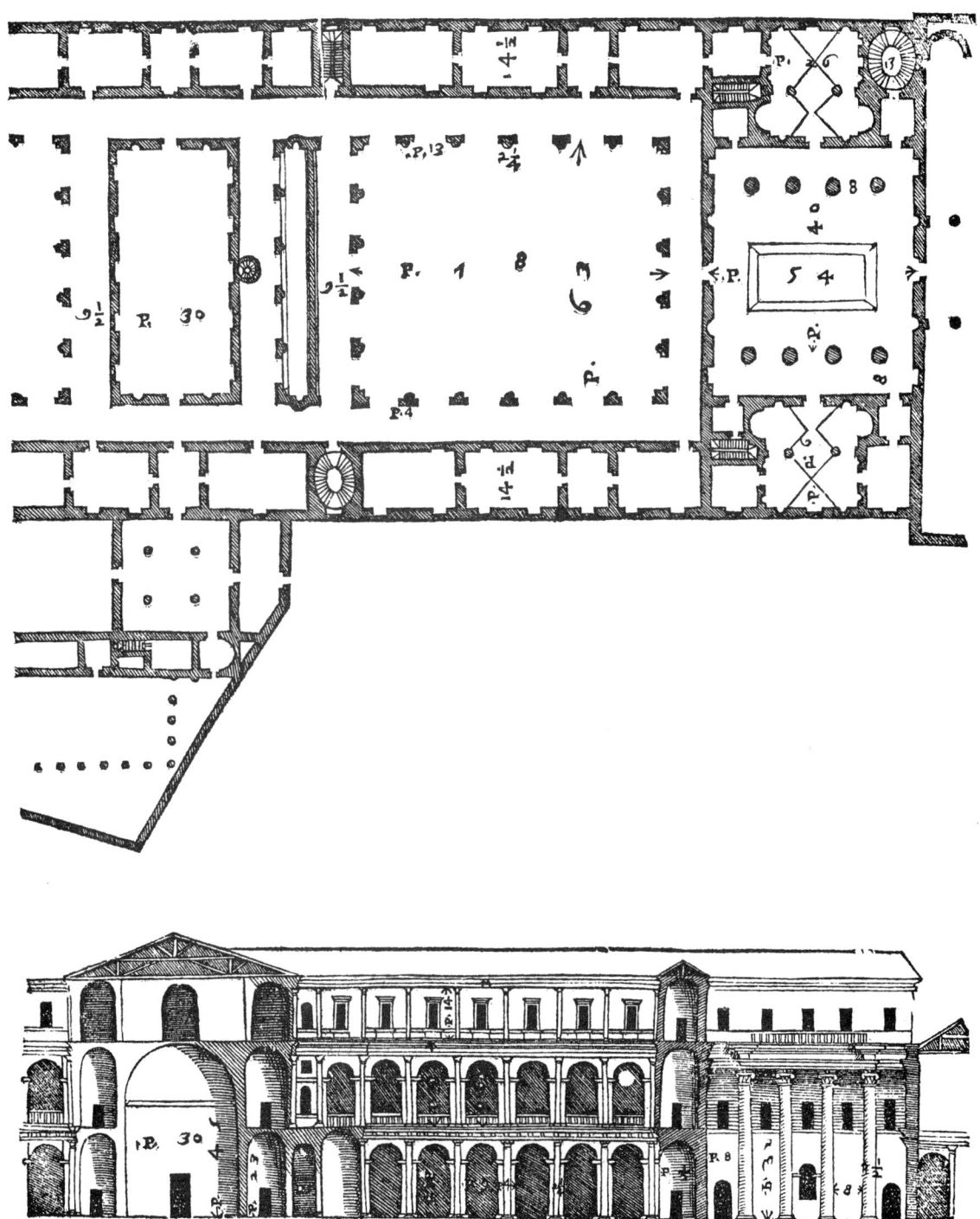

图 72　卡里塔修道院，威尼斯，1561 年。取自帕拉第奥的《建筑四书》，第二书

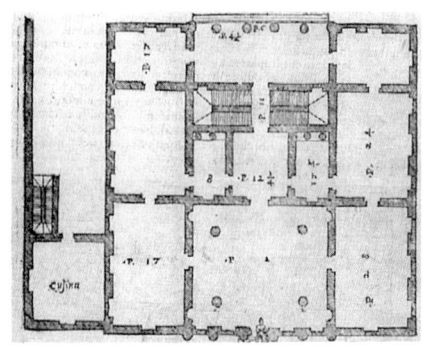

图 73　帕拉第奥设计的安东尼尼宫。乌迪内，1556 年。取自帕拉第奥的《建筑四书》，第二书。英国建筑图书馆，英国皇家建筑师学会，伦敦

83　参见前文第 61 页。特里西诺跟在维特鲁威后面所言的"圆柱的高度应该等于通道的宽度"或许可以被解读成为柱子的高度应该符合柱廊的宽度
84　帕拉第奥，《建筑四书》，第一书，第 10 页至第 13 页。该建筑立面（1556 年）和内院（1558 年）上的题字。参见鲁莫尔，《人民银行宫》（Il Palazzo della Banca Popolare），维琴察，1912 年。R·切维斯（Renato Cevese），《蒂内宫》（I Palazzi dei Thiene），维琴察，1952 年，第 39 页以及之后的内容。切维斯认为这一府邸的设计时期可能早到了 1542 年，而维多利亚开始其室内装饰的时间是 1547 年。佐尔齐，《威尼斯艺术》，第 9 期，1955 年，第 96 页。佐尔齐并不接受切维斯的结论，并把这栋建筑开始的日期定在大约 1550 年或是 1551 年。其中，只有原来设计的三分之一建成了。
85　第二书，第 42 页。
86　参见诸如君士坦丁浴场（the Thermae of Constantine）的圆形和正八边形房间序列，或是戴克里先浴场（the Thermae of Diocletian）里正八边形、矩形加半圆拱壁龛间的序列。想要看在列柱廊一侧加上大型半圆拱壁厅的做法，请参见阿格里帕浴场（the Thermae of Agrippa）。
87　即如今的美术学院。实施的只是设计中的一小部分。帕拉第奥，《建筑四书》，第二书，第 6 章，第 27 页至第 30 页。同样参见，西科纳拉（Cicognara），迭多（Diedo），舍尔瓦（Selva），《威尼斯著名建筑物与纪念碑》（Le Fabbriche e i monumenti più cospicui di Venezia），1840 年（第 2 版），第 81 页上以及之后的内容，第 207–211 号图片；拉扎里（F.Lazzari），《卡里塔修道院》（Il Convento della Carità），1835 年。
88　瓦萨里，《意大利著名建筑师、画家和雕塑家传记》，米拉内西本，第七书，第 529 页。
89　科林斯式中庭，根据维特鲁威在《建筑十书》第六书、第 3 章、第 1 节的说法，沿着内院的空间有着成排的柱子。
90　一个例子或许可以证明为什么这就是乌迪内（Udine）的安东尼尼宫（the Palazzo Antonini）（1556 年，图 73，帕拉第奥《建筑四书》第二书，第 3 页）。因为这个例子里包涵了一个四列柱式（tetrastyle）中庭。从中庭穿过，人们就直接进入也是他们应该进

大利内院创造一种全新的模式，我们甚至在伯尔尼尼（Bernini）后来设计的卢浮宫（Louvre）身上仍然能看到它的回音。这场革命的由来是因为帕拉第奥想让列柱廊柱子们的高度与廊的宽度相等——这就是特里西诺在他美轮美奂的宫殿描写中曾经阐述的想法。[83] 这些理论性比例在《建筑四书》的图示中都有介绍。很有可能这样的想法源自对维特鲁威建议的误读（第六书，第 3 章，第 7 节），维特鲁威提到的只是列柱廊上柱子们的高度应该与柱廊宽度相当（correspond）。

　　显然，波尔托宫的立面仍然是伯拉孟特式的（Bramantesque），而主层平面显露的是一种新的发展方向。帕拉第奥明显在努力地破解维特鲁威的文本，好让古代的房子重新为现代所用。或许是建于 1550 年之后的蒂内宫（图 70）代表的正是这个新方向上的一步。[84] 其中，中庭与那些串联式房间，转角上那些正八边形的房间还有旁边的螺旋楼梯的组合，本质上都吻合着发表在巴尔巴罗 1556 年出版的维特鲁威评注中的帕拉第奥罗马住宅复原图。1556 年是一个重要的年份，这一年，蒂内宫的结构部分开始施工（图 70）。但是蒂内宫平面中还结合进来一个在古代住宅中没有的要素。在后面那排房间里，两侧有正八边形和矩形房间，中间的房间是个长厅，长厅的两端各有一个半圆室（apsidal）。这个要素是完全新奇的。帕拉第奥使用过这种长条形加半圆室的形式，他在为巴尔巴罗评注画的罗马住宅复原图（图 71）上，在两个侧翼上就有这种形式，还有在《建筑四书》的希腊住宅示意图上，在格局相似的横向两翼上，也画了这种形式[85]；但是，二者都没有蒂内宫中的形状来得那么动感多变。帕拉第奥是在研究罗马大浴场和蒂沃利哈德良行宫（Hadrian's Villa at Tivoli）时发现了这个序列，他相信它们也应该是古代家居中的特征。[86] 在他事业的这个阶段，他已开始留心此类房间套路的动感效果了，他也很愿意将古代先例用到自己的设计中去。在此之前，还没谁会像帕拉第奥那样想到过去如此复兴古代的布局手法。在整个意大利，当时也找不到第二个像帕拉第奥设计的房间序列，它们是如此多变。

　　1561 年，帕拉第奥在威尼斯的卡里塔修道院（the convent of the Carità）身上（图 72）规划并部分实现了他对罗马住宅最为细致的复原。[87] 他的宗旨很是清楚。如瓦萨里（Vasari）早在 1568 年时给出的评语所言，这个建筑的设计是 "a imitazione delle case che solevano far gli antichi"（要模拟古人曾经建造的房子）。[88] 帕拉第奥在介绍他自己的建筑时说："我努力想让这个房子看上去像是古人的住宅；因此我用的是一个科林斯柱式的中庭……"在此，帕拉第奥终于有机会建造一个没有屋盖的真正中庭了。[89] 帕拉第奥把连着中庭如两翼一般的圣器储藏室（sacristy）和一个同样小的房间通称为"家谱室"（tablinum）。"家谱室"在古人的住宅里是与中庭和列柱廊连通的。从中庭再往前走，人们进入了一个回廊（chiostro、cloister）。这个回廊如果只有一排大型柱式的话就会显得太空，帕拉第奥因此在此放上了从角斗场（the Colosseum）那些学来的三列柱（three tiers）体系。在回廊尽头是个饭厅（refectory），而不是古代住宅里的端室（œcus）。

　　其他的府邸平面也都参与进了这一演化过程，这样或那样地实现着帕拉第奥为之努力奋斗的理念。[90] 在这些府邸的平面布局变得越来越罗马化的同时，它们

图 74、图 75 帕拉第奥设计的基耶里卡蒂宫,维琴察,1550 年。出自帕拉第奥的《建筑四书》,第二书

人的家谱室；左右两侧是开敞的小房间，就是维特鲁威所言的"厢房"（alae）。沿着这一主轴线再往里走，是一条窄通道（就是显示在帕拉第奥古希腊住宅复原图上介于街道和中庭之间的前厅），两侧各有一部楼梯；从这里人们抵达了敞廊。一部内部敞廊取代了古代的端室（œcus）。这里，没有列柱。这一平面因此显得原古代房子有些矛盾或者说是为适应具体条件而对古代房子进行的删减。

伯格，之前所引著作，第69页。伯格曾经展示了位于昆托（Quinto）的蒂内宫是怎么源自维特鲁威对希腊住宅的描述的。

91 帕拉第奥，《建筑四书》，第二书，第4页、第5页。现存为城市博物馆。马格里尼发表的文件可以让我们能够追踪到这一建筑在1551–1554年之间迅速建造的过程。见马格里尼，《维琴察城市博物馆宫》（Il Palazzo del Museo Civico，维琴察，1855年，第67页上以及之后的内容。这座府邸只是部分由帕拉第奥完成的，剩下的部分是快到18世纪末才实施的。参见马格里尼，同上，第35页以及之后的内容，又及斯卡莫齐，之前所引著作，第一书，第29页以及之后的内容。帕拉第奥插图上显示的沿着窗子的花饰和楼梯两侧的群像从来都没有被实施。同样参见，巴尔巴里－切维斯－马加纳托（Barbieri–Cevese–Magagnato），《维琴察指南》（Guida di Vicenza），1956年，第167页。从文件证据的角度看，菲斯科对于基耶里卡蒂宫靠后日期的捍卫是说不过去的（见：《记录：意大利文学与艺术》（Primat, Lettere e Arti d' Italia），第3期，1952年10月15日，第384页上的内容）。

92 帕拉第奥，《建筑四书》，第三书，第16章，第27页。参见阿尔伯蒂，《论建筑》，第八书，第6章。

93 即使室内的设计程度已经很是完善，我仍然怀疑这一建筑的立面设计时间可以早于帕拉第奥从罗马返回时才设计；见第76页，注释84。

94 参见乔万诺尼（Giovannoni），《艺术通报》（Bollettino D' arte），第8期，1914年，第185页上以及之后的内容。

95 要想了解蒂内宫对于朱里奥·罗马诺母题的参照，请参见贡布里希，"评朱里奥·罗马诺的作品"，《维也纳艺术史博物馆年鉴》（Jahrbuch D. Kunsthist. Slg. in Wien），新系列，第9期，第138页。要想了解有关朱里奥·罗马诺对帕拉第奥影响的更广泛讨论，参见帕鲁齐尼（Pallucchini），《国际建筑研究中心公报》（Bollettino del Centro Internazionale di Studi d' Architettura），1959年，第38页以及之后的内容。

的立面设计则开始与伯拉孟特式的简单古典主义分道扬镳。后者曾决定了波尔托宫与波尔托会堂的立面设计。然而，在时间上可能稍晚于波尔托宫的基耶里卡蒂宫（Palazzo Chiericati）（图74）的立面设计则带出一个特别的问题。[91] 这个府邸位于一个大广场（forum）的一侧，而不是在一条窄街上。帕拉第奥因此根据罗马广场上的建筑形式来构思这个府邸的立面的，他为它设计了一条双列柱式的长廊。帕拉第奥自己的话证实了他当时心里想的就是一种罗马广场的形象；在有关广场（Piazze）一章中，帕拉第奥写道："带柱式的门厅按古人的用法应该用在一个广场（piazze）的四周。"[92] 当然，在主层上的柱廊还是被中央微凸的五个开间打破了，形成了一个源自伯拉孟特原型的名副其实的府邸正立面，就像波尔托宫那样。但是，这样对理想模式的引申并不仅是出于对艺术需要的考虑；还有来自使用和实用领域的考虑。这一点，在帕拉第奥的《建筑四书》中占有着重要的地位。帕拉第奥常常要做的就是努力在实际需要和理想需要之间进行一种调和。另一方面，帕拉第奥在他绘制的基耶里卡蒂宫立面效果图上很鲜明地阐述了他的理论概念（图75）。他将柱式全部留白，把墙面——无论连在柱廊上的墙面还是在柱廊后面的墙面——用同样的方式打上阴影。这样，他的这个府邸立面就很像他在"广场"一章的雕版插图上的建筑立面（engraving of the "piazza"）（图76）。这一比对还表明帕拉第奥当时是想用丰富的爱奥尼克柱式和科林斯柱式来做这个广场边上的柱廊的，而此时的基耶里卡蒂宫的柱廊则是圣洁的多立克柱式，上层是不加修饰的爱奥尼克柱式。这里的多立克柱式仍然具有伯拉孟特的坦比哀多的简洁性宏伟，还没有被米开朗琪罗（Michelangelo）问题化的风格所渗透（untouched）。就在同一时期，米开朗琪罗也开始了他在卡皮托利山（Capitol）上古代广场的重建设计。

根据瓜尔多的记载，帕拉第奥在1554年那一年都是住在罗马的。这次旅行一定使得帕拉第奥眼界大开，认识到了当代建筑的意义。从罗马返回之后，不论是帕拉第奥的规划还是他的立面设计都发生了蜕变。记录着这一蜕变的第一个设计就是蒂内宫的立面（图77–图79）。[93] 虽然蒂内宫的正立面实施方案还是粗琢部分在下、柱式在上，它的表达重点其实与波尔托宫的立面已经完全不同。现在，地下室上的毛石已不再是一种装饰；相反，那些巨大而粗糙的石块给人的感觉是坚实感和力量感，与广场旁边的奥古斯都时代（Augustus）城墙上的毛石近似或者说稍微温和些。这道城墙曾经是伯拉孟特设计圣比亚焦宫（Palazzo di S.Biagio）[94] 和其他类似府邸时的范本。蒂内宫的入口大门上有叠在毛石墙面上一小一大重复的凸饰（bosses）。这样的大门在拉斐尔在佛罗伦萨潘多尔菲尼宫（Palazzo Pandolfini）身上套用了之后就被意大利手法主义（Mannerism）的建筑师们不断地模仿和改用。蒂内宫的主层外墙并不像伯拉孟特式的罗马化府邸们那样是光滑的，但是这个外墙上的砌石切割整齐，表面平坦，上面还叠着柱式。通过这样一种设计，帕拉第奥回溯到一种传统之中，就是从坎切莱里亚宫（Cancelleria）和阿尔伯蒂的鲁彻拉伊宫一直上溯到大角斗场的设计传统；帕拉第奥自己对万神庙外表的修建性设计表明他认为这样的外墙设计就是古代常见的做法。在这种组合中的内在矛盾性吸引着手法主义的建筑师们，从朱利奥·罗马诺（Giulio Romano）的泰宫（Palazzo del Te）[95] 到阿莱西（Alessi）在米兰的马里诺宫（Palazzo Marino），他们通过不同的途径来探索这一做法。帕拉第奥本人

图76 帕拉第奥所描述的"拉丁式广场"的建筑细部。取自帕拉第奥的《建筑四书》，第三书

图77 帕拉第奥设计的蒂内宫，维琴察。底层细部

图78 蒂内宫，维琴察。立面局部。取自豪普特绘制的《13-18世纪意大利北方及托斯卡纳地区的府邸》局部

图79 蒂内宫，立面。维琴察，1556年前后

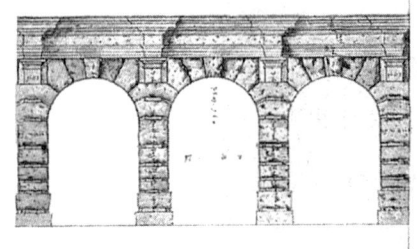

图 80　帕拉第奥绘制的位于切利奥的克劳迪乌斯神庙的罗马拱券。城市博物馆，维琴察

则强调窗框上厚重的转角石、顶上拱形石与具有平坦石块以及巨大而光滑方壁柱的墙面之间的对比，并使这种对比成为立面的主题。

在矩形的凸饰之下，蒂内宫窗上龛室的爱奥尼克柱式几乎看不大出来。这样的手法也曾出现在诸如罗马马焦雷门（Porta Maggiore）这样的古典构筑物身上。[96] 但是，只有在手法主义的建筑身上这样的母题才有了生命。手法主义建筑师们对柱式这种"未完成"状态很是痴迷；罗马诺、圣索维诺、圣米凯利、阿曼纳提（Ammanati）、多西奥（Dosio）、阿莱西、维尼奥拉（Vignola），还有其他人，都曾全面探索过这种手法的各种潜质。在蒂内宫的立面上，粗琢化的小型爱奥尼克柱式与光滑的巨型科林斯方壁柱之间微妙地呼应着。在方壁柱下的那道楣构将小柱子们统一了起来，结果，一种统一的小柱式似乎与大柱式们形成了交替的关系。[97] 这种由小柱式与大柱式相互交叉而形成的复杂节奏经常会出现在手法主义者的建筑身上。小柱式的水平雕带（frieze）贯穿了整个立面，也就产生了另外一个结果；这道雕带打破了毛石墙面的连续性，仿佛将它一分为二；同样的手段也被用在地下室的处理上（图77），其中，窗上窗下两条平坦的水平线条与外墙不规则的毛石表面形成了对比。[98]

虽然蒂内宫上存在着这些冲突而复杂的手法主义要素，我们还是发现这栋建筑既没有米开朗琪罗式的极度紧张感，也没有罗马诺那不可救药的躁动感；这个建筑是有序的、系统化的、完全逻辑化的，它完全没有诸多更加繁复的手法主义建筑所引起的那些激烈反应，有的只是一种具有距离感的新奇。也就是说，这个建筑的所有细部都在受着古典原型的审查。

建于1566年的瓦尔马拉纳宫（Palazzo Valmarana）（图81，图83）[99] 是此类手法主义建筑进一步发展的代表。显然，这个建筑的立面已经染上了米开朗琪罗那些问题化手法的影响。卡皮托利山上那些府邸的影响就表现在此处巨型柱式和小型柱式的组合身上。当然，除此共同点之外，二者之间的差别还是相当明显的。在瓦尔马拉纳宫，墙面几乎消失，外墙表面到处都是母题。主层窗子的窗框与上部楣构相连，同时被两侧巨大的柱头包围。因此，窗框纤细的线脚与方壁柱那笨重实体之间的反差造成了一种不均衡的典型化的手法主义建筑的冲突。还有，主层墙面的处理极为复杂，因为小型的科林斯柱式被放到不合适的背景墙面上了（图82，图83）。底层的外墙是粗琢化的，但是毛石在此被赋予了一种特别的含义。窗户两边的条块都被处理成似乎带有自己柱头形式的托斯卡纳方壁柱[100]，这就产生了存在着第三种小型柱式的感觉；巨大的复合柱式与小型科林斯柱式之间的关系被科林斯柱式与托斯卡纳方壁柱之间的关系重复着。在窗子的上方，置放着宛若深洞中而不是毛石表面上突起的浮雕，毛石表面就像是浮雕的边框，下部的边框也正好就是窗子的窗台。看到上述这些特征，人们很可能就会认为帕拉第奥要无视传统模式走他自己的路了。然而，即便是在这个建筑的身上，帕拉第奥还是转而向古典时代看齐。在古典时代的建筑身上，他找到了充分支持他对墙体与柱式进行极端复杂的各种组合（图84）的令他惊奇的证据。[101]

瓦尔马拉纳宫的设计体系并非毫无矛盾，我们前面所讨论的其他建筑也是如此。这个府邸的整体性不仅被浮华的高大入口所被两个边跨完全不同的处理手法所打破和中断。在这两个开间上，窗户的框限形式不一样，高度不一样，更重要的，

96　在那些帕拉第奥在维琴察绘制的画中，有一张图的正面画着马焦雷门（the Porta Maggiore），背面画着有着三个厚重毛石垒砌的托斯卡柱式的罗马拱门。上面留下帕拉第奥的手书："这一作品是献给圣约翰·保罗的"（图80）。这些拱券出自位于切里欧（Celio）的克劳迪乌斯神庙（the Temple of Claudius）。参见 G·路易吉（Giuseppe Luigi），《古代罗马》（Roma antica），罗马，1946年，第377页。根据佐尔齐的说法，这幅画是出自法尔科奈托，但是却被帕拉第奥签上了名。见佐尔齐，《绘图》，之前所引著作，第60页，第13号图。

97　在潘多尔菲尼宫（the Palazzo Pandolfini）身上已经出现了窗龛连起来的情形，但是肯定还没有用某种巨大的柱式去切断窗龛的情况。

98　相似的将毛石砌体切断的手法在朱里奥·罗马诺的建筑身上很是常见，比如在他的泰宫（the Palazzo del Te）以及他在曼图亚的房子那里所做的那样。

99　帕拉第奥，《建筑四书》，第二书，第14页，第15页。一般人们认为瓦尔马拉纳别墅的建成时间是1556年，但是马格里尼报道说，这一建筑奠基牌上的日期是1566年（马格里尼，之前所引著作，第xxiv页，以及第79页）。同样参见达拉·波扎发表的一份1565年12月14日的文件。见达拉·波扎，之前所引著作，第222页上的内容。

100　这些托斯卡纳方壁柱上面没有拱，也同样不常见。参见帕拉第奥，第一书，第14页。

101　见《伯林顿 – 德文郡收藏》（卷十，第13号和卷十二，22号背面）中帕拉第奥的两幅画着维罗纳罗马剧场的一面墙的画作。参见 P·马尔科尼（Pirero Marconi），《罗马时代的维罗纳》（Verona Romana），1937年，第133页，图88。

图81　帕拉第奥设计的瓦尔马
拉纳宫，维琴察，1566年

图82　瓦尔马拉纳宫，局部

图83　瓦尔马拉纳宫。出自帕拉第
奥的《建筑四书》，第二书

图84　帕拉第奥绘制的维罗
纳的罗马城墙

在建筑的转角上，陪衬和平衡着中央巨型柱式的是头顶女像（caryatid）的小型科林斯方壁柱。这种不平衡的效果在 18 世纪的时候就被泰曼扎看了出来并记录下来。泰曼扎惋惜地说，这个转角实在太弱了，而这些地方正是最该显示强劲的地方。[102] 但是，这也正是帕拉第奥刻意要做的。因为在这个建筑身上，帕拉第奥表现出比在其他任何建筑身上都要强烈的要与既有古典传统决裂的愿望。

当我们去描述一个手法主义建筑的时候，我们的语言和耐心很容易就达到了它们的极限。有关这个建筑的其他特征最好还是不说为上。但是这里值得一提的是，这个建筑中有一个典型的手法主义"逆转化"设计（inversion）。[103] 那些大型柱式的方壁柱上都有突出出来的檐饰（cornice），但在另一转角的男像（atlantes）上方却没有；另一方面，小柱式的楣构是处在同一个外表面上的，但在转角的男像下方它是突出出来的。类似的手法颠倒也曾出现在某些古代的"手法主义"建筑身上，比如维罗纳的波萨利门（Porta de' Borsari）。帕拉第奥是熟悉这个例子的。这个例子对他的影响可以在他其他晚期作品中体现出来。[104] 在这个时期，帕拉第奥明显地被古代建筑中非古典的倾向所吸引。他在这一时期的手法主义是一个备受关注的现象。如洛茨教授（Professor Lotz）所说的那样，在经历了"狂野"的 1530 年代和 1540 年代之后，帕拉第奥在 1550 年代和 1560 年代的主导倾向是向古典主义回归，向"规则性、均衡性、秩序性"回归。[105]

瓦尔马拉纳宫并不是帕拉第奥最后的声音。他晚期在维琴察最重要的手笔是卡皮塔尼奥敞廊（Loggia del Capitanio）的设计。1571 年，该敞廊只是被建了其中的三跨（图 85）。[106] 作为一种类型，这个建筑应该在属于科缪宫、康西格里奥宫（Palazzo del Consiglio）、波蒂斯塔宫（Palazzo del Podestà）这样一类建筑的悠久传统中占有一席之地的；在这类建筑中，办公的房间在上，下层就是对公众使用敞开的廊。[107] 同样，帕拉第奥将朝向广场的正立面也设计成了米开朗琪罗卡皮托利府邸群的模式。但是他放弃了几种柱式的交织，而是用最为有力的巨型半圆柱构成了正立面上的重音。他对开间的处理也很有特点：窗子切穿楣构[108]，非常沉重的阳台落在只能被称为一道带有三陇板的上楣上，而没有斜撑。类似的对古典话语的逆转——帕拉第奥很少这样做——最初是出现在米开朗琪罗设计的洛伦佐图书馆前室（Ricetto）的龛上的[109]，后来成了手法主义建筑师们的拿手好戏。这个正立面最奇特的特征之一就是"恐白症"（horror vacui）；所有本可留白的墙面全部消失，盖在上面的是一群奇形怪状的泥灰浮雕，其中的某些部分现已脱落。此外，与大尺度建筑身上那些沉重的浮雕相反，这个建筑身上的浮雕尺度小而且特别平。打开这个疑惑的钥匙出现在这个建筑的侧立面上。很奇怪，与帕拉第奥惯常的做法不同，正立面上的设计体系并没有引到侧面上来（图 86，图 87）。这里，没有巨型柱式。的确，这个侧面正对着一条窄街，但如瓦尔马拉纳宫的设计所显示的那样，窄街也从来没能阻止帕拉第奥使用巨型柱式。这个侧面构成了一个自我独立的单元，它的装饰母题来自凯旋拱门。[110] 帕拉第奥把同一母题用到了正立面的装饰上；而古代的凯旋拱门个个都是"恐白症"的例子。

类似的由浮雕充斥墙面的现象还可以在塞维鲁拱门（Arch of Septimius Severus）（图 88）和奥朗日拱门（Arch of Orange）身上发现（图 45）。但是，

102 之前所引著作，第 xxv 页。

103 有关作为手法主义原理之一的"逆转化"（inversion）处理，参见维特科尔，《艺术通报》，第 14 期，1934 年，第 210 页。

104 很有趣，塞利奥在他的"第三书"里评论博尔萨里门（the Porta de' Borsari）时，认为这个门有些"放荡"，是"野蛮人的东西"（cosa barbara）。

105 洛茨，"16 世纪晚期的建筑"，《艺术院校杂志》（College Art Journal），第 17 期，1958 年，第 129 页。

106 马格里尼公布的文件。见马格里尼，之前所引著作，第 163 页以上以及之后的内容。以及法索洛，《威尼斯档案》，第五系列，卷二十二，1938 年，第 283 页。这个敞廊将要取代之前那个坏掉的敞廊。

107 威尼斯的行政长官就是在这里上任就职的。就像檐口上的题字所记录的那样，1571 年行政长官的职位是由 G·B·贝尔纳多（Gio.Battista Bernardo）担任的。檐口上的题字如下："行政长官巴蒂斯塔·贝尔纳多宣誓就职地"（Io Baptistae Bernardo Praefecto Civitas Dicavit）。

108 此处窗子切入楣构的特征被许多带着学院派有色眼镜的作者解读成是工人们在帕拉第奥缺席的情况下完成的。参见斯卡莫齐，之前所引著作，第一书，第 34 页上的内容。以及 F·V·莫斯卡（F.V. Mosca），《对维琴察的建筑、绘画和雕塑的介绍》（Descrizione delle Architetture, Pitture, e Scolture di Vicenza），1779 年，卷二，第 17 页上的内容。以及其他文献。不过，帕拉第奥却自豪地在几乎把楣构一切为二的拱门侧面上留下了签字"建筑师帕拉第奥"（图 86）。还有，马格里尼（第 169 页）证明了整个 1571 帕拉第奥都在维琴察。

109 参见维特科尔，之前所引著作，第 207 页。

110 用复合柱式框限的拱之上是一种托斯卡方壁柱的微型柱式。将托斯卡柱式置放到复合柱式之上以及二者之间的比例都显得是非正统。似乎这里的比例手法所效仿的乃是维罗纳的博尔萨里门。第一层上用拱支破碎楣构的做法也得到了奥朗日（Orange）那个凯旋门侧立面的支持（见图 45）。

图 85　帕拉第奥设计的卡皮塔尼奥敞廊。
维琴察，1571 年

图 86　卡皮塔尼奥敞廊侧立面。取自豪普特绘制的
《13–18 世纪意大利北方及托斯卡纳纳地区的府邸》

图 87　卡皮塔尼奥敞廊侧立面局部

图 88　塞维鲁拱门。罗马

图 89 帕拉第奥为纪念法国国王亨利三世访问威尼斯而设计的庆典建筑，1574 年。该图为安德烈亚·维琴蒂诺所画。藏于威尼斯总督府

111 在顶层两端站着的分别是以一个年轻男性战士面目出现的"品德"（Uni virtutis genio）之神和——就像在维泰利乌斯（Vitellius）徽章上出现的那样——头带丰饶角（cornucopia）、脚下一头盔、裸胸的"荣誉"（Dea nubit honoris）女神像；参见里帕（Ripa），《图像学》（Iconologia），1603 年，第 203 页（这里也解释了"荣誉"和"品德"之间的密切联盟）。在最突出的位置上，也就是中心拱的左右，是两尊基督教里代表忠贞和虔诚的品德之神形象。忠贞像带着十字、拿着火炬和水罐，题字里有着异教中奠酒（heathen libation）的意思（Diis thure et corde libandum）。而虔诚像的身边有一只鹳，怀里抱着一个小孩。小孩抓住大象的头。里帕提到了所有这些形象的象征。见第 402 页。题字上讲的是虔诚之神所具有的净化力量（Sordes pietas una abluit omnes）。这些雕像的组合则意味着：身处忠贞和虔诚之神旗帜下的品德和荣誉之神获得了胜利与和平。

112 要想了解为庆贺这次胜利所完成的那批艺术作品的情况，参见布伦特，《瓦尔堡与考陶尔研究院院刊》，第 3 期，1939–1940 年，第 63 页上的内容。

113 看上去这些文件用的都是足够清晰的语言。佩恩（在《威尼斯与欧洲》（Venezia e l' Europa），《艺术史第 18 届国际会议论文汇编》（Atti del XVIII Congresso Internazionale di Storia dell' Arte），威尼斯，1956 年 1，第 410 页）抨击了我的结论，他显然是没有花些工夫去查看我是怎么得出这些结论的。

114 在 A·维琴蒂诺（Andrea Vicentino）给总督府里四柱大厅完成的一幅绘画中显示了帕拉第奥对这一庆典事件而给出的庆典布置设计。想要进一步查证，请参见 P·德·诺亚克（Pierre de Nolhac）与 A·索莱尔蒂（Angelo Solerti），《恩里科三世时意大利的旅行》（Il viaggio in Italia di Enrico III），1890 年，特别是第 33 页以及之后的内容，第 36 页上以及之后的内容，第 98 页以及之后的内容。同样参见 L·莫尔门蒂（L.Molmenti），《威尼斯私人生活史》（Storia di Venezia nella vita privata），卷二，第 103 页。

泰曼扎在之前所引著作中报道过住威尼斯的史密斯领事（Consul Smith）拥有 A·维森蒂尼（Antonio Visentini）所绘的一场景庆典装置图。这些图画现收藏在不列颠博物馆里，国王藏品第 146 号。而这一有着 10 张图的卷宗题目写的是"安东尼奥·维森蒂尼根据马尔西里奥·达拉·克罗齐对 1574 年庆典报道中所提及的精确细节所仔细绘制的图"。

115 帕拉第奥在 1558 年前受主教文森托·迭多（the Patriarch Vincenzo Diedo）之托，去设计位于威尼斯的卡斯泰罗圣彼得大教堂（S. Pietro di Castello）的立面。根据一份马格里尼公开的 1558 年 1 月 7 日的文件，马格里尼，之前所引著作，第 xvii 页以及之后的内容，帕拉第奥的设计显示了"门和窗"（porte e finestre），"6 根宏伟的圆柱"（sei colonne grandi），"每行 3 根总共 6 根方壁柱"（sei pilastri quadri cioè tre per banda）。

文森托·迭多于 1559 年 12 月 9 日去世，或许是死在了这栋建筑开始建造之前。当下的立面是在 1594 年到 1596 年之间由 F·斯麦拉尔蒂（Francesco Smeraldi）完成的。斯麦拉尔蒂结合了维切纳圣弗朗切斯科大教堂和救世主大教堂的特征要素。因为斯

前者显示着浮雕之小与建筑部件之大的反差，而后者到处都装饰着战利品，即胜利的标志。在卡皮塔尼奥敞廊身上，除了拱肩部分（spandrels）的人物之外，其他的浮雕都是古式（all'antica）的战利品图案（图 87）。帕拉第奥的建筑因此就像古代的凯旋门一样就是一个胜利的纪念性标志。

在这栋建筑的侧立面上有六个象征性的人物，下层的那两个无疑就是此处要纪念的胜利者形象。他们分别代表了和平和胜利，有铭文为证："Belli secura quiesco"（在战斗中安息）及 "Palmam genuere carinae"（带来胜利的战舰）。[111] "带来胜利的战舰"应该指的就是莱潘托战役（Lepanto）。那是 1571 年发生的一场关键性海战。战斗中，威尼斯人战胜了土耳其人。这个意思也是人们通常认同的理解。[112] 我们现在应该可以明白了在侧面拱上端坐的两个巨大的胜利者形象了。他们，以及正立面上拱肩处的雕像们，都是效仿凯旋门设计的。他们的个性中也都包含着对水的暗指。

有文件显示该敞廊工程是由维琴察共同体在很短时间内快速完成的。在 1571 年 4 月 18 日的时候这个项目还没有开始，但在那年的夏季，建筑主体就立了起来，到了年底就封了顶。莱潘托战役胜利的时间是 10 月 7 日，第二天，胜利的消息就到了维琴察。作为威尼斯疆域的一部分，维琴察人也被胜利的消息鼓舞着。10 月 26 日，亢奋的共同体对民众的情绪做出了迅速的回应，捐出 24000 杜卡特金币来承担此次征战的费用。被此次军事大捷所鼓舞，帕拉第奥一定是在此时修改了他原来的敞廊设计，因为在 10 月中旬之前他显然还没有对正立面上的装饰内容最后定稿。同理，侧面凯旋拱门上的装饰母题在莱潘托战役之前也没有定稿。帕拉第奥在此牺牲了艺术性的原则。我们可以断定，帕拉第奥牺牲了一个原本可以具有整体性的设计，去迎合了

庆祝胜利的紧迫性。[113]

不过，对于帕拉第奥来说，在他纪念性的敞廊设计与凯旋门之间还存在着更深一层的关联，并在他于 1574 年建造的一个装置作品中同样表现了出来。这个构筑物是为了纪念法国亨利三世国王从波兰返回巴黎途中正式访问威尼斯而建的（图 89）。构筑物的形式类似于塞维鲁拱门上的凯旋拱门。在它的后面是一排拥有 12 根巨型科林斯圆柱的敞廊。这些柱子与拱门上的柱子一样高。[114] 因此也就意味着公众集会与凯旋之间的紧密关系。如果我们记着有这样一个庆典装置作品的存在的话，我们或许能够断定，帕拉第奥会认为将敞廊和凯旋拱门放在同一个永久性建筑身上是个不错的主意。

在卡皮塔尼奥敞廊身上，那种已然出现在瓦尔马拉纳宫身上的纪念性和紧张效果已经变成了一个主导性元素，并遮盖了手法主义的特征。在帕拉第奥的这一时期，他对晚期罗马建筑强调实体性的关注已经左右了他的想象力。除了塞维鲁拱门的直接影响之外，古代大浴场震撼性的遗迹也令他痴迷。其实，与敞廊工程最相像的参照物应该是希腊化建筑，比如在巴尔拜克（Baalbek）的神庙。只是帕拉第奥还不知道这样的建筑。他通过自身的努力把自己带到了那样一个境界，他再造了近似希腊化建筑的精神。

与卡皮塔尼奥敞廊面对的广场另一侧的建筑是帕拉第奥设计的巴西利卡会堂。二者的反差清晰地显露出在彼此相隔的 25 年间都发生了什么。虽然二者都源自古典传统，其间的差异却如此之大。帕拉第奥早期的建筑是基于伯拉孟特式的理念，换言之，是基于一种同时代人对古典建筑的理解，而不是他个人的理解。他后来的建筑，本质上是他个人方法的表达。在他的设计中，把他众多古典概念串在一起；但远不是正统和考古式的串联，而是一种对古代模式自由化和情感化的转化。

4. 一个理念的诞生：帕拉第奥的教堂立面

在其生命的晚期，帕拉第奥设计了威尼斯的两座大教堂和一个教堂的立面。[115] 后者就是为始建于 1562 年前后的维尼亚圣弗朗切斯科教堂（S. Francesco della Vigna）设计的新立面[116]，在原本由圣索维诺（Jacopo Sansovino）设计的建筑主体上加一个正脸。跟着，帕拉第奥设计了圣乔治·马焦雷教堂（S. Giorgio Maggiore）和救世主大教堂（Il Redentore）。圣乔治的奠基石是 1566 年埋下了，但是正立面是在 1597 年到 1610 年间才完成的。[117] 救世主大教堂是 1576 年瘟疫期间开工的，1592 年——也就是帕拉第奥去世 12 年后——才完工的。[118] 在本节中，我们仅仅研究一下这三个教堂的立面设计（图 90，图 93）。这些立面都遵从着同一个模式：在中殿之前放上一个巨型的正立面，一种小型的柱式在边侧耳房（aisles）的前面部分地支撑着人字墙。这一设计模式还可以被理解为是一大一小两个神庙正立面的叠加（图 92）。[119] 这里值得一问的是，为什么帕拉第奥会在三个纪念性立面上使用同一基本类型。而答案则在我们有关帕拉第奥别墅的讨论中就已经明显地暗示过了。

对于文艺复兴时期的建筑师们来说，教堂立面设计是最复杂的问题之一。[120]

麦拉尔蒂的这个立面上既没有窗也没有用 6 根圆柱、6 根方壁柱（而是用了 4 根圆柱、4 根方壁柱），那就不可能符合我们在此不想复原的原来帕拉第奥的设计。事实上，当下的立面是一种杂烩（pasticcio）：从这里，我们还看不出佩拉第奥在预演 20 年后出现在救世主大教堂身上的晚期风格。因此，佩恩所言（《帕拉第奥》，第 102 页，第 101 号图片）当下立面乃是基于帕拉第奥设计的说法并不成立。

116　该教堂的奠基石上写着：1534 年，而有关该立面的建成日期则不是很肯定。瓦萨里，《意大利著名建筑师、画家和雕塑家传记》，米拉诺西本，第七书，第 529 页。瓦萨里是看着这栋建筑建成的。他 1556 年时在威尼斯。根据塔西尼（Tassini）的说法，《威尼斯探幽》（Curiosità Veneziane），1933 年，第 284 页上的内容，这一教堂的建设始于 1562 年。同样参见马格里尼，之前所引著作，第 65 页上以及之后的内容。

117　见立面上 1602 年和 1610 年的刻字。有关圣乔其类教堂的历史，参见泰曼扎，之前所引著作第 lxxi 页上的内容；斯卡莫齐，之前所引著作，第四书，第 11 页上的内容；F·圣索维诺（Francesco Sansovino），《威尼斯介绍》（Venezia... descritta），1668 年版，第 218 页之后的内容；莫斯齐尼（G.A.Moschini），《威尼斯城市指南》（Guida per la Città di Venezia），1815 年，卷一，第 55 页；西科纳拉，《威尼斯碑文集》（Isriz. Ven.），卷四，第 265 页，第 331 页，第 402 页上的内容；西科纳拉等，《威尼斯著名建筑物与纪念碑》（Le Fabbriche e i monumenti cospicui di Venezia），1840 年，卷二，第 15 页上以及之后的内容，以及第 133 页至 137 页之间的内容；马格里尼，之前所引著作，第 62 页，第 xxii 页（其中有关于 1565 年 11 月 25 日到 1566 年 3 月 12 日之间建造的模型的文件）。R·加洛（R.Gallo）基于晚近新发现的文件提出，用于立面实施的图像出自 S·索雷拉（Simone Sorella）而不是像过去人们习惯以为的那样出自斯卡莫齐。这项工程始于 1597 年，1607 年真正动起来，1610 年完工（《威尼斯杂志》（Rivista Di Venezia），1955 年，第 23 页上以及之后的内容。以及《威尼斯与欧洲》（Venezia e l' Europa）主题会议，《第 18 届国际艺术史大会论文汇编》（Atti del XVIII Congresso Internazionale di Storia dell' Arte），威尼斯，1956 年，第 401 页）。

118　参见帕拉第奥 1577 年的一封信，该信中有段对他的设计最具说服力的报道。见博塔里，《通信集》（Racc. di lettere），1822 年，卷一，第 560 页上以及之后的内容；泰曼扎，之前所引著作，第 lxii 页上以及之后的内容；莫斯齐尼，《指南》（Guida），卷二，第 2 部分，第 343 页上之后的内容；马格里尼，之前所引著作，第 210 页上以及之后的内容，第 lix 页（文件部分）。基石：1577 年 5 月 3 日；参见达波多戈卢亚洛（P. Davide M. da Portogruaro）提供的记录完整的专辑，见《威尼斯杂志》，1930 年（4–5 月刊）。

119　应该强调的是，帕拉第奥想让他的那些立面作为独立的物件被看待：这些夺目的白色立面就立在红砖结构的教堂前面。

120　参见前文第 45 页。

图90 帕拉第奥设计的维尼亚圣弗朗切斯科教堂，威尼斯，1562年。出自贝尔托蒂·斯卡莫奇，《安德烈亚·帕拉第奥的建筑与设计》，卷四

图91 帕拉第奥设计的圣乔治大教堂，威尼斯

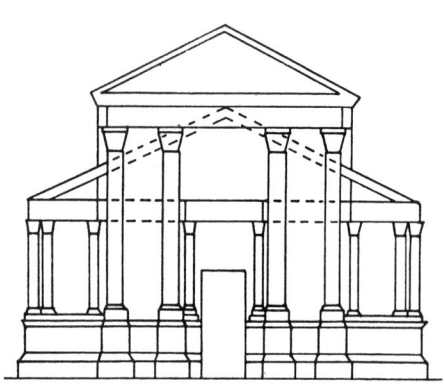

图92 维尼亚圣弗朗切斯科教堂：对该教堂立面两种不同阐释的简单表现

图93 帕拉第奥设计的圣乔治·马焦雷教堂，威尼斯，1566–1610年。出自贝尔托蒂·斯卡莫奇，《安德烈亚·帕拉第奥的建筑与设计》，卷四

那些认同古典形式并把基督教教堂视为古代神庙合理继承者的建筑师们常常苦恼的是如何将神庙立面套在教堂身上。[121] 古代神庙是一律单层单室的，而大多数文艺复兴教堂是巴西利卡式，都有一个高大的中殿和低矮的边侧耳房。那么，怎样才能把一个只具有简单门厅和人字屋顶的神庙立面放到这样的结构身上呢？一种解决方式是夸张型的：建造一个大型神庙立面，仿佛它可以一下子罩住中殿与耳房似的。这就是阿尔伯蒂在曼图亚设计的圣安德烈亚教堂的处理方法（1470 年）（图 46）。[122] 同时，阿尔伯蒂还将他的设计体系靠向凯旋拱门的体系，就是中央设一个大开间旁边是两个小开间的做法。这样，阿尔伯蒂就可以在他的立面上呼应中殿与耳房的比例了。这种神庙立面与凯旋拱门的组合虽然说得过去却还是太过复杂，太过个人化，难以被广泛接受。因为比例的缘故，这种办法通常是不可能同时罩住中殿与耳房的。

在圣安德烈亚教堂出现的 10 年后，伯拉孟特在米兰圣萨蒂罗（S. Satiro）圣母教堂（S. Maria）的立面设计上又迈出了一步（图 94）。[123] 这是在文艺复兴期间首次由伯拉孟特完成的通过将人字墙分拆，解决耳房与中殿高度差难题的做法。[124] 就好像一个大型的人字屋顶被中间的要素撕开了似的，或者说，是在一个大人字墙上加了一个小型人字墙的冠。为了与传统教堂立面相符，伯拉孟特设计了两层的立面，主层横贯整个立面，上面那一层是回收的，对应着中殿的位置。主层上有四根巨大的方壁柱，它们的位置对应着中殿和耳房的位置，但是它们的尺寸是一样的，也都处在同一墙面上。因此，一个统一的没有"接缝"的体系将中殿和耳房捆在了一起。中殿的整体在竖向上被一道宽阔的楣构分成两部分，上部多少有些孤立的部分开着具有典型 15 世纪色彩的圆窗。与帕拉第奥的设计不同，这里，由耳房尺度决定的柱式是正立面上的主导性母题。从帕拉第奥的立场看，这样的立面不是有机的，也不是"古人"对这一问题的回答方式。不过，伯拉孟特认为他的设计是受到古代传统的支持的。

显然，一个具有古典倾向的建筑师一定会去探究古人在巴西利卡身上用的是什么样的立面的，因为就像教堂一样，这些建筑也有一个中殿和低矮的耳房。维特鲁威有关法诺（Fano）巴西利卡 [125] "双重人字墙设置"（double arrangement of gables）的含混话语隐约地给出了答案。伯拉孟特在圣萨蒂罗设计中大胆地阐释了这段话。我们可以从他的学生切萨里亚诺那里间接地找到证明。在切萨里亚诺评注（1521 年版）的维特鲁威文本中，有关法诺巴西利卡的插图就是来自伯拉孟特的设计方案（图 95）。[126]

而佩鲁齐的回答则更向帕拉第奥的回答靠近一步。佩鲁齐在卡尔皮（Carpi）为一个中世纪大教堂设计的立面改造方案——建于 1515 年（图 97）——表明了它与伯拉孟特的设计是有明显关联的。[127] 但是，佩鲁齐坚定地朝前进了一步，他在中殿处使用了大型柱式，在耳房处使用了小型柱式；这样，他几乎预演了帕拉第奥的方案。但是，佩鲁齐没有将自己的新颖设计带向必然性结论。像阿尔伯蒂那样，他还是将神庙立面与凯旋拱门的手法混合起来。他因此没有——如帕拉第奥可能会这么说——发展出一套统一的设计体系。他也没能保护好边跨上的统一性，因为在靠近内侧的那些处置不当的半方壁柱呼应不了外侧的科林斯方壁柱。

帕拉第奥完成了前人所开创的任务。他坚持要保全中殿之前的纯粹神庙

121　他们甚至会讨论神庙，其实他们说的是教堂：阿尔伯蒂在其《论建筑》中就是这么做的。同样参见塞利奥，他在其"第五书"中就讨论过"大小神庙的各种形式、基督徒习俗、古人的生活方式"（diverse forme di Tempij sacri. secondo il costume Christiano. & al modo antico）；同样参见帕拉第奥在其《建筑四书》第四书的序言里的话。

建筑师法苏托·鲁盖西（Fausto Rughesi）在他的《有关圣彼得大教堂建设的补充意见》（Considerationi sopra la nuova aggiunta da farsi alla Fabrica di San Pietro）中将"神庙"（tempio）一词跟集中式建筑联系起来；他说，米开朗琪罗"选择了神庙的形式而不是巴西利卡的形式"（elesse la forma del tempio et non della Basilica）。（M・切拉蒂（M.Cerrati），《蒂贝里・阿尔发兰蒂论梵蒂冈巴西利卡的新旧建筑》（Tiberii Alpharani De Basilicae Vaticanae antiquissima et nova structura），罗马，1914 年，第 203 页以及之后的内容）

122　最初参见前文第 56 页上以及之后的详细分析。

123　最初是由贝尔特拉米（Beltrami）发表的，见《艺术评论》（Rassegna D' arte），1901 年，第一期，第 33 页上以及之后的内容。

124　这一母题也出现在 15 世纪晚期佛罗伦萨有关该教堂的《教堂介绍》的雕版画中（见大英博物馆阿瑟・欣德（Hind）编目，B.I.4）。这一母题也许是基于维特鲁威对于法诺巴西利卡的描述（见下文）。

125　参见维特鲁威《建筑十书》第五书、第 1 章、第 10 节："这样，就有了双重人字顶的布置"（Ita fastigiorum duplex tecti nata…）。

126　在卡波拉利（1536 年）版和菲兰德（Philander）（1544 年）版的《建筑十书》里的都用了切萨里亚诺（Cesariano）的这一设计，本书中所选用的插图来自后面这一版。

127　瓦萨里，《意大利著名建筑师、画家和雕塑家传记》，米拉内西本，第四书，第 598 页。有关卡尔皮（Carpi）这座老的大教堂立面是否就出自佩鲁齐仍有些争议。参见 W・W・肯特（W.Winthrop Kent），《巴尔达萨雷・佩鲁齐的生平与作品》（The Life and Works of Baldassare），纽约，1925 年，第 28 页，第 30 号图片；还有他的文章，见蒂姆－贝克尔（Thieme-Becker）与文杜里编，《艺术史》（Storia dell' arte），第十一卷，第 1 期，第 392 页。肯特认为该立面很有些隆巴尔多－伯拉孟特（Lombardo-Bramantesque）之风。本书所显示的这个立面所处的背景倾向于更多支持过去认为的归属于佩鲁齐的说法。有关该立面的作者权属归于佩鲁齐的证据，请参见，C・L・弗罗梅尔（C.L.Frommel），《法内西纳》（Farnesina）（柏林，1961 年，第 145 页上以及之后的内容）。此书是晚近才拿到手里的。

图 94　伯拉孟特设计的圣萨蒂罗 – 圣母教堂，米兰，1480 年前后

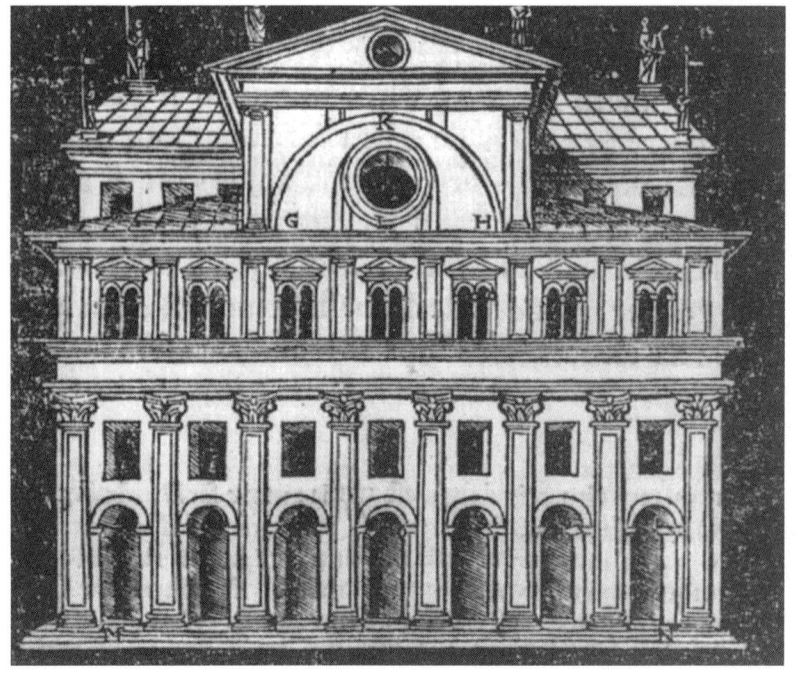

图 95　切萨里亚诺完成的位于法诺的巴西利卡复原图。取自维特鲁威《建筑十书》，科莫，1521 年

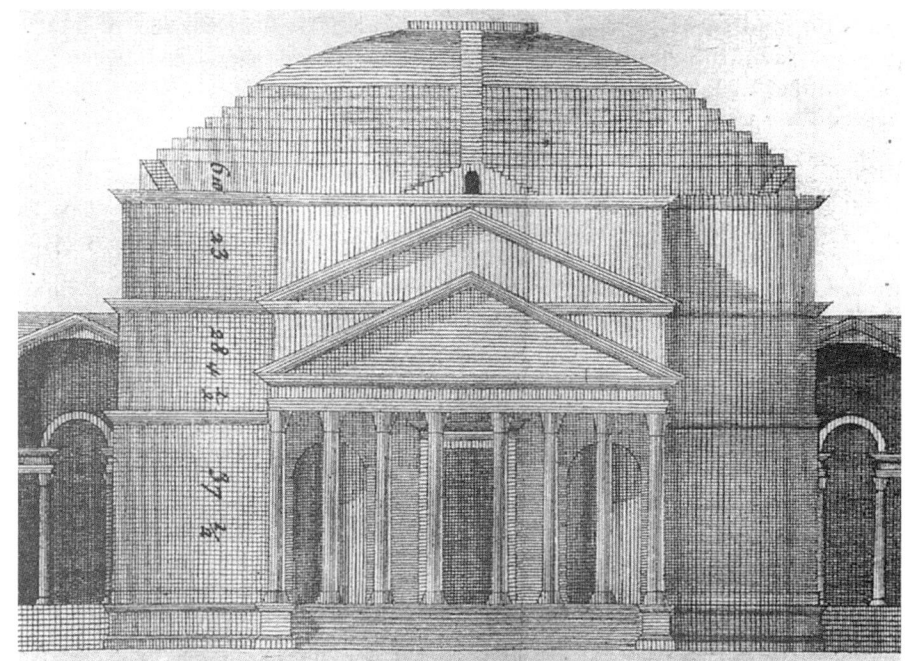

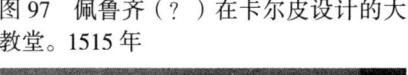

图 96　帕拉第奥设计的万神庙。出自伯林顿的《安德烈亚·帕拉第奥绘制的古代遗迹图》，1730 年

图 97　佩鲁齐（？）在卡尔皮设计的大教堂。1515 年

立面：维尼亚圣弗朗切斯科教堂和圣乔治·马焦雷教堂都是列柱式神庙立面，救世主大教堂是双柱门廊式（in antis），当然，这些柱廊都是突出在墙体外面的。两端的小开间与内部的耳房位置相对应，略微外凸的中间部分靠着内外两侧的柱式被明确地限定着、界定着。还有，小型柱式的节奏不只通过中间门框上的柱式也通过楣构渗透到神庙的主立面上，楣构横贯整个立面，因此带来了连续性。这样，两种柱式紧密地联系起来。但是它们之间精密的交错使得人们很难"读破"这种立面。这种设计的复杂性和知性都是真正手法主义的，远离了那种可能被称为文艺复兴天真期的水平。然而与米开朗琪罗那种令人深度不安的手法主义不同，帕拉第奥的手法主义是清醒的和学院派的：它很少在细节上纠缠；柱头、壁龛、楣构，都保留了它们的古典意义、形式和比例。也正是这种所有古典元素的交织，才构成了这一建筑整体上体现出来的手法主义性格。

　　鼓励了帕拉第奥在同一个立面上使用双重人字墙的先例不单是那个可疑的法诺巴西利卡，终归还有最受人尊敬的古庙——万神庙——上双层人字墙的存在。在万神庙，一道人字墙是冠在门厅之上的，而另一道则在靠后的地方连着一个从中心圆厅突出出来的高阁上（图 96）。也正是从这里，帕拉第奥把阁室搬到了救世主大教堂的身上。

　　几乎所有 16 世纪晚期的万神庙测绘图上都显示着它有两道人字墙。帕拉第奥自己也亲自画过两次，一次是为了《建筑四书》，另一次是为了伯林顿爵士出版的罗马大浴场系列丛书（图 96）。那些能够认识到万神庙正面拥有两道人字墙的人们总是从复杂的墙体设置角度来考虑屋顶形式，因此，他们会理所当然地认为这两道人字墙出自一种同质的古典设计。而在 15 世纪和 16 世纪初

图 98　帕拉第奥设计的救世主大教堂，威尼斯。1576–1992 年。取自贝尔托蒂·斯卡莫奇，《安德烈亚·帕拉第奥的建筑与设计》，卷四

128　例如，在埃斯屈里伦西斯古抄本（Codex Escurialensis）中（参见 H·埃热（H. Egger）版，1905 年，帖码 43 正面页）只显示了一道由克罗纳卡（Cronaca）绘制（原图，藏在乌费奇博物馆，该图出现在卢科姆斯基（Lukomski），《古典建筑大师》（I maestri della architettura classica），1933 年，第 293 页）的山花；以及在更晚的海姆斯凯克（Heemskerck）的图（埃热–许尔森，《马顿·冯·海姆斯凯克的罗马速写本》（Die römischen Skizzenbücher von Marten van Heemskerck，柏林，1933 年，卷一，帖码 10）和塞利奥（第三书）上的图都是如此。通过跟多西奥（Dosio）的图相比（乌费奇博物馆，参见巴尔托利，《历史遗迹》（Monumenti），卷五，图 848，图 881）则显示了两道山花。

129　C·丰塔纳（C. Fontana），《梵蒂冈神庙》（Templum Vaticanum），1694 年，第 457 页。

130　帕拉第奥，《建筑四书》第四书，第 11 页。

131　边缘中龛下部的座石（socles）在高度上对应着立面上巨型柱式下部的基座高度，因此对龛本身来说显得比例失调地高。还有，在龛壁和半圆柱之间的那些小型柱式的方壁柱几乎像是压扁了似的。

132　英国皇家建筑师学会，《伯林顿–德文郡收藏》，卷十四，第 12 册。

　　这张图就是属于圣乔治·马焦雷教堂的，这一点因为边跨上龛里的小石棺已经变得无须争议。石棺和仅是完成了正面雕刻的半人雕像都是为了纪念

期，人们绘制的万神庙图只有一道人字墙。如果我们考虑到在近处是根本看不见第二道人字墙的这个事实，这样的视景也应该说是准确的。15 世纪的人们是从简单的墙体设置角度来思考和看待万神庙的，因此也认定了这种近距离视景。[128] 到了 17 世纪，在一种更加客观的考古方法引导下，卡洛·丰塔纳（Carlo Fontana）认识到万神庙的门厅其实是后来加建的，他因此复原了本该具有简洁性的没有门厅的万神庙。[129] 在脑子里遵从着万神庙的先例以及维特鲁威对法诺巴西利卡的描写，帕拉第奥给君士坦丁巴西利卡[130]——帕拉第奥称之为"和平神庙"（Tempio della Pace）——设计的正脸也加上了相交的人字墙。显然，他以为这种屋顶形式在古典时代就已经是常规手法了。

＊　　＊　　＊　　＊　　＊

　　到此为止，我们只是依据基本的统一性原则研究了一下帕拉第奥的三个立面。在这三种情形中，虽然设计体系是相同的，结果却显现出重要的差异性。圣弗朗切斯科与圣乔治在时间上是接近的所以也显示出了密切的相似性（图 90，图 93）。但一定要指出的是，我们今天看到的圣乔治似乎并不符合帕拉第奥的设计原意。两套柱式的底部不在同一标高上。那些大型的半圆柱站在台座上，而小型的方壁柱却几乎落在平地上。地平上的差错还不是这个立面上的唯一失误，更加不幸的是，那些高高的台座切入旁边的方壁柱内。[131] 帕拉第奥原来的设计图被保留了下来，图上都有尺寸标注（图 91）[132]，这就让我们能够对后来的改动做出评价。这些图表明帕拉第奥原本是想要两套柱式都站在同一个水平面的。无疑，他认为这是他设计统一性的根本所在。[133] 有关圣弗朗切斯科与圣乔治的比较必须将这些图考虑进去。看上去，尽管二者存在着处理手法上的一般相似性，二者还是显现出一种发展变化。与圣弗朗切斯科相比，圣乔治身上的小柱式获得了更大的重要性，其中大小柱式的关系也与后来救世主大教堂身上的柱式关系相仿。这一变化使得两个神庙立面相互渗透的视觉印象更有说服力。有关帕拉第奥的图，还有一点也值得一提。那些图并没有画完，它们只是刚刚显露了帕拉第奥的某些想法。那些大型的柱式，在墙面上显得非常突出，而墙面上还没有画出细部，这些大型的柱式很可能是一个科林斯神庙门厅的残留。

　　有关圣弗朗切斯科、圣乔治与救世主大教堂之间的关系（图 98，图 99）类似于瓦尔马拉纳宫与卡皮塔尼奥敞廊之间的关系。在救世主设计后期的立面上，毕竟出现了一种新的强大的向心性；大型神庙母题占据了主导地位，在外侧的开间上没有了分散注意力的细部，入口开间被一个简洁的带圆柱的龛室填满，中间是门。此外，效仿着古代神庙做法的宽台阶，将带有巨型柱式的三个开间捆到一起。但是，随着向心性的增强，后期立面还有着在早期立面上没有出现过的一种复杂性。通过特别的重复，后期立面强调着两套神庙设计体系的交织。大人字墙被门上的小人字墙重复着，边跨上的人字墙局部被上部后退墙面上的人字墙局部重复着；最顶上的人字墙被一个矩形的阁室一分为二，如我们所见，这种处理手法源自万神庙。[134] 几乎不需多说，救世主大教堂上的古典主义已经远离了帕拉第奥早期的简单而天真的古典主义。

图 99　救世主大教堂，立面。威尼斯

特里布诺·梅莫（Tribuno Memmo）总督和塞巴斯蒂亚尼·齐亚尼（Sebastiani Ziani）总督而立的。二人一位是这座修道院传说中的奠基人，另一位是它的捐助人（benefactor）。这张图表明，从一开始这里就有计划要成为纪念堂。我们还应该注意帕拉第奥设计中的比例几乎完全对应着真实立面的比例（侧房和中殿的高度，以及耳房的宽度），因此，在对该立面进行复原时，我们必须假定，原本这栋建筑就是要落在尽可能低矮的底座上的。

帕拉第奥特别喜欢不做高的底座，将柱子落到铺地上的做法。在其《建筑四书》第四书、第 5 章里，他就针对这一做法说过："在古代神庙中，是没有底座的，所以圆柱就落在地面上，我喜欢这种做法，因为有了底座，就不鼓励人们靠近神庙，还有，直接落地的柱子显得更加宏伟和巨大"。

133　这就解决了出现在这个正立面上的所有问题。例如，龛里座石和龛的关系就会成比例。

134　帕拉第奥所遇到的这一问题跟阿尔伯蒂在曼图亚的圣安德烈亚教堂所遇到的问题很相似。中殿的高度都是太高了，教堂正立面根本遮挡不住；因此出现一个屋顶室就是必要的补救手段。山花伸向中殿的部分也在结构上是必要的。它们都是扶壁：中殿两侧的每一侧高侧墙都有 4 对这样的扶壁支撑。但是就像任何一位建筑师喜欢做的那样，帕拉第奥让这些结构性构件服务于他的美学目的。

* * * * * *

　　虽然我们必须把帕拉第奥的相交化神庙正脸看成是典型的 16 世纪晚期对古典建筑的诠释，它们却实现了自古典时代起所有古典建筑的基本要求。通过将神庙母题放到教堂的中殿和耳房前，也就是说通过借用同类母题并且把母题阐释得绝对一致，帕拉第奥赢得了所有局部的统一，用维特鲁威的话说是实现了"布置"（dispositio）的整体性。还有，帕拉第奥的建筑也服从了维特鲁威

图 100 安德烈亚·蒂拉利设计的
圣维塔利教堂，威尼斯，1700 年

图 101 乔塞佩·乌拉迪耶设计的圣罗科
教堂，立面。罗马，1834 年

图 102 弗朗切斯科·马里亚·波莱蒂设计的
大教堂，立面。自由堡，1723 年

至关重要的"均衡性"（symmetria）原则，也就是局部与局部之间、局部与整体之间存在着确定的数学数比。

在此，我们可以用维尼亚圣弗朗切斯科教堂作为范例加以说明。根据维特鲁威的说法，尺度单元即模数（modulus）应该适用于立面上所有的尺寸。在这个教堂的立面上，小圆柱的直径是2尺长（piedi），它构成了基本单元。大圆柱的直径是两个模数单元，即4尺。小圆柱的高度是20尺（10个模数），大圆柱的高度是40尺（20个模数）。在这两种情形中，柱子的直径与高度之比都是1：10，而且小柱式与大柱式之间的大小比也是1：2。中央开间上的柱间距（the width of the intercolumniation）是20尺（10个模数）。即便我们不测全所有的尺寸，我们也可以断定，就像在阿尔伯蒂的新圣母大教堂身上所做的那样，同一模数的简单数比控制着整个建筑。但这并不是故事的全部。中殿前立面的中央部分是27个模数宽。这个奇怪的数字是偶然的吗？还是同样经过深思得出的结果呢？我们有充分的理由相信帕拉第奥的"均衡性"不单单只是应用了一套简单的通约比例。将要探讨哲学话题的下一部分将会解释帕拉第奥为什么会选择数字"27"。但在这里我们可以先透露一下后面的结论，作为一种悠久传统的继承人，帕拉第奥将"均衡性"理解成为一种有意义的数字关系，是要跟毕达哥拉斯和柏拉图所揭示的宇宙秩序相和谐的。

帕拉第奥用他那些教堂立面的设计解决了基督教建筑中诸多的难题之一。从一个古典视角看，我们是再也不会超过帕拉第奥了，这也是为何帕拉第奥自己也在三个巴西利卡式教堂立面上重复使用着同一类型的原因。一旦难题被破解，帕拉第奥就可以在不改变本质的前提下进行变化。无论我们怎样看待帕拉第奥的这些立面，我们必须承认它们代表了一种发展过程的高峰[135]，从阿尔伯蒂、伯拉孟特到佩鲁齐，这些伟大的古典建筑师们都对这一发展作出过贡献。[136]因此，毫不奇怪，事实证明帕拉第奥的设计是相当成功的，它被学习并流行了250年（图100–图102）。

5. 帕拉第奥的视觉与心理概念：救世主大教堂

由帕拉第奥设计的那些主教堂的内部引起我们对其中某些尚未讨论到的东西的注意。他所设计的最后一个教堂，即救世主大教堂，显然是自成一类的。但是，即便是在稍早的圣乔治（图103，图104，图106）教堂身上已经显示出了某些非比寻常的特征了。对此，我们可以将之简单地概括为：（1）平面由三个清晰的独立单元组成，即带有短中殿和形象鲜明的穹隆空间的拉丁十字、带有内凹角（re-entrant angles）处独立柱的矩形祭司席（presbytery）、由一排悍柱从祭司席隔离开来的唱诗席。（2）这三个单元也被台阶隔开来：祭司席的地面比中殿地面高三个踏步，唱诗席的地面又比祭司席地面高四个踏步。（3）高圣坛被放在两对柱子前的，透过柱子，正好望向的是唱诗席的景象。（4）在高圣坛附近，细部刻画变得更加有力。（5）用色上的区别也支持着空间的界定：中殿内灰石的半圆柱被放在白粉刷过的方壁柱边上形成对比；通过这种方法，帕拉第奥将中殿整合在一起，使之有了靠节奏划分出的单元，有了纵向上与耳

135　在一份1567年的备忘录里，他也这么给布雷西亚的大教堂正立面设计出主意的。参见马格里尼，《安德烈亚·帕拉第奥的生平与建筑作品实录》（Memorie intorno la vita e le opere di Andrea Palladio），附录，第13页。他为博洛尼亚的圣佩特罗尼奥教堂的立面设计，特别是1578年的那次设计，追随了同样的模式（圣佩特罗尼奥博物馆，第20号图；参见祖齐尼，《圣佩特罗尼奥教堂的立面图》，第21号图片）。

136　我对帕拉第奥教堂立面的阐释已经招致某些猛烈的批评（比如参见前文，佩恩，《安德烈亚·帕拉第奥》，以及前文第88页上第112号注释）。似乎我的图92上所显示的示意图乃是人们产生某些误解的诱因。因此，我再次强调一下，这张示意图从来都不是要作为对于帕拉第奥创作程序的复原图来出现的。我的文字已经写得很清楚了，帕拉第奥想努力获得的是有机和统一的设计，当有着古代建筑的权威性以及时代约束下的风格可能性之内，实现维特鲁威所言的"布置和均衡"（dispositio and symmetria）。

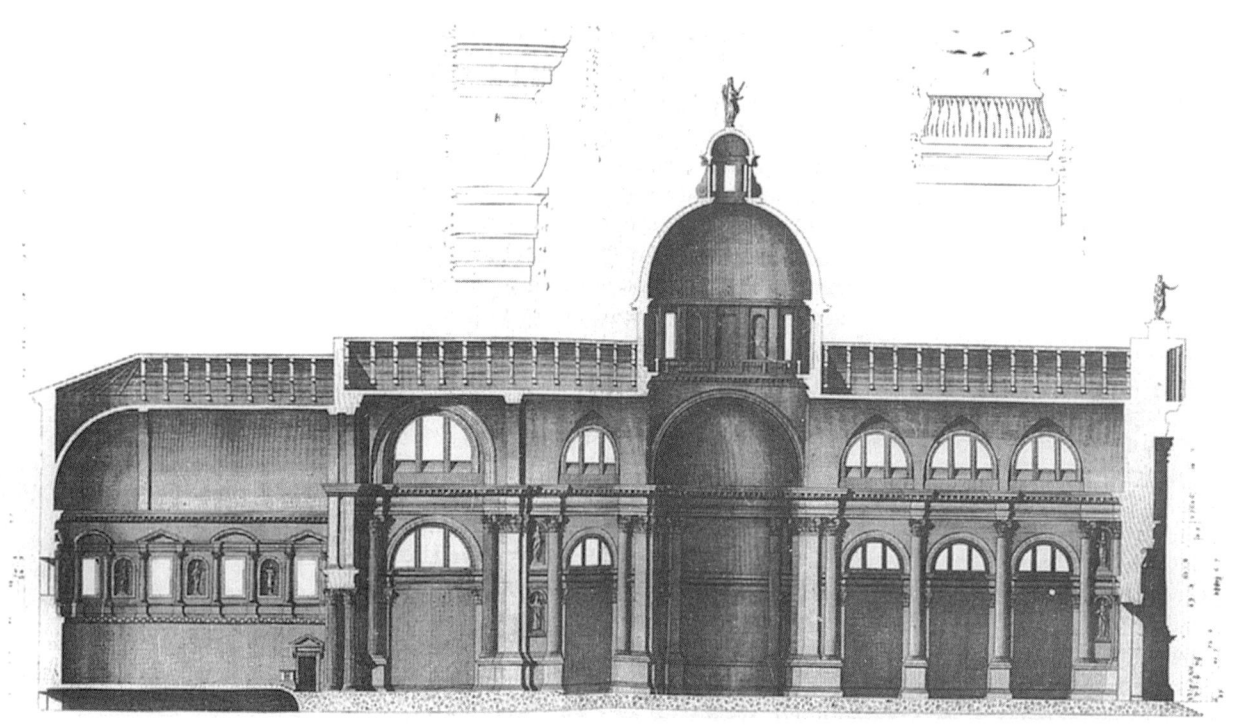

图 103、图 104　帕拉第奥设计的圣乔治·马焦雷教堂，威尼斯。（上图）剖面图；（下图）平面图

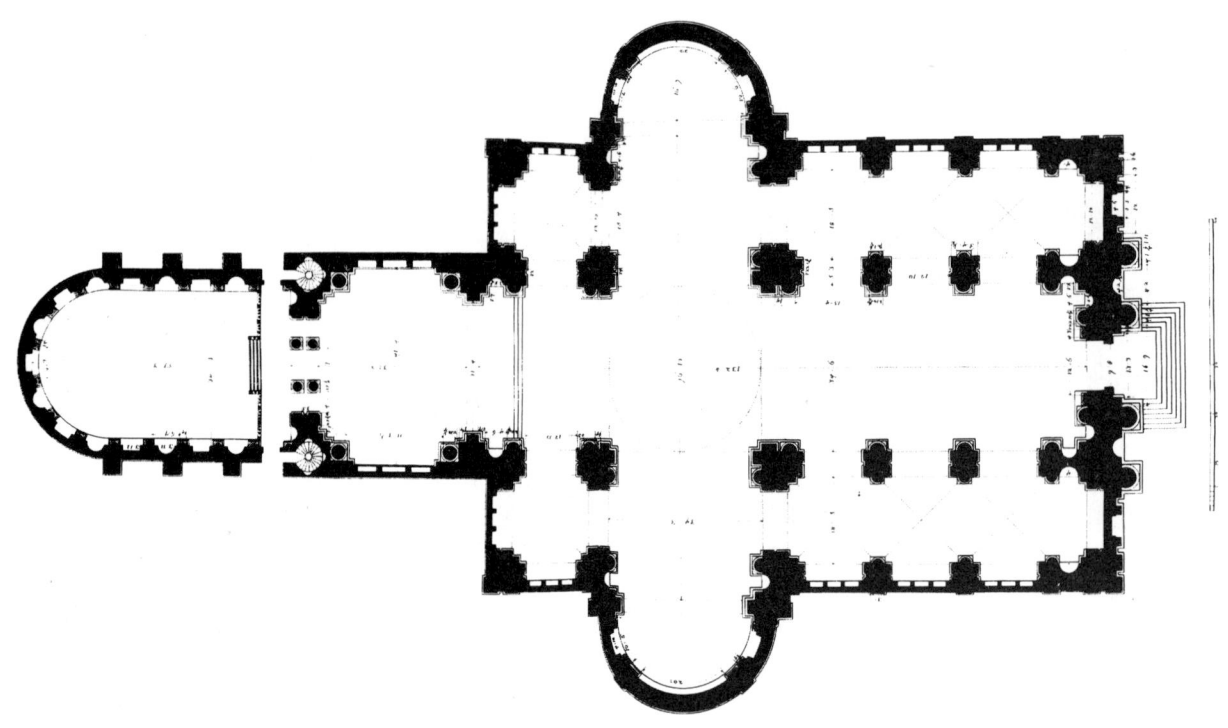

图 105　帕拉第奥设计的救世主大教堂，威尼斯。望向祭司席和中殿

图 106　圣乔治·马焦雷教堂。中殿

图 107 帕拉第奥设计的救世主大教堂，威尼斯。1576-1592 年

房及浅礼拜堂的横向上的反差[137]。（6）整体的建筑设计体系在唱诗席那里发生了变化。与其继续使用大型柱式，帕拉第奥给出的是一个小尺度的龛与龛室相间的序列。这是从古典范本中得出的一种细部刻画手法。[138]（7）拱顶上那些带有直棂的半圆窗、礼拜堂、祭司席，它们保证了教堂（除了唱诗席外）各处光线的统一性。

因为具有了上述的特征，圣乔治的平面与立面与任何一个集中式的意大利教堂相比都有天壤之别。帕拉第奥的用意在救世主大教堂中变得更加明显（图107）。在那儿，他将这些元素揉进一个不同类型的平面中。救世主教堂的中殿每侧各有三个礼拜堂，但没有耳房。像阿尔伯蒂设计的曼图亚圣安德烈亚中殿那样，救世主教堂的中殿也是对罗马大浴场大厅形式的再造；它是一个巨大的空间，靠形象鲜明的简单拱筒与穹隆空间之前的那个收缩部位（contraction）统一起来：在那个收缩位置上，交叉口上的巨拱两侧各有一个内有上下两龛的狭窄开间，这里准确重复着入口大厅处的细部刻画方式，因此强化了中殿的统一性与独立性。在中殿与礼拜堂和穹隆空间之间都有三级踏步，这就进一步强化了中殿的独立性。

每个到过救世主教堂的人都会被它无与伦比的庄严所震撼。关于这一点，我们不会在此多述。我们此处要关心的是，帕拉第奥以他那毫不妥协的澄清基本问题的决心，从新的角度，解决了所谓"复合式"教堂的老问题，即怎么把集中式的穹隆部分与一个长条的中殿结合起来的老问题。我们在本书的第一部分已经提到过文艺复兴时期的建筑师们曾经试图用比例和拟人化（anthropomorphic）的手法解决这一难题（图2）。当这些建筑师们试着将两种基因不同的单元焊接在一起的时候，帕拉第奥却走向了相反的方向，他明确地

137 在最近的修复过程中，人们把小型柱式的方壁柱给刷上了灰色，过去色彩的反差也就消失了。
138 参见位于奎里纳尔（Quirinal）丘的朱庇特神庙，见帕拉第奥《建筑四书》中的插图（第四书，第26号图片）。

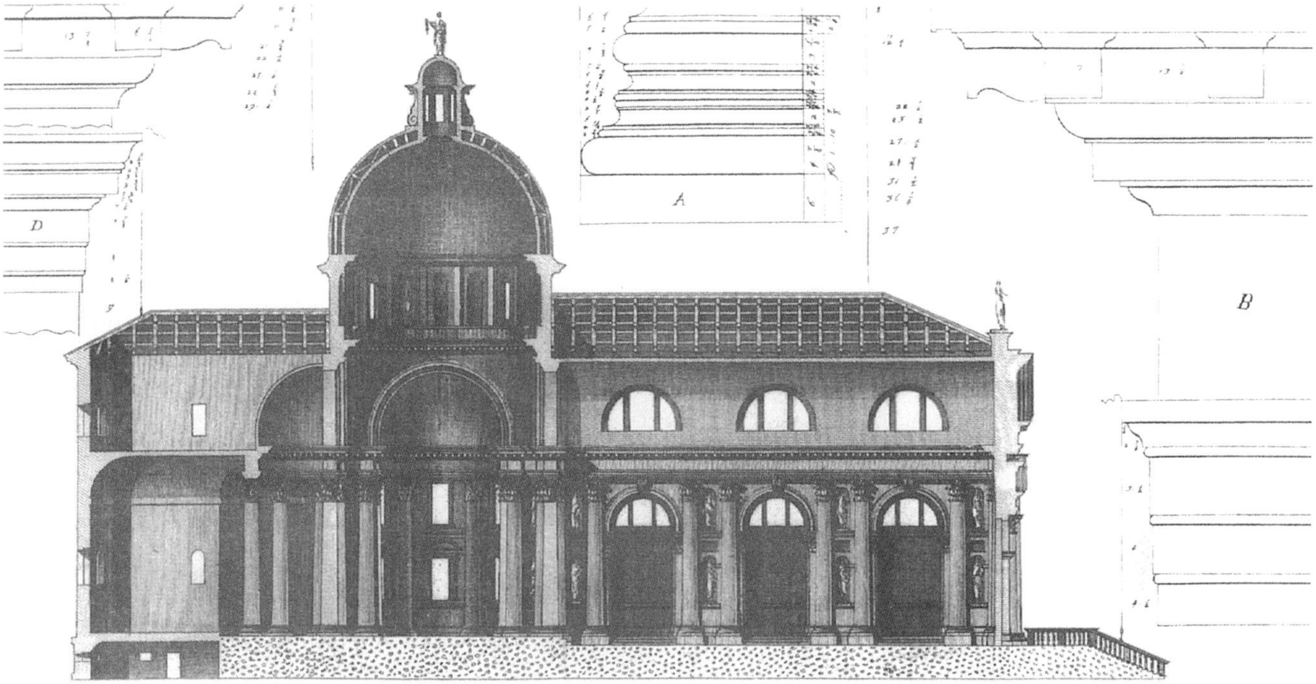

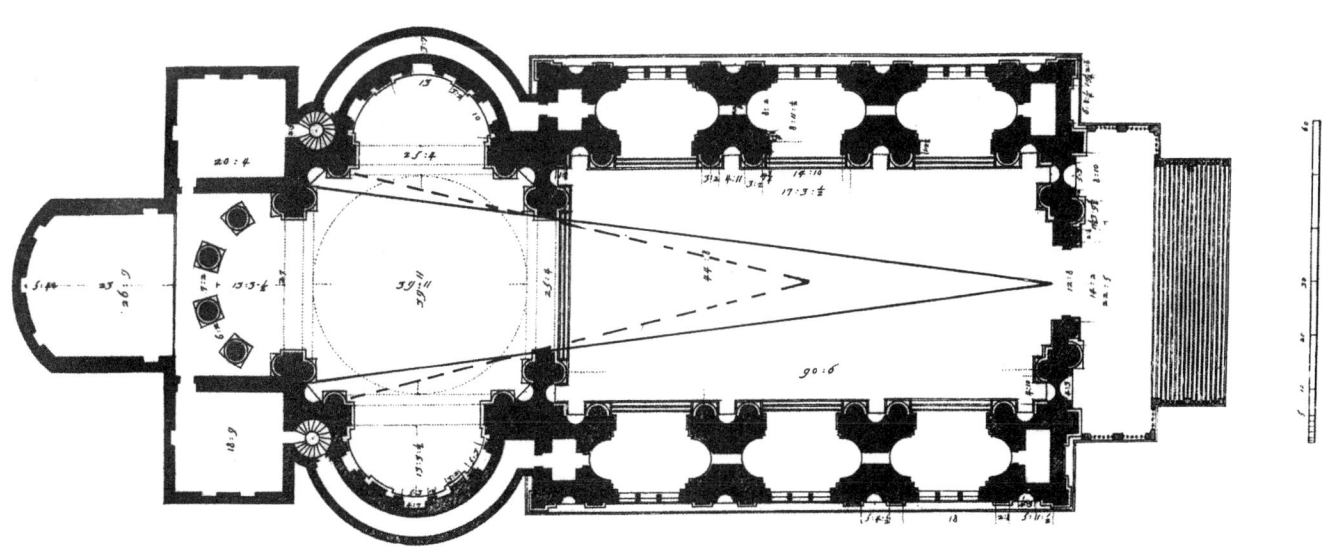

图 108、图 109　救世主大教堂 :（上图）剖面图,（下图）平面图（内带视线分析）。
出自贝尔托蒂·斯卡莫奇,《安德烈亚·帕拉第奥的建筑与设计》, 卷四

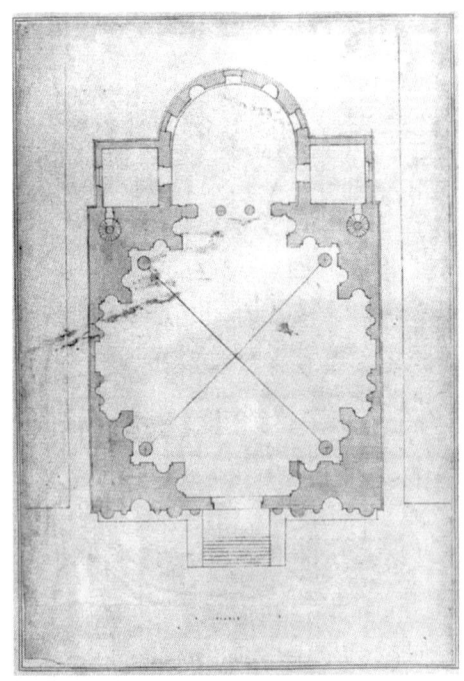

图 110、图 111　帕拉第奥设计的托伦蒂圣尼古拉教堂平面图，威尼斯，1579 年

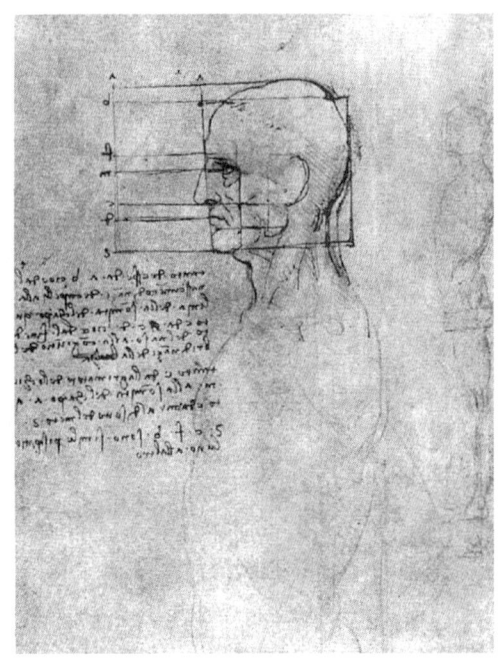

图 112　莱昂纳多·达·芬奇的人体比例研究。
显现 1：3：1：2：1：2 的数比

图 113　维拉尔·德·奥内科尔
速写本上的图画

将中殿从带有三个半圆室的中心区（centralized area）剥离开来。[139]

值得注意的是，中殿上细部刻画的基本元素与中心单元的细部刻画手法是相似的，但是有着重要的修改。帕拉第奥把中殿中的半圆柱改成了两侧半圆室上的方壁柱，以及圣坛后半圆室上独立的圆柱。虽然他在祭司席的地方仍然继续使用着对中殿的水平划分模式（图 105，图 108），但他不再使用小尺度的柱式；进而，他又将礼拜堂里圣坛们的圆柱龛室换成了由方壁柱框限的窗子（其他的设计则是一样的），将礼拜堂上带小柱的罗马窗换成了简单的矩形窗。这样，中殿与祭司席之间的"合奏"就有了很大的起色。如果我们从中心区的任何一点望向中殿的话，我们都会感到这种统一之中的多样性——或者，更确切地说，尽管变化多端却很统一。但是如果我们从中殿望向中心区的话（就是礼拜仪式中人们的常规视线方向），感觉又很不同，特别新奇的元素开始发挥作用。

在平面图上标出的视线关系（图 109）显示，在入口大门处参观者看到的是交叉口远端处半圆柱与方形壁的组合体，它们是对中殿拱下那种柱子组合体的重复。沿着中轴往前走，参观者会看到远处穹隆下部越来越多的支撑柱，等到走到中殿中间的时候，参观者的视野中就出现了一组近似中殿端头龛式的半圆柱与龛的组合体。通过这样的重复，帕拉第奥在中殿和中心区之间创造了一种新的和谐。正是通过这种在大空间中人在移动过程中的相应视景制造，而不是中部意大利常用的墙面细部各处相同的处理方式，才将不同的空间统一了起来。这些视觉手段很像舞台布景效果，平衡并替代了客观结构上的空间划分。

此处引入的另外一个革命性特征是那排由独立圆柱构成的柱弧。它源自罗马大浴场，并在圣乔治中得到不太充分的预演。这些圆柱有三种功能：第一，它们构成了一个有力的结束曲，一段在圣坛附近形成的高潮，也让中殿处那些半圆柱们仿佛也从墙体上独立出来似的。第二，它们帮助维护了中心区的整体性，因为这个柱弧所暗示的半圆室形状与横向两边的半圆室相呼应，同时，还能保证修士们的唱诗席如要求那样始终是教堂的一个有机组成：这是将东正教中喜欢将教堂延长一块的习惯与集中式教堂布局的理念进行调和的天才做法。第三，由柱弧构成的屏风还诱导我们的眼睛打量柱子身后的空间——这是普通礼拜者不能进入的地方，它的彻底简洁性几乎无法用这个教堂其他部分丰富细部的标准来衡量。因此，这些柱子就是一种视觉和心理的屏障，同时，也是通向俗人无法靠近的世界的一种视觉和心理联系。

帕拉第奥还把救世主大教堂的经验用到了稍晚的一个集中式教堂项目身上（图 110，图 111）。[140] 在第一稿的两个平面图上，他用的是圣乔治的方法，在第二稿中（后来的方案中）他用的是救世主的方法。从这些平面图上我们可以看出，用圆柱做屏风的方法帮助他保护了集中式空间的整体性，同时，还克服了集中式平面的局限性。类似的视觉和心理概念在帕拉第奥早期的作品中已显端倪，但是这些概念真正得以实现的地方是在救世主大教堂身上。此后，这些概念不仅在隆盖纳（Longhena）、伯尔尼尼、瓜里尼、尤瓦拉（Juvarra）、维托内（Vittone）这些不同的意大利大师身上还在阿尔卑斯山以北的建筑师群体当中，结出了丰硕成果。

139　几乎不用强调，我们就能看出这里帕拉第奥在借用一种威尼斯本土的传统。

140　见 W·季莫费耶维奇（W.Timofiewitsch）在《威尼斯艺术》上的文章（第 13–14 期，1959–1960 年刊，第 79 页上以及之后的内容）。他的文章令人信服地证明，这些图（之前我所认为归于马塞尔教堂的图）属于帕拉第奥（1579 年）在威尼斯为托伦蒂诺圣尼古拉教堂（S.Nicola da Tolentino）所进行的设计。而后，斯卡莫齐所实施的则是另一个不同的设计。

第四部分

建筑中的和声比例问题

1　参见前文，第22页上的内容，以及第31页上的内容。

2　除了第25页上给出的参考文献之外，还可以查看一些16世纪中叶和晚期的著作。比如，巴尔巴罗在其对1556年版维特鲁威《建筑十书》的第三书、第1章的评注中写道："自然教导着我们如何将崇拜神的建筑组织起来、具有比例，自然只是让我们将包含着自然所有神奇的人体所折射的神的形象用作圣殿均衡性的理性。我们的先辈早就聪明地开始测量人体的每一种比例尺度了"。

同样参见洛马佐的《绘画艺术论》（Trattato dell' arte della pittura）等著作，1584年，第一书、第30章："船、神庙、建筑的尺度是如何基于人体尺度的"（Come ancora le misure delle navi, tempij. ed edifizj sono tratte dal corpo umano）。在该作者的另外一本著作《绘画中的理想神庙》（Idea del tempio delle pittura）中也有相似的一个章节，1590年，第34章。那一章开头的话是这样的："人体这一上帝以自己形象制作的完美之作，被叫作小世界。因为人体中包含着更多的完美和和谐，包含着所有数字、尺度、重量、运动和元素。所以我们可以从人体那里，而不是从上帝的其他作品那里，找到用于制作神庙、剧院、有着诸如圆柱、柱头这类部件的建筑物以及河渠等工程、船、机械等构筑物的规则和范本"。

米开朗琪罗在一封1560年的信中写道，"毋庸置疑，建筑的组成部分反映着人的组成部分，"那些不了解人体的人是不能够成为好的建筑师的（米拉内西，《米开朗琪罗·博那罗蒂的信件》，佛罗伦萨，1875年，第554页）。

帕拉第奥（在其《建筑四书》第二书、第2章里）用一句简要的话，将人体结构比之于建筑的结构。

V·丹蒂（Vincenzo Danti）原本曾想出版一本十四书的论比例著作，结果，仅有一书在1567年发表。不然的话，在其写作计划中，第十四书将包含如下内容："基于人体比例而打造的建筑比例"（proporzioni dell' architettura cavata de la proporzione de la figura del huomo），而第十五书将是关于："如何普遍地实践这门艺术"（pratica di questa arte in universale）。参见A·科莫利（A.Comolli），《建筑历史与批评参考文献》（Bibliografia storica–critica dell, Architettura），罗马，1788年，卷一，第16页。

想要了解文艺复兴时期比例的宇宙论和美学方面的统一性以及相关问题，请参照帕诺夫斯基那篇重要的文章，"作为风格变化反应的比例学形成过程"（Die Entwicklung der Proportionslehre als Abbild der Stilentwicklung），《美术月刊》（MONATSHEFTE FÜR KUNSTWISSENCHAFT），1921年，第208页上以及之后的内容。该文章的英译本参见《视觉艺术的意义》，杜伯雷出版社，1955年，第89页以及之后的内容。同样，参见G·N·法索拉（G.Nicco Fasola）为P·德拉·弗朗切斯卡（Piero della Francesca）的书撰写的"序言"，P·德拉·弗朗切斯卡，《论绘画透视》（De prospectiva pingendi），佛罗伦萨，1942年，特别是第15页以及之后的内容。

把建筑学视为一种科学，通过提倡用一套且唯一一套数学数比体系（same system of mathematical ratios）将一个建筑的内部和外部整合起来，我们或许可以将这样的信念称为文艺复兴建筑师们的基本公理。我们已经看到[1]，那时的建筑师并不是任意地为某个建筑选择一套数比体系。那些数比必须服从于一种更高的秩序，一个建筑应该反映出人体的比例；这是一种基于维特鲁威文本权威性且被广泛接受的要求。如果人的形象被认为是根据上帝形象创造出来的话，那么人体比例也是神意（divine will）创造出来的，因此建筑中的比例必须拥护并表达这样的宇宙秩序。[2]但是，这一宇宙秩序的法则是什么？决定着宏观和微观世界的数比又是什么？对于这样的问题，毕达哥拉斯和柏拉图早就做过阐述，而且他们在这一领域的看法一直是活着的，只不过从15世纪晚期开始，他们的这些思想获得了新的重要性罢了。

1. 弗朗切斯科·乔奇为维尼亚圣弗朗切斯科教堂撰写的柏拉图式任务书

在保留下来的相关证据中，最有力者当属关于威尼斯地区维尼亚圣弗朗切斯科教堂（图114）的一份文件了。在1534年8月15日，威尼斯执政官安德烈亚·格利蒂（the Doge Andrea Gritti）为一座新教堂埋下了奠基石。这座教堂的主体结构是由雅各布·圣索维诺设计的。但是，人们对他设计的平面比例有着不同的意见，于是执政官请了一位来自教堂隔壁修道院的方济各会修士——弗朗切斯科·乔奇——针对圣索维诺的设计提呈一份备忘录。

安德烈亚·格利蒂挑选专家的原则很有趣。弗朗切斯科·乔奇曾以一份穷尽比例各种知识的论文成名。早在1525年，他就发表了一本将基督教教义与新柏拉图思想结合起来的有关宇宙和声的大开本的书。[3]他向信奉某些数字和数比神秘效应的古老信仰中注入了新的活力。而有关圣弗朗切斯科教堂比例的备忘录就是对该书理论的一次实际应用。[4]

乔奇建议将教堂的中殿宽度定为9步（paces），9也是数字3的平方；而3是"神圣和首位的数字"（Numero primo e divino）。在毕达哥拉斯学派的数字概念中，3才是第一个真正的数字，因为它具有开始、中间和结尾。[5]它像圣三一（Trinity）的象征那般神圣。乔奇接着建议将教堂的中殿长度定为27步，即3乘以9。乔奇说，数字3的平方和立方数包藏着柏拉图在《蒂迈欧篇》中所说的宇宙和声（consonances）；无论是柏拉图还是亚里士多德，这些知晓宇宙能量的人在分析世界时都没有使用超过27的数字。但是，真正重要的不是真实的数字而是它们的数比；宇宙性数比也被认为是微观世界的法则。这一

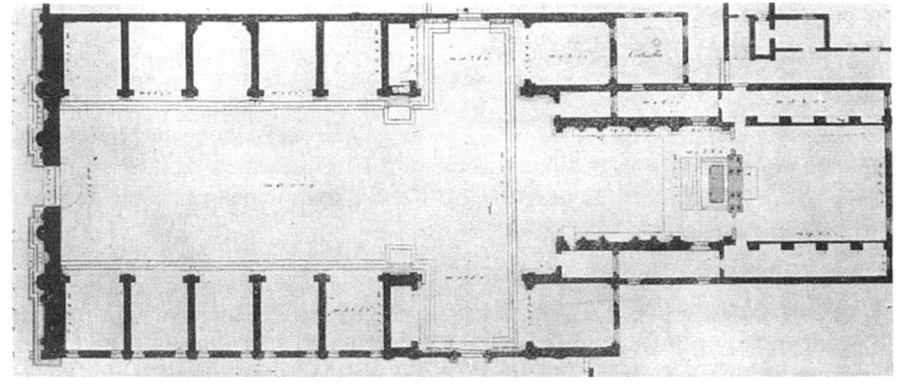

图 114　维尼亚圣弗朗切斯科教堂的平面图，威尼斯

点，从上帝给摩西（Moses）依照世界形态去建造圣幕（Tabernacle）的指令中以及所罗门（Solomon）将圣幕比例用到圣殿（the Temple）上的事例中表现得很是明显。乔奇还提出中殿的理想宽长比（9∶27）具有音乐意义；他说，这个数比构成了一个整音域（diapason）和一个整五度（diapente）。一个音域指的是一个八度（an octave），一个整五度指的就是一个五度音（a fifth）。9∶27如果被看成是 9∶18∶27 的数列，那它就包含了一个八度和一个五度；因为 9∶18＝1∶2＝一个八度，而 18∶27＝2∶3＝一个五度。

要理解乔奇的推理过程我们必须记得是毕达哥拉斯首先发现了音调是可以在空间中被测量出来的。他发现音乐的和音是受着一些小整数的数比所决定的。如果两根弦在同样条件下产生振动，其中一根弦长是另外一根弦长的一半的话，短弦发出的音应该比长弦发出的音，高出一个八度。如果两根弦长的关系是二比二，则二者之间的音程差将是·个五度，如果两根弦长的关系是三比四，二者之间的音程差将是一个四度。这些和音也就是希腊音乐体系的基础——八度、五度、四度——可以被表示成为一个数列 1∶2∶3∶4。这个递进数列不仅包含着简单的和音，即八度、五度、四度，还包含着古希腊人所认识到的复合性和音，就是八度加五度（1∶2∶3）以及两个八度（1∶2∶4）。我们可以理解，这样艰难的发现使得过去的人们相信他们已经抓住了遍布宇宙的神奇和声。也是在这个基础上，诸多的数字象征论与数字神秘主义被建立了起来，并在过去的两千年中对人类思想造成了难以估量的影响。在毕达哥拉斯的影响下，柏拉图在《蒂迈欧篇》中解释说，宇宙的秩序与和谐蕴藏在某些数字之中。柏拉图从始于元一性（unity）的二倍、三倍比例的平方数和立方数中发现了和声。这一发现使他得出两种几何级数的递进数列，即 1、2、4、8 和 1、3、9、27。[6] 习惯上这两个数列是用希腊字母"Δ"（拉木达）的三角形来表示的。宇宙和声因此被包含在 1、2、3、4、8、9、27 这七个数字之中。它们蕴藏着微观和宏观世界的奥秘。因为这些数字之间的数比不仅包含了所有音乐和音，而且还包含着人们听不到的天堂之音以及人类灵魂的结构。[7]

3　弗朗切斯科·乔奇，《和声世界》（De Harmonia Mundi totius），威尼斯，1525 年。虽说此书在 16 世纪时的影响力不小，却很少引起现代学者们的注意。1545 年，此书在巴黎出了新版，并于 1579 年在巴黎有了法语版。帕诺夫斯基在一篇文章中见，《美术月刊》，1921 年，第 209 页，首次注意到了乔奇的著作；同样参见《于让古抄本》（The Codex Huygens），1940 年，第 113 页。在桑代克（Thorndike）的《巫术与实验科学的历史》（Hist. of Magic）中也有对于乔奇的简短描写，见《巫术史》，1941 年，卷六，第 450 页以及之后的内容。以及 D·曼克（D.Mahnke）在《无限的球体与中心点》（Unendliche Sphäre und Allmittelpunkt），1937 年，第 106 页开始，讨论了乔奇该书的某些来由。有关乔奇对于法国思想的影响，请参见 F·耶茨（Frances Yates），《16 世纪的法国学院》（The French Academies of the Sixteenth Century），瓦尔堡学院，1947 年，第 88 页，第 91 页上的内容以及各处散落的内容。有关乔奇思想较近的分析，请参见 D·P·沃尔克（D.P.Walker），《从菲奇诺到坎帕内拉的精神性和疯狂化的巫术》（Spiritual and Demonic Magic from Ficino to Campanella），伦敦，1958 年，第 112 页上以及之后的内容。

4　这份备忘录虽然常常被人提起，却只有 G·莫斯基尼（Giannatonio Moschini）曾将之印刷出版在《威尼斯城市指南》一书（Guida per la città di Venezia），1815 年，卷一，第 1 章，第 55－61 页。考虑到大家还没有充分意识到这份备忘录的非凡重要性，我以英语形式将之全文刊登在本书的附录一了（第 138 页上以及之后的内容）。在接下来的讨论中，读者可以参阅此文件。

5　有关毕达哥拉斯学派关于"3"的象征性说辞，参见亚里士多德，《天体论》（De Coelo），1,1（268a），以及普卢塔克（Plutarch），《会饮篇》（Sympos.）卷九，命题 3。菲奇诺在他对柏拉图《蒂迈欧篇》做评注时，也是遵循着这种对于"3"的定义的（《菲奇诺全集》（Opera），1576 年，卷 2，第 1459 页）："圣三一被认为是包含了事物的数字、原理、中项和极限的，圣三一也是数比之中唯一完成的数比"。

6　此处没有足够的空间让我们能比乔奇本人接下来的论述更为饱满地描述柏拉图思想了。想要做进一步的了解，请参照 F·M·康福德（F.M.Cornford），《柏拉图的宇宙论》（Plato's Cosmology），伦敦，1937 年，第 49 页，以及第 66 页上以及之后的内容。

7　参见《蒂迈欧篇》，35b-36b（康福德，之前所引著作，以及 A·E·泰勒（A.E.Taylor），《柏拉图〈蒂迈欧篇〉评注，牛津，1928 年，第 116 页上以及之后的内容。

要想了解有关"球体之间的和谐"，参见柏拉图在《理想国》卷十中有关厄洛斯（Er）的那则神话（第 616 页上以及之后的内容）；还有，可以参见亚里士多德《形而上学》A.5 中对于毕达哥拉斯数论派的综述，以及他在《天体论》时对这一学说的解释和反驳，见《天体论》290b，第 12 页上以及之后的内容。

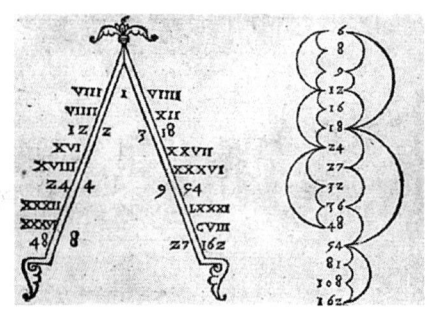

图115　和声示意图。取自弗朗切斯科·乔奇的《和声世界》，1525 年

乔奇在他的《和声世界》（Harmonia Mundi）中，紧紧追随着菲奇诺的言论。这显现出他对这些思想的熟稔。他的第五书是关于毕达哥拉斯－柏拉图数论的。这一书的开篇是："对于所有毕达哥拉斯数论派和柏拉图学园的弟子们来说，很明显，世界和灵魂首先是由洛克里（Locri）的蒂迈欧然后是由柏拉图通过某些法则和音乐比例界定出来的。就像一把由七根弦组成的七弦琴（limitibus）那样，世界和灵魂开始于元一性，然后繁衍到二的立方（即8）、三的立方（即27）。根据毕达哥拉斯的文字，他认为灵魂和整个世界的结构正是通过这些数字和比例组织和完善起来的。从奇数也就是从男性数，从偶数也就是从女性数那里，以及从所有这些平方数和立方数那里，世间万物得以生成。但是据说，用到这两数的立方数时工作就结束了。因为谁也不能超越带有长宽高的三维。还有，所有主动与被动的力也全都包含在这些数字和比例之中了，所有的和音也都积藏在里面。"[8]

现在我们明白了乔奇不愿意越过数字27，以及为何在空间尺度中与音调中的数比对他来说是同义词的原因了。乔奇给圣弗朗切斯科教堂建议的是一个起始于"完美"数字3的柏拉图三角的单边递进数列（3、9、27）。他后面的建议都可以归入这些基本数比之中。中殿尽端的"大礼拜堂"（cappella grande）就像一个人的头部那样应该是9步长、6步宽，这样，大礼拜堂的长度与中殿的宽度相同，大礼拜堂的宽度与中殿宽度的比为2∶3，正好是一个音乐意义上的五度。同时，2∶3的数比也是大礼拜堂的宽长比。大礼拜堂背后的唱诗席应该重复大礼拜堂的尺寸比例——6∶9。因此，整个教堂的长度应该是5乘以9。他将之称为一种五倍比例（fivefold proportion），或者用音乐术语讲，是一个双八度（bisdiapason）（也叫可分的两个八度（disdiapason））和一个五度音。[9]耳堂应该是6步宽，这样就与"大礼拜堂"的宽度相等。他还建议让中殿边上的礼拜堂们的宽度定为3步，与中殿的宽度比例（3∶9）构成了一个他所说的三倍比例（a triple proportion），或是音乐上的（3∶6∶9＝）一个八度（3∶6）和一个五度（6∶9＝2∶3）。小礼拜堂的宽度与"大礼拜堂"的宽度关系是3∶6，即一个八度。而耳堂礼拜堂的宽度与中殿礼拜堂的宽度关系应该是4∶3，或者叫一个"四度"（diatessaron），一个著名的比例"四福音合参"（proportione celebrata）。

乔奇的上述建议基本上都得到了贯彻。但绝大多数被实施的比例并不精确地吻合他的数字。差别也不大，可能是施工偶然性造成的。他所建议的通向礼拜堂们和"大礼拜堂"的三步台阶其实圣索维诺已经设计到了，并被实施。但是，他有关顶棚高度的建议——他认为应该是平顶的格子藻井，并与中殿的宽度形成4∶3的关系——并没有被采纳。

通过这样或那样非比寻常的方式，乔奇将建筑内的所有比例都与毕达哥拉斯－柏拉图主义的和声数论哲学挂上了钩。在这一点上，他可能是开创了先河。但是被邀请来评审这份备忘录的三位先生似乎对备忘录的内容没有感到丝毫惊讶；他们全都赞同这份备忘录。他们其中一位是画家，一位是建筑师，还有一位是个人文主义者。这一事实表明，在当时，人们并没有把建筑比例视为仅仅是建筑师的话题；各种门类的艺术与科学的一体化使得每一个

8　之前所引著作，帖码81，正面页。
9　但是这里乔奇似乎犯了一个错，而我们在看不到原文的情况下又解释不了他为何会犯此错。9∶18＝36是两个八度，或者说可分的两个八度（disdiapason）。而36∶45＝4∶5，不是2∶3（五度音程）。或许乔奇心里本来想的是36∶54，那就是五度音程了。另一方面，在这样一个人那里，在其学说中，和音数比体系占有如此重要的地位，出现这样的失误，也真是令人惊讶。

文人都成了这方面值得信赖的评论家。被选出的这三个评委的声名也从侧面反映出乔奇这些思想的重要性。那位画家不是别人正是提香；那位建筑师是塞利奥，他那时也正在威尼斯忙于他的建筑专著。他专著的"第四书"第一部分发表于 1537 年，此时是 1534 年，他已经被当时的社会认可为建筑理论界的才子。那位人文主义者是福尔图尼奥·斯皮拉（Fortunio Spira），如今他的名字几乎快被人们完全遗忘了，但在当时，他却因其诸多成就享有很高的社会威望。弗朗切斯科·圣索维诺[10] 称他是"具有深刻科学思想的著名哲学家"（Filosofo celeberrimo, di profonda scientia）。阿雷蒂诺（Aretino）描述他"形象高贵、举止文明、行动敏捷、动作优雅、心地善良、天性快乐、著作等身、名副其实"（maestà nella presentia, gentilezza ne'costumi, maniere nell'attioni, gratia nei gesti, bontà nella natura, felicitade nell'ingegno, fama nelle opere, e gloria nel nome）。[11]

在那份备忘录的结尾，乔奇要求将教堂室内的数比也放在立面上，"造型本身亦应符合比例"（che per esso si puosi comprendere la forma della fabbrica, et le sue proportioni）。看上去，晚了一代人的帕拉第奥是了解乔奇的这份备忘录的，并从中得出神秘的模数 27，将之作为他设计的立面中心部分的宽度。[12] 提香和塞利奥对这份备忘录的支持说明当时的艺术家们不仅熟悉这些思想而且还愿意将这些思想付诸实施。所以，我们也可以推定帕拉第奥同样欣赏乔奇的这些柏拉图式命题，并且帕拉第奥对于柏拉图主义的掌握水平应该达到了相当的程度。在特里西诺那个圈子里，帕拉第奥就已经吸收了柏拉图学派的精华，他的人文主义朋友们都深谙柏拉图和亚里士多德的学说。他与巴尔巴罗的亲密往来，特别是在准备校注维特鲁威文本的期间，一定加深了帕拉第奥对古代哲学思想的认识。[13]

2. 中项比例与建筑

本书的第一部分已经提过，那些相信柏拉图学说的建筑师们给出的推荐性教堂平面是圆形的。这一事实以及乔奇的这份柏拉图式备忘录，或许能够促使我们深入探讨一下希腊音阶的和声数比到底在多大程度上从理论到实践影响到了文艺复兴建筑的比例。在此方面，阿尔伯蒂和帕拉第奥是我们准确理解文艺复兴观念的主要资源。在我们讨论他们的贡献之前，或许我们还应该记得不仅在阿尔伯蒂的新圣母教堂立面上也在其他文艺复兴建筑的身上都存在着起码是有意为之的对小整数比例的坚持。[14]

初读帕拉第奥的书时，人们可能会对帕拉第奥实用主义的《建筑四书》产生出些许的失望，因为这本书中几乎没有一个字是关于比例原理的。该书到处都是关于比例的肯定性陈述，却不给出为什么选择这一个而不是那一个比例的原因。毋庸赘言，比例在任何有关柱式的讨论中都是最重要的问题，帕拉第奥在开始叙述他著名的柱式体系时却仅是扼要地指出柱式必须"以美的比例"（con bella proportione）与建筑整体形成关系。[15] 通常，在帕拉第奥给出的直白规则背后，有着比现代读者能够意识到的东西多得多的思想与智慧沉积。很显然，

10　F·圣索维诺，《对高贵而独特的威尼斯城的介绍》（Venetia...descritta），1581 年；见 1663 年本，第 154 页。

11　阿雷蒂诺（Aretino），《书信集》第一书（Del primo libro de le lettere），巴黎，1609 年，第 187 页。斯皮拉（Spira）死于 1560 年。在西科纳拉的书里，我们可以找到有关斯皮拉丰富的材料，见西科纳拉，《威尼斯名录》（Iscr. Venez.），1830 年，卷三，第 307 页上以及之后的内容。

12　参见之前"第三部分"，第 94 页上的内容。从地面到主帽构的高度上则套用了相同的模数。

13　参见之前第 64 页上以及之后的内容。

14　参见之前第 51 页以及第 29 页（卡尔切里圣母教堂），第 34 页（伯拉孟特设计的圣彼得大教堂）以及第 46 页等页（里米尼的圣弗朗朗斯科教堂）。

15　第一书，第 11 章。

16 第一书，第 21 章。至于 1：1，1：2，2：3，3：4 这些数比，读者或许可以参照第 105 页上的内容；而数比 3：5，我们将会在稍后去讨论。

17 参见下文第 111 页上的内容。

18 塞利奥，《建筑五书》第一书（Libro primo d' architettura），1560—1562 年威尼斯本，第 15 页。

19 要想了解弗朗切斯科·迪·乔治的学说中有关方的对角线问题，参见他的《建筑论》（Trattato di architettura），普罗米斯（Promis）编辑，1920 年版，第 145 页。

20 维特鲁威，《建筑十书》第六书，第 3 章，第 3 节。

21 参见 J·汉比奇（Jay Hambidge），《帕提农神庙以及其他希腊神庙》（The Parthenon and other Greek Temples），1924 年，第 2 页上的内容。以及该作者的另外一本书，《动态平衡》（Dynamic Symmetry），1920 年，第 145 页。

22 帕拉第奥自己（在《建筑四书》第二书、第 6 章中）宣称，威尼斯卡里塔修道院（the Convent of the Carità）中庭的尺度是遵照维特鲁威在《建筑十书》第六书、第 4 章中有关方的对角线来的。

23 对文艺复兴建筑进行一次可综述的时机还未到，不过，我相信调查的结果将符合我的假设。

24 帕拉第奥，《建筑四书》，第四书，第 5 章。

25 帕拉第奥，《建筑四书》，第一书，第 23 章。比较一下阿尔伯蒂对于同一问题所给出的复杂得多的回答（第九书，第 3 章）。而另一方面，斯卡莫齐把帕拉第奥的说法做了进一步的简化；在他所推崇的五种完美形状的房间类型中，高度总是房间宽度和长度的算术中项（《普遍建筑理念》（Idea dell' arch. univ.），第一册，第 308 页上的内容。）是斯卡莫齐典型性的对帕拉第奥箴言的学术性转化。

26 有关这一没有出现在帕拉第奥所推崇的七种形状房间中的数比，请参见下文第 111 页。

27 参见 M·坎托（Moritz Cantor），《数学史讲稿》（Vorlesungen über Geschichte der Mathematik），1907 年，卷一，第 166 页；T·希思爵士（Sir Thomas Heath），《一部希腊数学史》（A History of Greek Mathematics），1921 年，第 85 页。

28 我的这一定义是遵照着波菲利（Porphyry）的《托勒密〈和声学〉的评注》（Commentary on Ptolemy's Harmonics）来的。参见 I·托马斯（Ivor Thomas），《希腊数学史代表性文集》（Selections illustrating the History of Greek Mathematics），（勒伯经典文库（Loeb Class. Libr.）），1939 年，卷一，第 133 页。

帕拉第奥对比例的注释不可能是随机性的，而是沉默地指向某些被广泛接受的数学规则。

有个例子可能很说明问题，它具有绝对重要性并直接引向了和声比例。帕拉第奥提供了有关房间的长宽高比的一般性规则，也就是说，他给出了构成一个房间三维关系的比例规则。在讨论这个重要话题之前，在两维的层面上，帕拉第奥给出他所认为的最美房间宽长比。虽然我们很是关注帕拉第奥有关三维的比例，由于种种原因，我们应该先研究一下帕拉第奥的平面。他以如下顺序推荐了七种形状的平面：（1）圆形；（2）正方形；（3）用正方形的对角线作为一个房间的长边；（4）一个正方加上其三分之一，即 3：4；（5）一个正方加上其二分之一，即 2：3；（6）一个正方加上其三分之二，即 3：5；（7）两个正方，即 1：2。除了第三种形状之外，上述所有房间的比例都是可通约的而且尽量简单。[16] 但是，用正方形的对角线作为边长与另一边的关系是 $\sqrt{2}$：1。帕拉第奥给出的这些房间形状表明他还是在步着前人后尘的。阿尔伯蒂[17] 和塞利奥[18] 都曾给出过类似的建议性房间形状的明细。二人也都提到了正方形对角线的不可通约性，而帕拉第奥以其惯常的谨慎没有提及这一点。对于我们来说，这是文艺复兴建筑比例学说中唯一被广泛传播的无理数。[19] 它直接来自维特鲁威[20]，它出现在维特鲁威有关模数体系的论述中，其他的模数都是可通约数。人们一般认为维特鲁威的无理数是希腊建筑比例理论的残留，但在古罗马时代全部遗失了。[21] 或许，这么说才是正确的，就是帕拉第奥或是其他文艺复兴建筑师很少在实践中使用无理数。[22] 这个论点也从反面支持着我们将要陈述的例子。我们必须重申，帕拉第奥的建筑设计以及所有文艺复兴时期建筑师们的设计，都是建立在比例的通约性的基础之上的。[23] 帕拉第奥在下面的这句话中就表示出这样的信条[24]："……在所有的构成中，必须存在一个前提，就是局部应该彼此呼应，具有一定的比例，使得整体可以被测定，并且所有的部分都可以被测定。"

当我们转向三维关系时，帕拉第奥的理论立场是出乎意料的简单。帕拉第奥宣称有关房间的高宽长的比例存在三套可以被称为好的比例模式。[25] 在每一种情形下，帕拉第奥给出了一种从长宽推导出高的几何过程以及一种算术过程。我们不需要紧随其步骤；仅知道答案就够了。他的第一个例子是：假设一个房间平面的尺寸是 6 尺 × 12 尺；它的高度应该是 9 尺。第二个例子：假设一个房间平面的尺寸是 4 尺 × 9 尺[26]；它的高度应该是 6 尺。第三个例子：假设一个房间平面的尺寸也是 6 尺 × 12 尺；它的高度应该是 8 尺。在他的阐述中，帕拉第奥严格地坚持叙述度量的实用性而没有提及这些比例都意味着什么。实际上，上述三个例子中的高度分别代表数比中两个端项之间的算术中项（arithmetic mean）、几何中项（geometric mean）以及和声中项（harmonic mean）。习惯上，人们将这三种比例类型归功于毕达哥拉斯的发现。[27] 显然，没有它们，就不可能有有关比例的理性理论。

我们应该说得再具体一点：在算术比例中，中间一项超过第一项的数量等于第三项与中间项的差[28]（b−a＝c−b，比如 2：3：4，也是帕拉第奥的第一个例子);在几何比例中,第一项比上中项等于中项比上第三项(a：b=b：c,比如 4：6：9,也是帕拉第奥的第二个例子)。有关和声比例的公式,也就是帕拉第奥的第三个例子,更复杂些。我们现在所说的三项数字形成的"和声"比例来自《蒂迈欧篇》中的定义(《蒂迈欧篇》36),即"这样的中项与一端项的差与另一端项与此中项的差,二者与各自端项的比是相等的。"换言之,三个数字之所以形成"和声"比例,是因为两个端项与中项的距离与它们各自的数量构成了相同比例(即 (b-a) /a = (c-b) /c)。[29] 在帕拉第奥的例子中,6：8：12 这个数列中,中项 8 减去 6 再与 6 的比是 1/3,12 减去中项 8 再与 12 的比也是 1/3(即(8-6) /6 = (12-8) /12)。

　　菲奇诺在他对《蒂迈欧篇》的评注中花了相当长的篇幅来讨论这三种中项。[30] 可能是通过菲奇诺,这些中项才在文艺复兴美学中占据了绝对的重要地位。在帕拉第奥在威尼斯停留期间所形成的那个社会圈子里,其中乔奇[31]和巴尔巴罗[32]都曾研究过这些比例。但是帕拉第奥的比例思想可能就是来自阿尔伯蒂,因为阿尔伯蒂让这些比例变得更容易被建筑师所接受。[33]

　　在解释这三种中项之前,阿尔伯蒂探讨了音程(musical intervals)与建筑比例之间的对应关系。在提及毕达哥拉斯之后,阿尔伯蒂陈述道,"声音给我们耳朵带来听觉愉悦时所使用的那些数字,也是愉悦着我们的眼睛和心灵的那些数字。"[34] 这一信条是整个文艺复兴有关比例概念的基础。阿尔伯蒂继续说,"我们因此将从特别熟悉这些数字的音乐家们那里,从那些大自然中最优秀和最全面展现了自身的事物中提炼出那些廓形(finitio)的和声关系的所有规则。"[35] 我们或许可以这样理解这句话的意思,对阿尔伯蒂而言,和声比例是自然内在的东西并通过音乐得以显现。依靠这些和声比例的建筑师并不是在将音乐比例翻译成为建筑比例,而只是正在使用一种不过在音乐中已很明显的普遍性和声罢了:"毋庸置疑,大自然总是通过一致性来显现自身的"(Certissimum est naturam in omnibus sui esse persimilem)。[36]

　　阿尔伯蒂以及后来的艺术家们无疑是知道和音是由中项比例来决定的[37];《蒂迈欧篇》已经解释到三个中项构成了所有的音程。[38] 古典时期有关音乐理论的作者们都曾长篇大论地讨论过这一命题。波依提乌(Boethius)的《论音乐》(De Musica)就有长篇的论述。[39] 此书在 1491 年或 1492 年在威尼斯首次出版,成为贯穿中世纪和文艺复兴时期的具有极其重要价值的数论。弗朗切斯科·乔奇依据菲奇诺的评注对《蒂迈欧篇》进行了重新的诠释,并给出了一种观念性的总结。[40] 为了在柏拉图原来的数列(1、2、4、8 和 1、3、9、27)中发现整数的"和声"中项和算术中项,弗朗切斯科·乔奇建议把 6 当作最低项。通过 6 的乘积我们得到 6、12、24、48 和 6、18、54、162。在这个几何数列中,"和声"中项和算术中项可以被插进来而且没有余数:"因为 6 和 12 的这两个中项是 8 和 9,其中 9 减 6 又等于 12 减 9。但是 8 减 6 和 12 减 8 再各自被 6 和 12 除,二者的比是相同的。在 12 和 24 之间的两个中项是 16 和 18,在 24 和 48 之间是 32 和 36。这两个中项的前者是'和声'中项,后者是算术中项,"而几何中项已经包含在数列 6、12、24、48 里面了。

29　凡是"和声"一词出现在引号里时,我指的都是　这类比例。不打引号的和声则指的是诸如可以通约的数比或是符合着音乐和音的比例这类更为宽泛的意思。

30　《菲奇诺全集》(Opera),巴塞尔,1576 年,第1454 页之后的内容;"同样可以比较一下这三种中项,也就是算术、几何和和声中项。算术中项源自数字的平均数。在 3 和 7 之间的算术中项就是 5,也就是说前项加上二者之间差的一半 2 的和,与后项减 2 之后的结果,是相等的。几何的理性是等比性,也就是倍数和组合的法则:然后我们比较一下,从 3 到 9,再从 9 到 27,二次都是三倍的放大过程。还有 9 之于 6 的比例,再从 6 之于 4 的比例,是相等的。所以,在这两种情况下,都是同一种比例的结果。最后,和声比例跟前两种比例很相似,事实上,是中项在组织着三者,因为两个端项跟中项的差跟自身的比是相同的。比如,在 3,4,6 这三项中,4 和 3 的差是 1,6 和 4 的差是 2,1 和 3 的差是 2 和 6 的关系。这里还有一个相似之处,也就是在这种比例中:中项减去前项和中项被后项减去的部分的比是跟前项与后项的比相同的"。

31　乔奇,《和声世界》(De Harmonia Mundi),第 1 章,第 5 节,帖码 82。

32　巴尔巴罗,《维特鲁威〈建筑十书〉评注》第三书,序言。

33　阿尔伯蒂,《论建筑》第九书,第 6 章。

34　同上,第 5 章:"这就像自然存在、事物存在那样确定。这些数字或许就反映在那些我所提供的可以被感知着具有和谐比例的声音之中。如果数字是完美的,那在那些视觉上可享受愉悦的可见物体身上也可以体现出来同样的完美"。

35　1485 本;帖码 yii 号,正面页:"人们对音乐中的这些数字已经做了大量的探索:如果这还不牢靠,那自然本身就在公开和有尊严地使用着它们,这一点已经足够让它们有价值了"。

36　还可参见 L·帕西奥利(Luca Pacioli),《算术、几何、比例及比概要》(Summa de Arithmetica),威尼斯,1494 年,第六部分,第 1 节,第 2 条:"在自然中,如果事物不遵从根据需要的恰当比例的话,就生存不下去"。

37　然而,不是每一个拥有中项的比例都一定产生音乐和音。阿尔伯蒂很是意识到这一点;参见阿尔伯蒂在《论建筑》第九书、第 6 章有关中项比例的介绍性内容。

38　见 35C, 36;康福德,之前所引著作,第 70 页上的内容。

39　波依提乌(Boethius),《论音乐》,O·保罗(Oscar Paul)编,莱比锡,1872 年,第二书,第 12-17 章。

40　菲奇诺,之前所引著作,卷二,特别是第 1461 页上的内容,第 36 章。

而弗朗切斯科·乔奇之前仅仅是给出了这些中项的数学定义。现在他要将它们用在乐理上了：

> 但是，他们都属于和声。因为大数端项与小数端项的数比是一个二倍比例，也就构成了一个八度（6：12）。从小数端项到大中项（major mean）形成一个二三比（sesquialtera），构成一个五度（6：9）。但是从同一个小数端项到小中项形成的是三四比（sesquitertia），构成四度（diatessaron）（6：8）。从大中项到大数端项的比例也是一样的结果（9：12）。从小中项到大数端项的比例是一个五度（8：12）。两个中项之间的比是八九比（sesquioctave），形成一个基音（8：9）。[41]……在三角数阵的另一边上的数们，也构成同样的关系（指的是柏拉图三角数阵），那一边的数都是乘3的结果，第一组级数是6和18。二者之间的两个中项是9（和声）和12（算术）。接下来的端项是18和54。其中的两个中项是27和36。另一方面，54和162的两个中项是81和108……。在说了上面这一大堆话之后，对于几何中项、算术中项以及和声中项，或许还可以补充几句：算术中项是个过度的比例，几何中项才是适中的比例（proportio proportionum）。[42] 从这两者，才有了和声中项[43]……有了这些规则，所有的音程都可以被填上，缺的是半音（semitones）和四分音（quarter-tones）……[44]

这样，通过把毕达哥拉斯的"中项"理论用到希腊音阶的音程数比上，弗朗切斯科·乔奇使得后者获得一种数学上的存在理由，因为几何级数的数列包含着八度，"和声"和算术中项决定着四度、五度和基音。弗朗切斯科·乔奇的示意图（图115）完整地显示着这些数比之间的相互交叉关系。每当我们看到由6、8、9、12、16、18、24、27、32、36、48等数字组成的数比时，我们可以断定这些数字都不是随便的，而是直接或间接地基于毕达哥拉斯－柏拉图音程划分的思考结果。当帕拉第奥为他的房间高度推荐这三种中项之一的数字时，无疑，他知道"它们都属于和声"。

如果我们进行一次全面深入的调查的话，我们肯定会发现在其他文艺复兴建筑师那里也存在着类似的原理。前面的叙述已够充分，能够表明，决定着音乐和音的三中项在那些吸收了人文主义和新柏拉图主义思想的建筑师那里是占据着中心地位的。它们是决定有关建筑比例选择的主要因素。

我们现在或许可以推断，当帕拉第奥希望把教堂建成"如此形式和如此比例以至所有局部一起能够向观者的眼睛传递一种甜美的和声（una soave armonia）"时[45]，他并不是在说一种模糊的无法限定的视觉快感，而是在说由普遍适用性的数比相互关联所构成的空间性和音。1567年，帕拉第奥应邀为布雷西亚大教堂（Cathedral of Brescia）的新方案撰写一份备忘录，其中的一句话就表明他与弗朗切斯科·乔奇都在思考着相同的事情。他说，"声音的比例是听觉上的和声；那些可以测定的比例是视觉上的和声。这些和声通常非常令人愉悦，人们却不知道为什么，那些专门研究事物起因的学者们除外。"[46] 我们或许可以认定，帕拉第奥视他自己为此类知识的知情者。对于音乐和空间比

41 8：9乃是四度和五度之间的音程，因此也是大调数比。

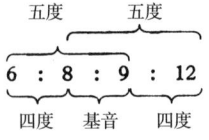

42 古人是这么看的，因为从一个单元走向平方、立方的等比级数（geometric progression）代表着线段、面和立方体。见希思，《欧几里得〈几何原本〉十三书》（The Thirteen Books of Euclid's Elements），1908年，卷二，第292页上的内容。以及《蒂迈欧篇》31C。

43 我们可以通过比较下面这三个公式理解这一说法：（1）b=(a+c)/2〔过度比例（proportion of excess）〕；（2）b=√ac〔比例化比例（proprotio proportionum）〕；（3）b=2ac/(a+c)〔调和比例（harmonic proportion）〕。

44 乔奇，之前所引著作，第五书，第3章，第82页上的内容。

45 帕拉第奥，《建筑四书》第四书，序。

46 参见马格里尼，《有关安德烈亚·帕拉第奥的生平与建筑作品实录》，1845年，附录，第12页："每当声音之间的比例出现和声时，我们——那些研究事物因由的人除外——即使不知道为什么也能即刻捕捉到这种状况"。

例的类比是个被经常提及的常识，然而，在这样一堆文艺复兴的背景资料面前，这个类比显然不再仅是一个比喻。

3. 阿尔伯蒂数比的"生成"

文艺复兴时期的人们将音乐数比和空间数比当成同一个东西的做法只能是建立在当时人们对于空间的一种特殊阐释的基础之上的。对此，我们这些现代人并没有很好地理解。当弗朗切斯科·乔奇将维尼亚圣弗朗切斯科教堂的中殿的宽长比称为一个八度加五度的时候，他还将一个简单数比1：3（9：27）用复合数比1：2与2：3（9：18，18：27）来表达。这种将音乐数比用到空间上的做法难道仅仅是一种理论性的建议吗？或者说这还意味着某种特殊的空间感知模式？如果我们认定了是后者，那就意味着对于乔奇来说中殿的长度并不简单地是它宽度的三倍，而是在长度内部还充满着某些明确的关联关系；因为一个单元（9）是相对于它的二倍长度去看待的，两个单元一起（18）是相对于三个单元一起的整体（27）的关系去看待的。有关这两种观察方法的示意图可以让这个说法马上清晰起来：

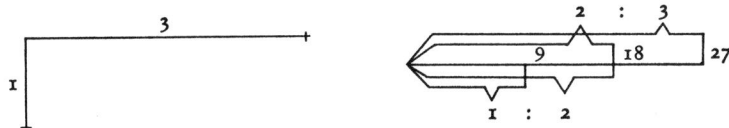

我们或许可以这么说，弗朗切斯科·乔奇将边长看成了一根弦，若是在这根弦的1/2和2/3处停下来，就分别产生了八度和五度音。对于乔奇而言，这些音程不只是些理论性的间隔，它们也出现在建筑的身上，成为重要间歇点（œsuras）的事实就证明了这一点：第一个单元9是主礼拜堂的中间宽度，第二个单元18，是中殿端到端的宽度。从简单的数比9：18与18：27就可以生成复合性数比9：27。用这样的生成方式，弗朗切斯科·乔奇就这样用了一种在他那个时代被广泛理解的语言表达着他自己。他在阐述着一种由阿尔伯蒂奠定其理论基础的方法。

*　*　*　*　*　*

阿尔伯蒂区分过三种类型的房间平面：小型平面、中型平面和大型平面。在每一类平面中，他又给出三种不同的形状。[47] 在小平面中，有正方形（边长比为2：2）、一个正方加上其一半（边长比为2：3）、一个正方加上其三分之一（3：4）。不消说，这些图形的边长之间的数比服从于简单的音乐和音。中型平面上的数比则将小型平面上的数比"进行了两次。"那么，一比一两次形成的比例是一比二，另外的两个比是二三比的两次（4：9）、三四比的两次（9：16）。有了这些复杂化的数比，事情就变得很有意思了。要画出一个具有

47　阿尔伯蒂，《论建筑》第九书，第6章开篇部分。

一跟一又二分之一（2∶3）两次的平面，建筑师首先要画出一个单元来，我们可以将之称为4，然后将这个单元根据二三比拉长，即得到了4∶6，将这个单元6再按照二三比拉长，得到的是6∶9的数比，因此，最初单元与最后结果之间的比是4∶9。[48]换言之，阿尔伯蒂预演了弗朗切斯科·乔奇的任务书，他将4∶9分解成两个"基本"的2∶3。如下图所示。

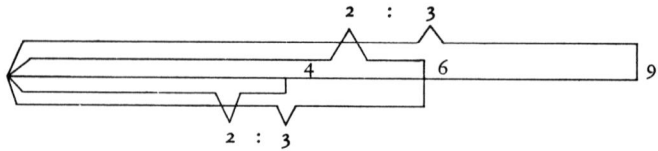

我们现在可以说4∶9这个比是从4∶6和6∶9两个数比生成出来的。同样的方法可以说明一跟一又三分之一的两次比，9∶16，是从9∶12∶16的过程中生成出来的，因为9∶12=1∶1⅓而12∶16=1∶1⅓。

三种大型平面的第一种是在一个比例为2∶4的双正方形上加上半个单元，即从2∶4∶6的过程中生成了1∶3的比例；第二种是在一个比例为3∶6的双正方形上加上三分之一个单元，即从3∶6∶8的过程中生成了3∶8的比例；第三种是将双正方形翻倍，即从2∶4∶8的过程中生成了2∶8这样一个四倍比。现在，双倍比1∶2（音乐上的八度）是2∶3和3∶4（因为1/2=3/2×3/4）的复合比，这样，1∶2可以通过2∶3∶4来生成或者是3∶4∶6来生成（音乐上，这意味着从一个五度和四度或者一个四度和五度来生成）。现在我们可以说，例如1∶4的比例就可以从2∶3∶4∶8或者2∶3∶4∶6∶8（亦即从一个五度和四度，另一个也是从一个五度加上四度的方式）得来。等等。前文所说的这些数比，不用再多说，都是可以作为不同的中项比例来理解的。对于阿尔伯蒂来说，将复合性比例拆解成为最小的和声数比并不是个学术问题，而是一种空间性体验。这一点在他解释建筑师使用4∶9的平面比例时就已经说得很清楚了。和声数比就像两倍比、三倍比、四倍比一样都是简单和音数比的复合。阿尔伯蒂明确地指出，建筑师们不该不假思索地使用一个复合数比中的亚-数比（sub-ratios）；建筑师们必须清楚亚-数比的性质。例如，某人想要建造一个房间，其长是宽的两倍，那他就不应该在长度上将三倍长比作为亚-数比，而是应该用两倍长比作为亚-数比。同样，一个房间的宽长比为1∶3的时候；其亚-数比也一并该是三倍比，而不是其他的数字关系。[49]

* * * * *

对于我们来说，为了使得一个房间的比例能够被读出和声来而去拆解数比的做法真是太过奇怪了。但是，这是整个文艺复兴时期人们用来处理比例的方式。人们会把一面墙当成具有某些和声潜质的一个单元。这个作为整体的单元可以被拆解成为最为基本的若干亚-单元。这些亚-单元都是音阶上的和

48 之前所引著作，1485年本，帖码yiii号。
49 见1485年本，帖码yiii号："建筑师不该使用那些令人困惑的数字组合，而是应该使用那些尺寸对应着和声的组合，然后才可以竖墙。当房间长度是宽的两倍时，不建议在其中使用三倍比关系。的确，要是用了三倍比，房间平面的比例也该变成三倍比：我也不会再使用三倍比之外的比例。应根据相应亚数比去细分尺度，以便形成可理解的作品"。
阿尔伯蒂在他的文本中对于数比概括的认识阐述得足够清晰，可是还是被研究他学说的学者们所误解；参见I·贝恩（I. Behn），《阿尔伯蒂的艺术哲学》（L.B.Albert i als Kunstphilosoph），1911年，特别是第109页，以及P-H·米歇尔（Paul-Henri Michel），《阿尔伯蒂的思想》（La pensée de L.B.Alberti），巴黎，1930年，第454页上的内容。

音音程。人们对它们的宇宙意义合理性毫不怀疑。在某些情况下，只有一种可能的生成方式，但在其他时候，则会有两个甚至三个不同的生成方式来形成同一个比例；如我们已经所见到的那样，1：2，即一个八度，既可以被视为四度和五度（3：4：6）也可以被视为五度和四度（2：3：4）。但是，音程数比仅仅是空间比例组合的原材料。阿尔伯蒂的和声数列 4：6：9 和 9：12：16 分别是两个五度和两个四度的序列，也就是说，在音乐意义上它们代表的是不和谐音（dissonances）。人们仅仅把音程数比视为音乐和声里的连接过程，而不是一定就会形成音乐和声。没什么别的例子会比这个例子更说明问题的。文艺复兴时期的艺术家们不是要将音乐翻译成为建筑，而只是把音阶中的和音音程作为证明小整数比 1：2：3：4 之美的听觉证据。

在分析一个文艺复兴建筑的比例时，我们不得不记着上述比例生成的原理。可以这么说，不了解这样的原理，我们也就不会真正明白一个文艺复兴建筑师的用心。我们在此触及到了风格作为整体的基础部分；因为，简单的形状、平白的墙、细部手法的同一性正是文艺复兴艺术家的心灵可以理解，眼睛可以看见的 "比例复调"（polyphony of proportions）的前提条件。

4. 音乐和音与视觉艺术

如前所述，我们已经意识到文艺复兴时期有关听觉和视觉比例的类比不仅仅是个理论性猜测；它见证着那种认定在所有创造中都存在和声数学结构的庄严信念。当然，在此之上，音乐对文艺复兴艺术家们来说还是具有一种特别吸引力的，因为音乐一直是置身于数学 "科学" 的行列中的。从古至今，就存在着一种从未间断的传统。[50] 这种传统认为算术是有关数字的研究，几何学是有关空间关系的研究，天文学是有关天体运行的研究，音乐是有关听觉对运动捕捉的研究。这四大学科在一起构成了数学性 "技艺" 中的四术（quadrivium）。与这些 "人文艺术"（liberal arts）相比，绘画、雕塑、建筑被当成了手工性职业。为了将它们从机械层面提升到人文艺术的层面，必须给它们提供一个坚实的理论——亦即——数学的基础。这种变化是 15 世纪艺术家们的伟大成就。毫不奇怪，他们都把音乐当成是最值得推崇的人文艺术，并潜心于音乐理论研究，将之作为解决自己领域内难题的指南。对乐理的掌握变成了艺术教育的一个必要条件（sine qua non）。[51]

我们因此毫不惊讶地看到，伯鲁乃列斯基，据他的传记人马内蒂（Manetti）所言，曾经研究过古人的音乐比例。[52] 马内蒂是在 1471 年之后开始撰写伯鲁乃列斯基传记的。他深受阿尔伯蒂的影响，可能在此之前也接触到了这些思想；无论怎样，马内蒂的评论显示出他那一代人已经深刻地意识到这一问题的重要性了。这一点也在阿尔伯蒂于里米尼圣弗朗切斯科教堂的建造期间给马泰奥·德·帕斯蒂那句著名的提醒语中就体现了出来。阿尔伯蒂提醒到，如果改变了方壁柱的比例，"所有的音乐关系就都会被破坏掉了"（si discorda tutta quella musica）。[53] 达·芬奇比其他人更为强烈地坚信，在所有视觉现象背后存在着和声比例的效应。我们或许还记得他著名的格言，即音乐是绘画的姐妹。

50　要想了解这方面上古传统，参见 J·伯内特（John Burnet），《希腊哲学：从泰勒斯到柏拉图》（Greek Philosophy: Thales to Plato），伦敦，1932 年，第 213 页上以及之后的内容；要想了解这方面中世纪传统，参见 R·阿勒斯（R.Allers），《传统》（Traditio）卷二，1944 年，特别是第 375 页上以及之后的内容；要想了解这方面文艺复兴的传统，参见维特科尔，《艺术家与人文艺术》（The Artist and the Liberal Arts），伦敦，1952 年，以及 P·O·克里斯泰勒（P.O.Kristeller），"艺术的现代体系"（The Modern System of the Arts），见《思想史杂志》（JOURNAL OF THE HISTORY OF IDEAS），12 期，1951 年，13 期，1952 年。

51　上古古典时期就展示了这种方式，像维特鲁威（在《建筑十书》第一书、第 1 章、第 3 节里）就要求建筑师应该受到音乐训练。想要了解帕拉第奥在特里西诺圈子里所受到的音乐教育，请参见前文第 62 页。

52　马内蒂（Manetti），《菲利波·伯鲁乃列斯基》（Filippo Brunellesco），霍尔辛格（Holtzinger）版，1887 年，第 16 页。

53　C·里奇，《马拉泰斯塔教堂》（Il Tempo Malatestiano），1924 年，第 587 页；C·格雷森（Cecil Grayson），《阿尔伯蒂写给马泰奥·德·帕斯蒂的亲笔信》，纽约，1957 年。

这不仅仅是一种暧昧的比喻，还表明一种紧密的关系；因为音乐和绘画都表达着和谐；音乐表达和谐的途径是通过琴弦，绘画通过比例。音程和线性透视都依赖于相同的数字数比，因为相同尺寸的物体在空间不同位置上的退缩，与音乐在规定的间隔上以"和声"数列的方式渐去的形式是一样的。[54]

有关人体的"精确和声比"（exactissima harmonia）是蓬波尼乌斯·戈里库斯（Pomponius Gauricus）在 1503 年写的《论雕塑》（De Sculptura）中的主题。戈里库斯问到："神该是怎样的一个几何学家和音乐家才能创造出如此形态的人？"这是对几何和音乐基本统一性的慨叹。戈里库斯不止一次地引用《蒂迈欧篇》。对他来说，此书就是智慧之书，揭示了宇宙中神奇的和谐性。这些思想在整个 16 世纪还是鲜活的。洛马佐（Lomazzo）在他 1584 年学术性的《绘画艺术论》（Trattato dell'arte della pittura）中就用音乐术语来讨论人体比例。他继承了由阿尔伯蒂首创的写作思想习惯。例如，阿尔伯蒂在解释 4：9 的数比时将之分解成为 1：1½ 的两次的结果[55]，也可以是一个二倍比（4：8）加上一个基音（8：9）[56]，而 9：16 的比例是由 1：1⅓ 的两次生成的，也可以是一个二倍比（9：18）减去一个基音（18：16）。[57] 因为无法用代数形式来表达，音乐术语倒是很容易成为对比例的合适描述。沿着相同的思路，洛马佐认为音乐术语在人体比例描述上的适用性是如此的明显，所以他根本就不需要再讨论音乐与空间比例的共同法则而是常常提及空间比例，仿佛它们就是一种声学体验似的。例如，从头顶到鼻尖的距离"与鼻尖到下颚的距离回响着（risuona）三倍比，生成八度和五度；鼻尖到下颚的距离与下颚到肩锁骨交会点的距离回响着二倍比，形成了八度……。"[58]

在他后来的《绘画中的理想神庙》（Ideal del Tempio della Pittura）（1590 年）中，洛马佐将我们前面引文中隐含的意思构建成为理论化的东西。这里，他宣称，像达·芬奇、米开朗琪罗、戈登奇奥·费拉里（Gaudenzio Ferrari）这样的大师"已经开始用音乐的方式来理解和声比例了"[59]；人体本身是根据音乐和声来建造的。这个微观世界"是由'主'根据他自己的形象创造的，"它包含"所有数字、尺寸、重量、运动和元素。"[60] 因此，世界上所有的建筑连同它们的局部都遵从这样的规范。[61]

洛马佐所提供的关于文艺复兴时期那些伟大艺术家们的信息给了我们一种似曾相识的感觉。17 世纪的艺术家们，特别是那些继承了古典传统的艺术家们，都有研究音乐理论的相似热情。路奇奥·法布里奥（Lucio Faberio）在阿戈斯蒂诺·卡拉奇（Agostino Carracci）的葬礼上给予逝者一个评价性演讲时，提到卡拉奇曾研习哲学、算术、几何、星相学，更重要的，还有音乐理论；法布里奥还说，作为音乐的基础，算术教了卡拉奇音乐和音的原理。[62] 多梅尼基诺（Domenichino）将算术、透视和建筑学作为他的具体研究领域，并怀着极大的热忱对古代音乐理论进行过推断[63]；根据扎里诺（Zarlino）的理论，普桑（Poussin）也曾把不同画风同古代不同类型的音乐进行过比较。[64]

这种对"音乐比例"之于艺术和建筑重要性的信仰并不仅存在于意大利。法国的艺术家和学者们[65]，还有英国[66]和西班牙的艺术家和学者们也都曾沉湎于这些思想。西班牙似乎也曾存在过一个将音乐比例应用到建筑上的古老

54　参见里什泰，《莱昂纳多·达·芬奇文稿》，1939 年，卷一，第 72 页上的内容，以及第 76 页上以及之后的内容。要想对了解对达·芬奇程序的解析，参见维特科尔，《瓦尔堡与考陶尔德研究院院刊》，第 19 期，1953 年，第 285 页上以及之后的内容。

55　参见前文第 111 页。

56　阿尔伯蒂，《论建筑》，1485 年本，帖码 y iii 号："可以是二倍比加上一个基音"（Excedat igitur longitudo maxima istic brevissima ex dupla atque amplius ex duplae tono）。

57　之前所引著作："因此这一大调乃是二倍比减去一个基音"（Ergo hic maior linea exceditur a dupla minoris uno minus tono）。

58　《绘画、雕塑与建筑艺术论》，1844 年版，卷一，第 63 页上的内容。

59　《绘画中的理想神庙》第 2 版，第 112 页。

60　参见《所罗门智慧书》，XI，20；参见下文第 123 页上的注释 105。

61　之前所引著作，第 117 页。本书第 104 页上的注释 2 中给出了这段话的意大利语引文。可以拿这段话跟前文第一部分中第 25 页上 L·帕西奥利的话做一个对比。

62　参见玛尔瓦西亚（Malvasia），《博洛尼亚的画家们》（Felsina Pittrice），1678 年，卷一，第 428 页。

63　之前所引著作，卷二，第 339 页；参见 1638 年 12 月 7 日多梅尼基诺（Domenichino）写给阿尔瓦尼（Albani）的信，见 G·G·博塔里（Giovanni Gaetano Bottari），《15、16、17 世纪涉及建筑、雕塑、绘画描写的名人通信汇编》（Racc. di lettere.），1882 年，卷五，第 47 页。

64　A·布伦特（Antlony Blunt）的文章，《法国艺术史学会通报》（BULL. DE LA SOC. DEL' HISTOIRE DE L'ART FRANÇAIS）1933 年，第 125 页上以及之后的内容。F·耶茨（Frances Yates），《16 世纪的法国学院》（The French Academies of the Sixteenth Century），伦敦，1947 年，第 298 页。有关扎尔利诺（Zarlino）的讨论，见下文第 124 页。

65　见第 115 页、第 131 页上以及之后的内容。

66　见 130 页。

传统。西蒙·加西亚（Simón García）在他 1681 年的《建筑概要以及神庙均衡性》（Compendio de arquitectura y simetría de los templos conforme a la medida del cuerpo humano···）[67] 一书中，一如威尼斯人弗朗切斯科·乔奇那样，非常明确地阐述了比例问题。加西亚的专著在很大层面上根据建筑师罗德里戈·吉尔·德·翁塔诺（Rodrigo Gil de Hontañon, c.1500–77 年）的著作改写而成的，而德·翁塔诺的名字是与塞哥维亚大教堂（Segovia Cathedral）和萨拉曼卡大教堂（Salamanca Cathedral）的名字连在一起的。胡安·德·埃雷拉（Juan de Herrera），查理五世（Charles V）的御用建筑师，同样也将音乐比例用到了他设计的巴利亚多利德大教堂（Cathedral of Valladolid）的身上。[68]

* 　 * 　 * 　 * 　 * 　 *

在洛马佐讲述的一个故事中，我们可以看到，在他那个时代，音乐和声和建筑比例之间的类比与从前相比不再仅仅是个比喻。建筑师贾科莫·索尔达蒂（Giacomo Soldati）要为三种希腊柱式和两种罗马柱式加上第六种柱式。洛马佐说："索尔达蒂称这第六种柱式为和声柱式。这样的柱式如果是声音的话就会被耳朵听出来。但是，眼睛不会轻易地注意到；有了这样的柱式，索尔达蒂像是在效仿古人的做法。在古代，人们不仅仅通过声音还通过建筑和设计了解了五大柱式的和声世界。"[69]

有关这个索尔达蒂，我们找不到太多的资料。但他一定是他那个时代的名人。1561 年，索尔达蒂[70] 是和米兰"城市指导委员会的建筑师"（architetto della Regia Camera dello Stato）派拉格里诺·佩莱格里尼（Pellegrino Pellegrini）在一起的。1570 年，索尔达蒂曾隶属于一个仲裁庭，他们曾不得已仲裁过巴锡（Bassi）对佩莱格里尼的抨击。6 年后，他被任命为服务于萨沃依公爵菲利伯托（Emanuele Filiberto of Savoy）的宫廷建筑师。他可能在他生命的最后 15 年里一直都住在都灵。他以自己设计的工程及水利项目闻名；他的整个职业生涯表明他更像是位清醒的科学家，而不是一个幻想者。

帕拉第奥与索尔达蒂的圈子是有过接触的。在上文提及的巴锡与佩莱格里尼的文字官司中[71]，帕拉第奥作为其中的一个建筑师也曾针对巴锡的质疑写过报告；在此之前，帕拉第奥也在都灵居住和工作过。[72] 作为对宫廷盛情款待的答谢，帕拉第奥将《建筑四书》的第三和第四书献给了菲利伯托。帕拉第奥称菲利伯托"是我们这个时代，以其审慎和品格最接近古罗马英雄的人。"在菲利伯托的统治下，都灵或许变成了意大利最活跃的知识中心，因此，索尔达蒂一定也具有超群的能力才能够被任命为公爵御用的建筑师。

索尔达蒂的和声柱式已无从知晓，但是他的创作动机却显而易见。第六柱式将囊括其他柱式的所有属性，比它们更为清晰地表明宇宙中的基本和声。这样的目标成了建筑师们的关注对象。他相信这样的柱式最初是直接受到了上帝的鼓励，因为上帝指派了所罗门王去建造圣殿。因此建筑师们都试图重现这一原型，以便从中导出所有其他柱式。这样，耶路撒冷的圣殿就变成了有关比例的宇宙 - 美学理论的一个自然焦点。这里显示出来的是文艺复兴时期人们试图

67　J·卡蒙（José Camón）编辑，萨拉曼卡（Salamanca），1941 年；还有，同一作者的文章，见《艺术的西班牙档案》（ARCHIVO ESPANOL DE ARTE），第 19 期，1940 至 1941 年，第 300 页上以及之后的内容，以及 G·.库布勒（G. Kubler）的文章，见《美术报》（GAZ. DES BEAUX ARTS），第 26 期，1944 年，第 135 页上以及之后的内容。

68　R·C·泰勒（R.C.Taylor）的文章，见《圣费尔南多皇家美术学院通报与年报》（ACADEMIA. : ANALES Y BOLETIN DE LA REAL AC. DE SAN FERNANDO），1952 年，第 31 页上的内容。

69　洛马佐（Lomazzo），第 30 页："他将这第六种柱式叫作'和声柱式'，并想有效地用声音去表达这种柱式。他这么做，旨在试图赶上跟古人能在有益于世界的声音、绘图、建筑中反映和谐的能力"。

70　需要进一步的文献资料，参见蒂姆 - 贝克尔，《艺术家辞海》（Künstler–Lex.）。

71　日期是 1570 年 7 月 3 日，这份报告已经被发表过多次；首先出版在 M·巴锡（Martino Bassi），《有关建筑材料和透视的争议》（Dispareri in materia d'architettura,et perspectiva），1572 年， 第 42–45 页。想要了解对于这封信的解析，参见帕拉夫斯基，"作为象征形式的透视"，《图书馆讲座》（Vorträge der Bibl.），瓦尔堡，1924–1925 年，第 325 页上的内容。

72　参见泰曼扎，《安德烈亚·帕拉第奥生平》，1762 年，第 45 页；马格里尼，之前所引著作，第 112 页、第 149 页、第 xlviii 页。想要了解帕拉第奥与 E·费利伯托（Emanuele Filiberto）的关系，参见《反常规的组合》（Nozze Gioco-Anti），维琴察，1928 年，以及 C·范诺格里奥（C.Fenoglio）在《都灵》（TORINO）专辑上的文章，（《城市月刊》（RASSEGNA MENSILE DELLA CITTÀ），第 3 期，1928 年，第 105 页、第 121 页。

图116 示意图。取自普拉多和维拉潘多画的《对〈以结西书〉的解释》，罗马，1596-1604年

调和柏拉图与圣经之间关系的哲学化努力；因为，难道不是上帝亲自指导了所罗门去将天体和声的数比用到他的建筑身上吗？当弗朗切斯科·乔奇[73]把圣经当成推行毕达哥拉斯-柏拉图音乐比例体系的手段时，与威尼斯圈子有接触的法国建筑师菲利贝尔·德·洛梅（Philibert de l'Orme）也提出将旧约中"天赐神比"（les divines proportions venues du ciel）的启示进行系统化应用的说法。[74]

在16世纪的最后几年里，焦万·巴蒂斯塔·比利亚尔潘多（Giovan Battista Villalpando）将这些思想进一步发展成为一套几近八股的学问。他有关《以结西书》（Ezekiel）的评述[75]——一本给建筑师们带来持续和国际性影响的著作——就有对圣殿最著名的复原构想。实际上，在比利亚尔潘多看来，上帝给所罗门显示的音乐和声就是柏拉图音乐和声。比利亚尔潘多的体系是绝对没有瑕疵的。在讨论完三种中项比例之后，在坚持认为建筑的各个部分都应该满足和声比例之后，比利亚尔潘多再度以我们熟悉的对音乐的援例结尾。[76]他明显地跟随着巴尔巴罗对维特鲁威的评注。他只接受毕达哥拉斯学派的三种简单和音和两种复杂和音[77]——四度、八度、五度以及四加五度、双八度——并拒绝了维特鲁威的第六种和音，即八加四度。[78]一个能代表比利亚尔潘多对这五种和音正统使用的生动案例是在圣殿复原图上楣构部件之间的关系，以及在圣殿"主殿"（in domo domini）、"内庭"（in

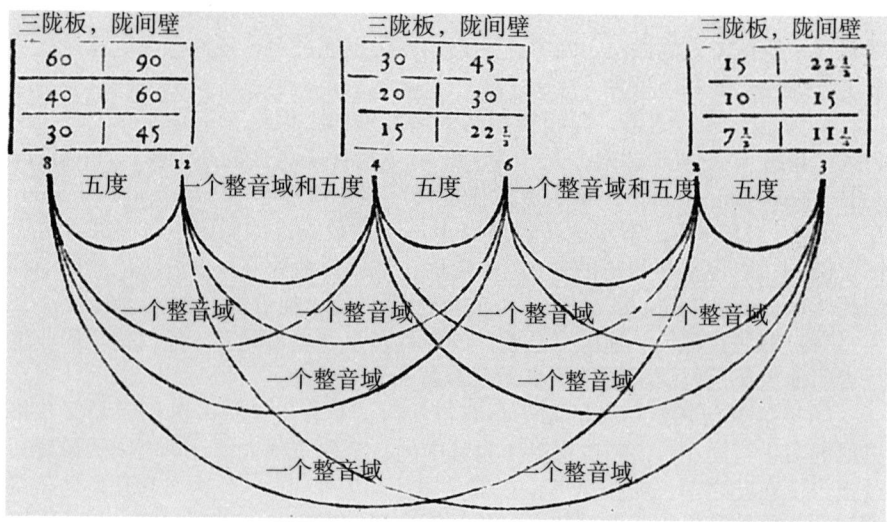

atriis）、"宫室"（in domo regia）处三陇板与陇间壁之间构成的关系。看看有关三陇板与陇间壁之间比例的示意图（图116）[79]，我们就会知道和声关系不仅存在于某个柱式的内部，还存在于圣殿三个部分的柱式之间。在同一柱式内，比利亚尔潘多使用的是简单和音数比（2：3），在一个柱式的三陇板与另一个柱式的三陇板之间也是2：3。大柱式的三陇板与小柱式的陇间壁之间是3：4。大柱式的陇间壁与小柱式的三陇板之间形成的是复合性和音数比（1：3），而最大柱式与最小柱式之间的数比是1：4。这样，三种不同柱式的三陇板与陇间壁之间的比例表达着五种音乐和音，其他数比干脆做不到。

人们或许会说，像比利亚尔潘多这样一个反宗教改革的神学家的话[80]，骨

73 见前文第105页。

74 德·洛梅（De l'Orme）在其1567年出版的《建筑论》"首卷"中告诉读者，这套书的第二卷将包括对"符合《圣经》中出现的那些尺度和比例"的"神圣比例"，给出完整的阐述。虽然第二卷从来都没有出现，我们可以从该书的第一卷那里采集到足够的信息，去复原德·洛梅的思想倾向。要想了解对于这一话题的完整讨论，参见A·布伦特，《费利贝特·德·洛梅》（Philibert de l'Orme），伦敦，1958年，第124页上以及之后的内容。

75 H·普拉多（H. Prado）和G·B·比利亚尔潘多（G. B. Villalpando），《对〈以结西书〉的解释》（In Ezechilem Explanationes），1594-1604年。该书第二卷中基本都是比利亚尔潘多对该神庙给出的复原。想要了解此著作的影响力，参见本书作者发表的笔记，《瓦尔堡与考陶尔德研究院院刊》，第6期，1943年，第22页。比利亚尔潘多的新秩序被诸多17和18世纪的建筑专著整合了进去。想要了解有关比利亚尔潘多对于所罗门神庙复原的完整讨论，请参见R·C·泰勒（R.C.Taylor），"比利亚尔潘多神父（1552—1608年）与他的美学思想"（El Padre Villalpando（1552—1608年）y sus ideas esteticas），《圣费尔南多皇家美术学院通报与年报》，1952年。

76 之前所引著作，卷二，第458页："在真实建筑物身上很常见，我们观察它们的时候，就会看到和声比例的出现：就像我们在歌曲和器乐所演奏的乐曲中能被和声所愉悦那样，除此之外没有别的理由能让我们看到一个建筑的划分时会这么愉悦"。

77 巴尔巴罗，《维特鲁威〈建筑十书〉评注》，第五书，第4章，第7节，还可参见阿尔伯蒂，《论建筑》，第九书，第5章。

78 基于托勒密；参见I·德林（I.Düring），《托勒密与波菲利论音乐》（Ptolemaios und Porphyrios über die Musik），哥德堡（Göteborg），1939年，第29页（5, ii）。

79 之前所引著作，第449页。

80 有关比利亚尔潘多，参见德·巴克尔（de Backer），《耶稣会作者文献集》（Bibl. des écrivains de la Compagnie dé Jesus），卷三，第1407页。

子里都是对中世纪精神的奇异复辟，他的猜测和建筑实践者的工作不会有多少共识，在他的话和诸如帕拉第奥的《建筑四书》之间存在着一道不可逾越的沟壑。的确，在一个 16 世纪中叶威尼斯当红的建筑师与下一代的西班牙耶稣会里的一位教士之间是存在着遥远的距离。但是，比利亚尔潘多的思想来自阿尔伯蒂、弗朗切斯科·乔奇、巴尔巴罗等人。他与帕拉第奥的不同只是侧重点上的不同，而不是根本上的差别。毫不奇怪，最厚的建筑专著不是出在比利亚尔潘多的时代，而是产自意大利。它出自我们熟悉的威尼斯氛围，出自帕拉第奥的学生斯卡莫奇（Scamozzi）之手。与帕拉第奥的《建筑四书》相比，这本书不仅厚重、教条，还满是学究气，读上去像是一本有关该题目的中世纪专著。斯卡莫奇坚持"人文艺术"的传统体系，认为哲学是"各种科学的养料"（nutrice di tutte le scientie），音乐是"数学化"的四大学科中最古老者。他还恢复了古老的音乐划分体系——即将音乐划分为关于天体和声的"理论音乐"（musica theoricale）以及关于发声及乐器的"自然音乐"（musica naturale）方式。斯卡莫奇坚持认为建筑师应该了解音乐因为他们应该熟悉声音和音与不和谐音的原理。斯卡莫奇因此复兴了一系列相关的思想；他的写作沉湎于柏拉图数字的重要性，流连在建筑的拟人性之中。在援引了亚里士多德的"同一性法则"（regola homogenea）之后，他说模数必须存在于建筑的各个部分，从里到外地发挥作用。[81]

不仅是帕拉第奥本人，就是帕拉第奥同时代的其他建筑师都没有后来的手法主义者斯卡莫奇能言善辩。维尼奥拉（Vignola）的《建筑五柱式法则》（Regole delli cinque ordini）（1562 年）一书里几乎没有文字，只有一篇前言。但同样，这本书再度回到了音乐比例和建筑比例的类比关系的话题上去了。他有关柱式的系统化工作主要集中在为那些甚至最小的建筑构件发现"一种肯定性的形象上的相配的连续性的比例"（a definite "certa corrispondenza et proportion ede" numeri insieme）。而理论音乐支持着这样一种体系的成功构建。[82]尽管前面已经有了建筑师们一百多年的理论研究，维尼奥拉还是坚信音乐比建筑具有更好的科学基础。在那个时期领军的音乐理论家焦塞弗·扎里诺（Gioseffo Zarlino）在他的《和声示范》（Dimostrationi harmoniche）献辞中也坚持认为具有"示范肯定性"（per la certezza della Dimostratione）的音乐无疑比建筑更优越。维尼奥拉的目标就是也给建筑比例一种类似音乐比例上的"肯定性"（certezza）。

数学推证内在的确定性一直也是音乐理论的基础。文艺复兴时期著名的音乐理论家弗兰基诺·加富里奥（Franchino Gafurio）在他 1518 年的《论器乐的和谐》（De harmonia musicorum instrumentorum）的扉页插图中就是关于这一主题的（图 117）。插图上的他正在给学生们上课；在他左边是不同长度的管风琴管，上面标着 3、4、6，代表着一个八度数比被一个和声中项 4，分出一个四度加五度。在右面，有三条线，重复着 3、4、6 的比，还有一个分规，由此表示音乐和声就是被翻译成为声音的几何。同时，这张插图还阐述着一个古代话题，就是和声并不来自两个基音的共鸣，而是来自两个具有不同比例、不等的和音的共鸣[83]（就是 3：4 和 2：3，四度和五度一起组成了八度）。这是为什么加富里奥教导他的学生说："和声就是不和谐者的和谐"（Harmonia est

81　参见斯卡莫齐，《普遍建筑理念》，1615 年，卷一，第 3 页、第 23 页、第 307 页上的内容以及各处的内容。
82　从维尼奥拉（Vignola）写在《建筑五柱式的法则》的"序言"中，我们可以读到：这些柱式是最美的，因为它们拥有"可靠的数字之间的呼应和比例……当我们深思音乐家们所熟悉的情况，我们的感觉是多么地易被比例所愉悦，多么地易被无比例所伤害时，我们就明白了。"
83　第三书，第 11 章：和声"源自两个比例不同的不同和音"。

图 117 加富里奥在上课。取自加富里奥的《和声手段》，1518 年

图 118 图拔开、毕达哥拉斯、菲洛劳斯。
取自加富里奥的《音乐理论》，1492 年

discordia concors）。这句话被写在了他嘴边的条幅上。加富里奥接纳了菲洛劳斯（Philolaos）有关和声的毕达哥拉斯式定义。[84] 这个定义对文艺复兴思想有着如此深远的影响。加富里奥以一种真正的柏拉图精神将和声原理视为宏观世界与微观世界的基础，身体与灵魂的基础，绘画、建筑与医学的基础。

早些时候，在加富里奥于 1492 年发表的《音乐理论》（Theorica musice）一书中，也有一张卷首插图。那张图给了音乐和音更加完整的图示（图 118）。[85] 插图的左上角是图拔开（Tubalcain），圣经中音乐的缔造者，他正在指挥一场锻造活动，六个铁匠正在忙着用锤子砸砧子上的铁。旁边一格图画中的人物是毕达哥拉斯，他正在敲击着钟铃和盛有不同高度的水的玻璃杯们。在下面一排的图画上，毕达哥拉斯正在弹奏由不同砝码绷紧的弦。在最后一格中，毕达哥拉斯和菲洛劳斯拿着笛子正在演奏。在这些图画中，那些用来产生声音的物体都写有数字 4、6、8、9、12、16，在锤子头上、在钟铃上、水杯上、砝码上、笛子的长度上都显示着这些尺度等级的数比。这些数字包含着两个八度，正是希腊人"高级完美体系"（Greater Perfect System）[86]，也就是一个四度、一个五度加上一个大基音（the major tone，8∶9）。插图上的毕达哥拉斯正在检验一个八度 8∶16。在最后的格子里他和菲洛劳斯在演练合奏，一个人手按到的笛孔正是另一个人按到的位置的一半（8 和 16），菲洛劳斯拿着的两根笛子表示着一个五度（4 和 6），毕达哥拉斯的两根笛子表示着一个四度（9 和 12）。整个这一页的图画将毕达哥拉斯发现的音乐和音现象完全用图画方式展现了出来。这个插图的设计者几乎是逐字逐句地翻译了波依提乌在《论音乐》中所报道的故事。[87] 所以，我们会毫不奇怪地发现加富里奥被他同时代的人视为是位建筑事务的评论家。1490 年，他被派往曼图亚去和建筑师卢卡·法切利讨论米兰大教堂在十字上方塔楼的建设方案。

在加富里奥这些多少有些粗糙的木刻画中显现出一种愉悦的天真。这样的天真同样在拉斐尔的《雅典学园》一画中面向毕达哥拉斯的一块图板上表现了出来。在这块板子上，拉斐尔用他自己想象的有关四弦古琴的示意性设计画出了毕达哥拉斯和声音阶的完整体系（图 119）。[88] 这一再现交织着并体现着拉斐尔本人的复杂设计；但是毋庸赘言，在老师毕达哥拉斯上方出现的是他伟大学生那英雄般的身影，他一手拿着《蒂迈欧篇》，另一只手的手指着上面。这是拉斐尔对宇宙和声的阐释，也是柏拉图在《蒂迈欧篇》中根据毕达哥拉斯音乐和音数比的发现所描述的宇宙和声。

我们现在可以再次回望一下那种促使弗朗切斯科·乔奇将毕达哥拉斯 - 柏拉图和声比例直接应用到建筑中去的思想氛围了。1514 年，在一封信中，拉斐尔提到教皇指派年迈的焦孔多修士作为他的建筑顾问，好让他能够学到"建筑中某些美的秘密"（whether he has some bello secreto in architecture）。[89] 显然，这绝不是多余之举，这些秘密绝不只是些技术性问题。

5. 帕拉第奥的比例"赋格"（fugal）体系

对于文艺复兴时期的人们来说，音乐和音就是对普遍和谐性的听觉证明。而这种普遍性和谐是将所有艺术绑在一起的力量。这一信念不仅深深地植根于

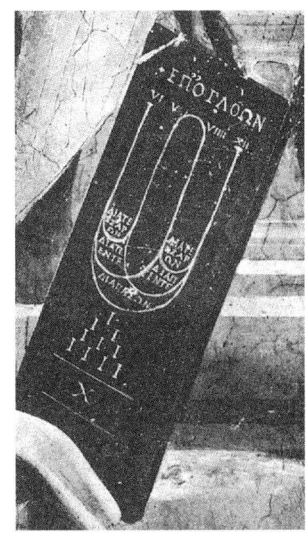

图 119　毕达哥拉斯的音阶。取自拉斐尔画的《雅典学园》局部，梵蒂冈

84　菲洛劳斯把和声定义成为"复合多样性的统一化以及不和谐者的调和。"
参见 H·迪尔斯（H. Diels），《前苏格拉底时代的残篇》（Die Fragmente der Vorsokratiker），柏林，1934 年，卷一，第 410 页，残篇 10。

85　P·希施博士（Dr. Paul Hirsch）告诉我这一木刻在 1480 年第一版上就已经出现了，而图 117 是 1508 年加富里奥出版他的《天使音乐和神圣音乐作品》（Angelicum）时才首次发表的。

86　参见前文第 105 页上的内容。

87　第一书，第 10 章，第 11 节。

88　在这个"乐徽"内侧的底部，以及那些把第一根弦和第二根、第三根弦，第四根弦和第三根、第二根弦，把第一根弦和最后一根线相连的"拱"的位置上，都刻满了文字。ΔΙΑΤΕΣΣΑΡΩΝ，ΔΙΑΠΕΝΤΕ 与 ΔΙΑΠΑΣΩΝ；上顶端写着数字 VI、VIII、XII。在数字 8 和 9 之间有一个拱，上面的文字是 ΕΠΟΓΛΟΩΝ，亦即，音调。再没有哪些示意图会比这张示意图更令人信服地展示出毕达哥拉斯的音阶体系了。这里，我们需要记下，扎里诺在 1558 年发表的《和声规范》（Istitutioni harmoniche）的第 59 页上，完全从逻辑出发，也是用相同的方式来标示基本和音的。

在拉斐尔的音乐图板中，是对毕达哥拉斯学派的完美数字 10 的表达。我们可以在拉斐尔的图板中看到，数字 10 是构成一切音乐和声的前 4 位数字的和。还有数论派包含了所有数字的 δεχάς（数字 10）被视为是神圣的，也是"宇宙之母"。

想要对这类信息做进一步了解，参见 H·赫特纳（H.Hettner），《意大利研究》（Italienische Studien），1879 年，第 198 页以及之后的内容。赫特纳是解码和阐述拉斐尔画中毕达哥拉斯音乐图板的第一人。

89　参见 V·戈尔齐奥（V.Golzio），《拉斐尔》，1936 年，第 32 页。

图120 如何求出一扇门的尺寸。取自
塞利奥的《建筑五书》，第一书

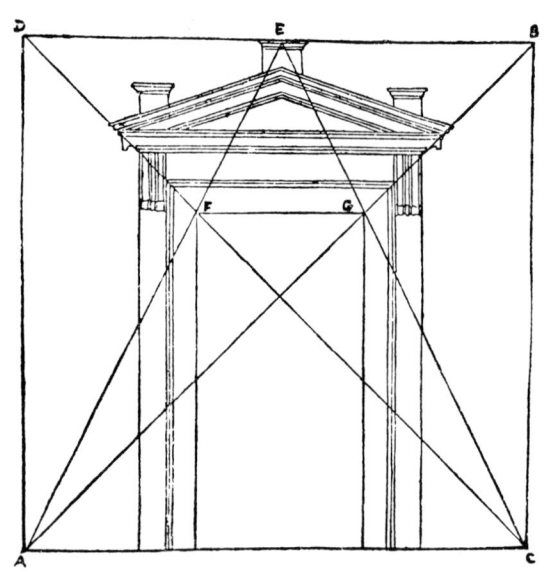

理论之中，而且——虽然今天的人通常会不这么看——还被翻译到了实践之中。是的，如果一个人总想试图证明一位画家或雕塑家或建筑师自觉地应用了某种比例系统的话，那这个人很容易会被自己的先设所要寻找的比例所误导。在学者的手中，圆规是不会转的。如果我们想要绕开这些无聊猜测的陷阱，我们必须从艺术家们那里寻找明确无误的线索。奇怪的是，很少有学者这么做。虽然这样的线索并不常见，但是经过仔细研究我们还是肯定能够发现相当的证据。总之，人们必须能够破解和解读艺术家的用意。下面的例子会说明这句话的涵义。

在他自己"第一书"的结尾处，塞利奥给出了一个几何定式，作为对"正确"求得一个教堂大门的过程指导（图120）。他将中央开间——也就是大门所在的开间——完整地置放到一个正方形中（通过画了一条与地线相平行的线），然后引出两条对角线（AB，CD），又从地线的两个端点向顶点引出一个等边三角形（AEC）。两条对角线和这个三角形两边的交叉点（F，G）正好显示出大门的高度与宽度。[90] 这张图似乎给出了一次几何作图的程序，跟中世纪时用来"解方"（ad quadratum）的方法似乎没什么不同。在这两种情形中，几何作图法都会在算术上作为无理数的线段上留下关键的设计交点（比如 F 点，它将长度为 $\sqrt{2}$ 的对角线 CD 以及 $\sqrt{5}$ 的三角形边线 AE 都分成了 1∶2 的比例）。但是，在塞利奥的情形中，几何定式是对大门比例事后而不是事先的选择。他的设计显然是对正方形进行通约划分的结果。那个门本身是个双正方形，门的宽度和高度与正方形的边长之比分别是 1∶3 和 2∶3，门套厚度与门洞宽的比是 1∶3，人字山花的高度与门洞宽的比是 1∶2，等等。可见，塞利奥是将一系列相互交织的小整数比例当作设计基础的。"中世纪"式的几何作图法在这里不过是个托辞，好让实践者不用忙活就会求出可通约的比例来。其实背后真正起作用的东西远没有这么暧昧。

90 在塞利奥的木刻上并没有这些字母，是此处添加的。

就我的知识而言，只有帕拉第奥《建筑四书》中的那些插图才体现出来通向一套完整比例体系的最重要的实践指南。如果可以仔细品读的话，这些插图起码会像阿尔伯蒂的理论那样能够帮助我们解开和声比例的难题。帕拉第奥在"第二书"中给出了他自己设计的建筑的平立剖，正是这些图才值得好好研究。在某些图片和真实建筑之间是存在着诸多出入的，这些出入通常是因为出版时的不慎造成的。[91] 但是有关该书整体的想法[92] 表明帕拉第奥之所以发表他的建筑图并不仅仅是要提供一些自传性的资料。他在《建筑四书》的前言中用这样的话陈述了背后的原因："在第二书中，我将阐述适用于不同阶层人士的各种设计的性质：首先是城市里的建筑；然后是适于别墅场合的设计……因为我们现在已经没有太多的古代先例可以利用，我不得已才将我建造的诸多建筑的平面图和立面图当成插图……。"如果这么看，就可以解释真实建筑与书上的建筑图之间的出入了。[93]

对于帕拉第奥来说，插图就是阐述其设计以及比例概念的工具。因此，他的理论性尺度可能会与真正实施的尺度有所不同。如果这个推论是正确的话，这样的假设似乎说明帕拉第奥只是想让他的那些标注尺寸具有一种比例的一般性特点，具有超越个别建筑的普遍重要性。[94] 在他的平面图上，他是将房间的宽长比醒目地标注出来的，很容易读。而除了几个大比例的细部之外，人们几乎很难读出立面图上的那些尺寸标注。至于房间高度的标注——仅仅出现在几张剖面图上，帕拉第奥通常会在文本中介绍他得出房间高度的方法。这样的方式似乎揭示了一种定式（definite scheme）。通过研读帕拉第奥的某些平面图，我们下面就要讲到这种定式。

帕拉第奥那些标注醒目的尺寸到底要显示出什么样的比例呢？在他早期设计的隆内多戈迪·波尔托别墅（图56）中，他用一个简单的形式展现了故事的精华所在。那八个小房间——中厅两边一边四个——每一个房间的尺寸都是16尺×24尺，亦即，宽度：长度=1：$1\frac{1}{2}$，也是帕拉第奥推荐的七种房间形式中的一种。[95] 宽与长的整数比是2：3。门厅具有相同的尺寸16尺×24尺，门厅后面的大厅是24尺×36尺；它的比是1：$1\frac{1}{2}$ 或者2：3，因此与小房间和门厅的宽长比是一样的。显然，帕拉第奥是在整个建筑的各处都用了相同的比例。除此之外，12/24=24/36 这样的等式还显示着房间和大厅之间——我们可以说——是具有一定比例，并牢固地咬合在一起的。支撑平面整体的数列是16、24、36。从阿尔伯蒂的分析中我们知道这一数列来自4：9被拆解成为4：6：9之后的结果，用音乐术语来表示就是双五度的序列。这样，对于那些明白比例语言的人来说，帕拉第奥那些平面图上醒目标注的尺寸已经将他的意图表达得十分清楚了；如果没有这些数据，读者可能还无法理解建筑师的用心。在另一方面，如果将实施的尺寸标上去的话可能会干扰和声概念的清晰性，因为门厅深度的真实尺寸是14.9尺，而不是16尺，两个串联房间的宽度分别是15.5尺和17.3尺。

帕拉第奥后来建筑上的数比变得更加复杂起来。马尔孔腾塔别墅（图121）就是一例。马尔孔腾塔别墅中十字厅两边最小房间的尺寸是12尺×16尺，上一级房间的尺寸是16尺×16尺，最大的是16尺×24尺，而厅的

91　参见诸如 B·斯卡莫齐，《安德烈亚·帕拉第奥的建筑与设计》，1776–1783 年，第一书，第 8 页，以及泰曼扎，《安德烈亚·帕拉第奥的生平》，1762 年，第 15 页、第 44 页。

92　参见前文第 63 页上的内容。

93　这当中会出现些明显的错误，比如位于费纳里（Finale）的萨拉春托别墅（Villa Saracento）的大厅宽度本来的 28 尺被写成了 18 尺。但是除了这类失误之外，帕拉第奥通常对于在建筑物和图片之间的改动都有一些很好的原因。有一个理由就是，他不想把那些自己很久之前建造的且没有令他满意的建筑设计流传给后人。最突出的例子就是位于隆内多始建于 1540 年（也就是《建筑四书》出版的 30 年前）的戈迪（或波尔托）别墅。这个建筑的正立面在风格上显得倒退。这一立面在插图上则被彻底修理过，帕拉第奥把后来的风格嫁接到了这一早期的建筑身上。在其他例子里，帕拉第奥会调整那些由周边条件限制而出现的不规则性。瓦尔马拉纳宫就是在一处不规则基地上的。在插图上，帕拉第奥所显示的是假如在一处理想的基地上他将会建造的规则化设计。在文字中，帕拉第奥甚至没有提及他所给出的平面是他所希望可以如此建造的平面，而不是建成建筑的平面。

94　在一封帕拉第奥写给 G·卡普拉伯爵（to Conte Giulo Capra），请他对救世主教堂设计提些意见的信里，有一句话清楚地表明了帕拉第奥是期待聪明的观者能够对他那些尺度的意义得出自己的结论的。他指出，立面下方的比例尺可以代替所有的解释（博塔里，《通信集》，1822 年，第 562 页）。

95　参见前文第 108 页。

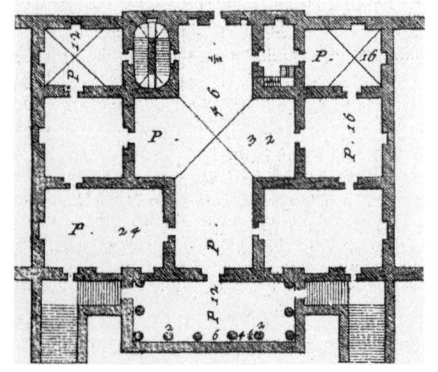

图 121　布伦塔河畔的马尔孔腾塔别墅。
取自帕拉第奥的《建筑四书》，第二书

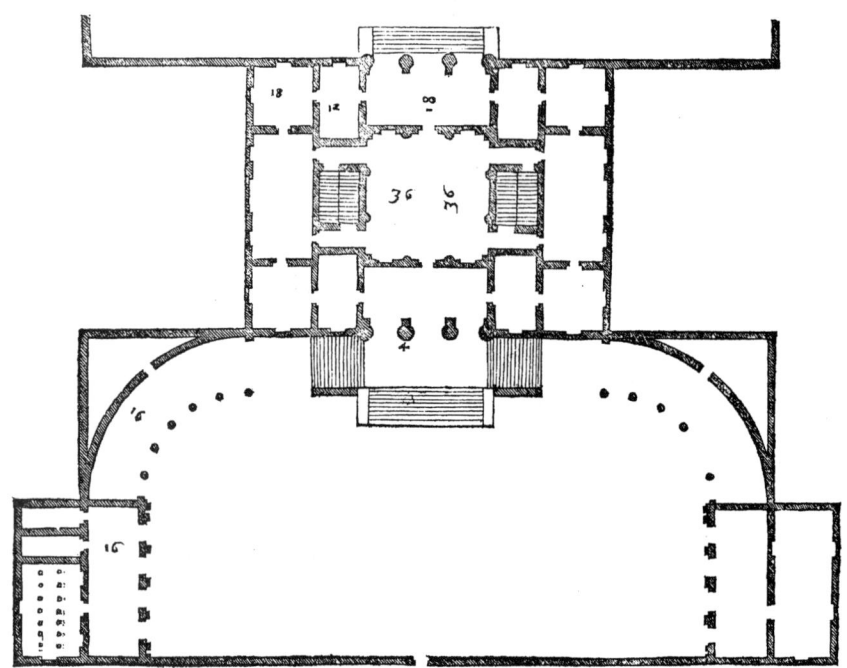

图 122　位于齐科纳的蒂内别墅。平面图。
取自帕拉第奥的《建筑四书》，第二书

宽度是 32 尺。这样，一个连贯的数列 12、16、24、32 就成了建筑的主调。就好像在一段序曲中，这个数列的最前和最后项出现在门厅的宽长比上，即 12∶32，它是一个五度加上一个四度（即 12∶24∶32）。中央的柱间距（6 尺）与门厅深度（12 尺）构成的比例是 1∶2。较小的柱间距是 4$\frac{1}{2}$ 尺；它们与中心柱间距的比是 3∶4，这个比例也是最小房间的数比。最后，圆柱们的直径是 2 尺，代表着最小的单元，即模数，通过从 2 开始的一系列乘积关系，就可以推导出来整个建筑各处的数比。[96]

从模数衍生出来的这种有机结构，即"同一性法则"，不会允许不可通约的尺度出现的；不过，模数的应用也并不一定意味着整个建筑的数比必须是和声比例。[97] 只是在帕拉第奥的建筑中，房间与房间之间的确是通过和声比例系统地联系起来的，这也是帕拉第奥建筑根本的奇特之处。我们相信，他是希望通过图片选择及尺寸标注去展示他的这一创新的。帕拉第奥将其他建筑师用来调和立面两维的比例关系[98] 或单一房间中三维比例关系的做法用来整合整个建筑。

文艺复兴的建筑师们一般在教堂设计中会坚持贯彻"局部应该与整体呼应并与其他局部呼应"的要求的，并将之应用到中殿、耳房、礼拜堂的关系上。在教堂设计上，文艺复兴有中世纪的传统为基础。但在居住建筑的设计上，则是由帕拉第奥迈出了关键性的一步。[99] 他有一句非常重要的话概括了他的观点，也为我们后面对他两个别墅的分析增加了分量："但是，大房间应该与中房间形成如此这般的（划分）关系，中房间与小房间形成如此这般的（划分）关系，这样，就如我在别处所说的那样，建筑中的一个局部才能与另外一个局部相呼

96　这一建筑中唯一一个让人很难轻易理解的尺寸是大厅处的长度 46$\frac{1}{2}$ 尺，这里，人们会以为应该是 48 尺。我们可以不止从一个方面去分析这一尺寸，例如它是 6×7 加上 4$\frac{1}{2}$ 的和（而 6 和 4$\frac{1}{2}$ 又是各种柱间距的宽度），不过，我还是不能提供一个完全令人满意的解释。
97　参见下文第 127 页，注释 112。
98　参见前文第 51 页上我们对于新圣玛利亚大教堂立面的分析。
99　我们很容易就会找到早些时有相似倾向的例子。但是就我们所知道的那些实例而言，我们还不知道帕拉第奥的哪位前辈像他这样把这一命题系统地发展出来。弗朗切斯科·迪·乔治似乎是唯一一个在他的建筑专著里理论地讨论过这一命题的人。参见普罗米斯，《弗朗切斯科·迪·乔治·马丁尼的民用与军事建筑论》（Trattato di architettura civile e militare di Francesco di Giorgio Martini），1841 年，第 1 号图片、第 2 号图片。还有，参见 E·朗根斯基奥尔德（E. Langenskiöld），《圣米凯利》（Michele Sanmicheli），乌普萨拉（Uppsala），1938 年，第 191 页，图 92、图 93。

应，结果是建筑的整体就会在自身中具有一种由部件组成的和谐，这些部件使得建筑呈现出整体的美与优雅。"[100]

人们要想了解帕拉第奥给出某些比例的原因通常需要对文艺复兴时期的比例思想有一个全面的认识。在埃莫别墅中（图 124），16 尺 × 16 尺、12 尺 × 16 尺、16 尺 × 27 尺的房间包围着门厅（也是 16 尺 × 27 尺）和大厅（27 尺 × 27 尺）。按照阿尔伯蒂教给我们的方法，数比 16 ： 27 可以被拆解为 16：24：27，也就是一个五度和一个大基音（= 2：3 和 8：9），同样，复合数比 12 ： 27 则可以从 12：24：27 的比例中得来，也就是一个八度和一个大基音（=1：2 和 8：9）。这样，图片上纵向标着的醒目数字 27、12、16 完全可以被理解为是数比生成的方法。同样的顺序也可以在两翼上发现；显然，12 是中项，写在了 24 和 48 中间。这个数列的和声特点是明显的（2：1：4，1：4 是双八度 =1：2：4）。现在，整个建筑就像是一场有关和音项 12、16、24、27、48 的空间音乐会。[101]

同样的主题也以不同的尺寸出现在不同建筑的身上。帕拉第奥设计的齐科纳蒂内别墅（图 122）以 4 作为模数（圆柱的直径），房间的和声数列是 12、18、36。在四个角上是四个 18 尺 × 18 尺的正方形房间。它们各夹着一个双正方形的房间，18 尺 × 36 尺。这个比例（1 ：2）在前、后门厅处重复着，二者中间的大厅是个 36 尺 × 36 尺的正方形，也就是四角上小房间的 4 倍规模。从小房间到中厅的比例是 18：18、18：36、36：36。在 18 尺宽的正方形房间和中厅之间还隔着一种宽度为 12 尺的房间。这样，（宽度）18、12、18（3：2：3）的顺序在这个平面上被重复了四次。[102]

蒂内别墅使用的 1：1、1：2、2：2 的序列也出现在了其他建筑身上。在波尔托 - 科里奥尼宫，核心部分的房间尺寸是 20 尺 × 20 尺、20 尺 × 30 尺、30 尺 × 30 尺，而且基于数列 12、16、18、24、27、32、36 的数比不断出现。[103] 所有这些空间比例都在希腊音阶的和音中找到了对应。但是，我们还远不能够说帕拉第奥在布置他的建筑时有意识地将音乐比例翻译成为建筑比例。在他的备忘录中，弗朗切斯科·乔奇并没有打算证明音乐和音在建筑身上的适用性，而是作为一种理所当然的过程为维尼亚圣弗朗切斯科教堂推荐着它的比例任务书。在演绎维特鲁威的时候[104]，巴尔巴罗说："算术规则是那些能将音乐和星相学结合起来的规则：因为比例是广泛而普遍地存在于所有能够被测定、称重、数记的事物之中的。"[105] 我们这里也有帕拉第奥自己的发言，对他来说，声音比例与空间比例是紧密相关的，他一定坚信存在着一种具有普遍适用性与同一性的和声体系。这样的信念存在于构成着文艺复兴一般性思想的基础之中，也就是说和声比例并不需要特殊复杂的过程才能将它们翻译成为实践。

6. 帕拉第奥的数比以及 16 世纪音乐理论的发展

现在，我们可以说，希腊音阶中的小整数数列（1：2：3：4）无论如何都不是我们能在帕拉第奥设计的平面中发现的唯一数比了。帕拉第奥显现出他对 18 尺 × 30 尺或者 12 尺 × 20 尺的房间设计的偏爱，亦即，他对 3 ： 5 的偏

100　帕拉第奥，《建筑四书》第二书，第 2 章。原文是这样的："不过，大型房间必须跟中型房间调配着一起使用，中型房间也要跟最小房间调配着一起使用（如我在别处所言的那样），这样，建筑的一个局部才能呼应到另一个局部，整个建筑体才能保持拥有不同组成的贴切布局，这样的建筑才是美的和优雅的"。

101　处在端翼上的房间进深为 20；我们将在下一节里解释房间进深和宽度之间的数比（12、24、48）。

102　这一描述符合标注出来的那些数字，当然人们也可以从中读出 18、12、36（门廊的长度）。

103　例如波伊亚纳别墅（18、36）。位于梅莱多的特里西诺别墅（12,18,24,36）。位于圣索菲亚（Santa Sofia）的萨莱哥别墅（Villa Sarego）——（12、18、24、36）；位于庇奥宾诺（Piombino）的科尔纳罗别墅（16、24、27、32）。在所有这些建筑身上，人们都会在这一基本数列之外发现还有其他形式需要进一步的解释。

104　巴尔巴罗，《维特鲁威〈建筑十书〉评注》，第一书，第 1 章，第 16 节。

105　这句话的神学意味很明显。参见《所罗门智慧书》，XI，20："正是通过尺寸、数字和重量，您组织起所有的事物。"人们经常引用这段话去佐证基督教是相信数字无所不包的品德的。帕西奥利在 1494 年本《算术、几何、比例及概要》第六部分，第 1 节，第 2 条（或者在 1523 年第 2 版的帖码 68 号正面页）中把这一信仰说成是跟圣奥古斯丁（St.Augustine）有关。

爱。有些建筑的数比是 4：5 和 5：6。[106] 这样的比例和相近的比例不仅出现在一个房间的内部还出现在房间与房间的关系上——在利西拉的瓦尔马拉纳别墅是 4：5，在吉佐尔别墅（the Villa Ghizzole）是 5：6，在安纳拉诺宫是 3：5，在维罗纳的托里伯爵宫（Count della Torre at Verona）是 5：9，这个单子可以被拉得相当长。

所有这些建筑都展现出了新的命题。如果我们不去思考 16 世纪时有关比例问题在方法上的根本变化的话，是根本不能理解这些新命题的。在这一世纪里，数比已经变成了 15 世纪艺术家们可以感知事物之外的东西了。在此期间，特别是在意大利北方，音乐理论的发展成为一个可靠的指南。正是摩迪那（Modena）的洛多维科·福利亚诺（Ludovico Fogliano）在他 1529 年的《音乐理论》中首先对毕达哥拉斯和音理论的唯一权威性提出了挑战；他认为，在毕达哥拉斯五和音之外，经验还告诉我们，小三度（5：6）和大三度（4：5）、小六（5：8）和大六（3：5）、大十（2：5）和小十（5：12）、十一（3：8）、在八度上的小六和大六（5：6 和 3：10）都是和音和声。[107] 但是，真正以严格的科学手段 [108] 将从古到今的全部和声材料进行分类的人是 16 世纪中叶伟大的威尼斯理论家扎里诺。扎里诺发现一种"真正神奇"（veramente maraviglioso）的现象 [109]，就是和音不仅受着算术中项的规定，也受着和声中项的规定。在 2 和 4 之间的算术中项是 3，它把一个八度分解成为一个五度和一个四度（2：3 和 3：4）；在 6 与 12 之间，同样的结果也可以调转着通过和声中项 8 得来（6：8＝3：4 和 8：12＝2：3）。扎里诺发现同样的法则也适用于对一个五度的拆解，因为 2：3 或者 4：6 的算术中项 5 决定着一个大三度和一个小三度的数比（4：5 和 5：6），而在诸如 10、12、15 中，和声中项也可以决定着一个小三和一个大三度的数比。进而，还可以分解大三度；在 4 和 5 之间插入一个算术中项就得到 8：9：10 的数比，8：9 是个大基音，9：10 是个小基音，在 72 和 90 之间的和声中项是 80，它也把一个大三度分解成为一个小基音和一个大基音。扎里诺用了一个示意图画出"八度分解成为和声部"（divisione harmonica della Diapason nelle sue parti）的过程。[110]

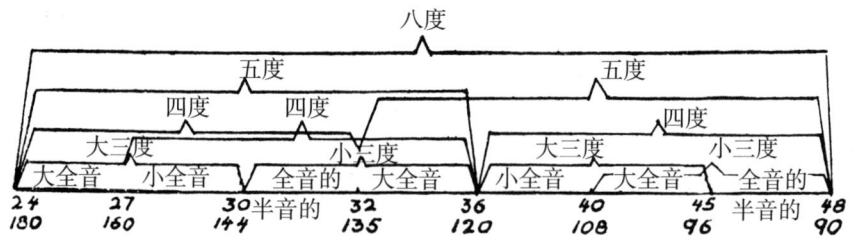

如果我们思考一下这些发展变化，就可以理解帕拉第奥建筑中最难解的比例了。将新老和音结合在一起相对简单的例子就是巴诺罗的皮萨尼别墅（图 123）。这个建筑上最小的房间尺寸是 16 尺 × 16 尺，中间者是 16 尺 × 24 尺，

106　这类数比出现在诸多我们已经讨论过的建筑身上。事实上，它们如此常见，这里，我们都无需给出详细的建筑实例明细。

107　《音乐理论》(Musica theorica)，威尼斯，1529 年，第二书，第 1 章，帖码 xi 正面页。参见 H·黎曼（H.Riemann），《9 至 19 世纪的音乐理论史》（Geschichte der Musik–theorie im IX.–XIX.Jahrhundert ），莱比锡，1898 年，第 326 页："这些还有其他我们已经提到的就是我们所言的各种音程里……常用的并且强烈到很容易辨识不会被忽略的和音"。

108　扎里诺《和声规范》，威尼斯，1558 年，第 21 页："音乐乃是关乎数字和比例的科学"（la Musica è scienza, che considera li Numeri, e le proportioni）。

109　同上，第 161 页。

110　同上，第二部分，第 39 章，第 122 页。我们把扎里诺的示意图稍微改动了一下，把他的术语翻译过来，并且在扎里诺 180 到 90 之间的和声数列加上了 24, 36, 48 这一算术数列。全音阶里的半音 15：16 是必要的，没有它，我们就不能从大三和弦进入到四度音程。

最大者是 18 尺 × 30 尺，十字厅是 32 尺 × 42 尺。我们曾经在马尔孔腾塔别墅见过 16×16、16×24 的序列。最大房间的尺寸 30 尺是没有标出来的，但是帕拉第奥在文本中提到这些房间的长度是宽的"一又三分之二"倍（lunghe un quadro e due terzi）（即 18 加上 12 等于 30 尺）。这样的形状，作为帕拉第奥推荐的七个"最美且最成比例的房间类型"（più belle e proportionate maniere di stanze）之一，在音乐上是一个大六度（3∶5）。它可以被分解成为 18∶24∶30，也就是 3∶4∶5，一个四度和一个大三。正方形房间中的数字 16 和大房间中的 18 表示着大基音（8∶9）的稳定比例关系；再者，18 和 16 和房间与二者之间的那个房的 24 构成的数比是 3∶4(四度)和 2∶3(五度)。该平面图右侧标着数字 16、24、18，也正是表示着这样的相关性。还有，中央房间的长度是 24 尺，它与最大房间的长度（没写出来）30 尺之间形成了 4∶5（大三）。厅的长度是 42 尺，这个尺寸来自 18 和 24 的和（厅的下部形成了一个 18×18 的正方形）；数字 18、24、32（厅的宽度）代表着两个 3∶4。

在米加的萨莱哥别墅中（图 125），12∶16、16∶16、16∶27 的序列再度出现。此前，我们已经在埃莫别墅见到了类似的序列。但是，在这个建筑两边各带三个房间的中部，则遵从着不同的比例体系。门厅上标着的数字是 10、15 和 40，大厅上标着 20 和 40，两翼与大厅相连的房间上标着 9 和 24。这些数字 10、15、20、40 形成了一个我们熟悉的序列（2、3、4、8）。9∶24 是一个八度加一个五度（9∶18∶24）。这两个端项不仅由旁边的房间通过多种方式串联起来，也与边缘的房间形成了序列：9∶12 是个四度，9∶20 是一个八度加一个小基音（9∶18∶20）；而 24 与 12 形成的是八度，24 与 16 和 27 形成了五度加一个大基音，24 与厅的 20 和 40 形成的是小三（5∶6）和大六（3∶5；这一比例也可以表达成为四度和大三，即 24∶32∶40）。然而，所有这些还远没有穷竭文艺复兴时期人们能够想到的比例关系。如果我们能够将 16 世纪乐理发展记在心中的话，我们就会在这样的建筑中捕捉到和声的"对流"（cross-currents）。9 与 10 的数比、10 与 12 的数比、15 和 16、12 和 20，虽然并没有出现在旁边的房间里，也应该把它们当成是相同主题的组成去理解。

与其将这样的分析进行下去，我们这里可以转向另外一个例子，就是马塞尔别墅（图 126）。在这个别墅身上所有标注出来的数字上，基本和声统一性都可以被详细地展现出来。在这个建筑的主楼背后还有一长条的房间，其中，有三组再各含三个房间的组合，其中的两组分别处在中心的两侧。每一组房间的宽度分别被标出为 16、12、16；20、10、20；9、18、9。显然每一组房间的数比都是和音（4∶3∶4；2∶1∶2；1∶2∶1）。[111] 但是我们可以更进一步。在主楼前面这部分有三个房间——中间的这个是十字厅的一部分——这些房间都是 12 尺宽（合在一起是 36 尺）；12 是 9 与 18 之间的和声中项，它将八度分成四度和五度。换言之，后面长翼上的三个房间组合重复并发展了主楼的主题。同时，这些三个房间组合中所标出的数字是相互关联的，小型房间的数比是 9∶10∶12（小基音和小三），大型房间的数比是

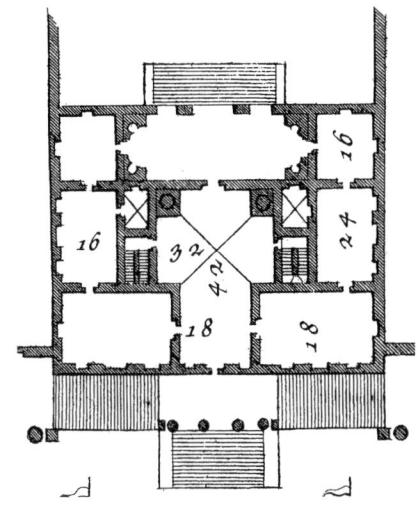

图 123　位于巴尼奥洛的皮萨尼别墅。取自帕拉第奥的《建筑四书》，第二书

111　帕拉第奥发表的设计通过对于房间顶棚的处理，并没有让每一组房间代表不同的单元。中央组的房间有着筒拱顶，边上那些房间都是平顶顶棚，不过关系是调过来的：高度高些的房间里，顶棚反而低些。身处这长条房间前面、突出来的建筑主体部分的顶棚，是两个方向上的筒拱在这里形成的交叉。这两个方向上的筒拱都比后面那些房间里的筒拱高度低上许多。于是，这种房间高度的渐变以及顶棚建造的变化就给帕拉第奥的和声设计带来了一种强烈的视觉体验。因为看不到这一别墅的带尺寸剖面，我们当下还很难肯定帕拉第奥所要达到的那些（在一组房间内部的房间高度之间和在不同组房间之间的高度之间的）关系。

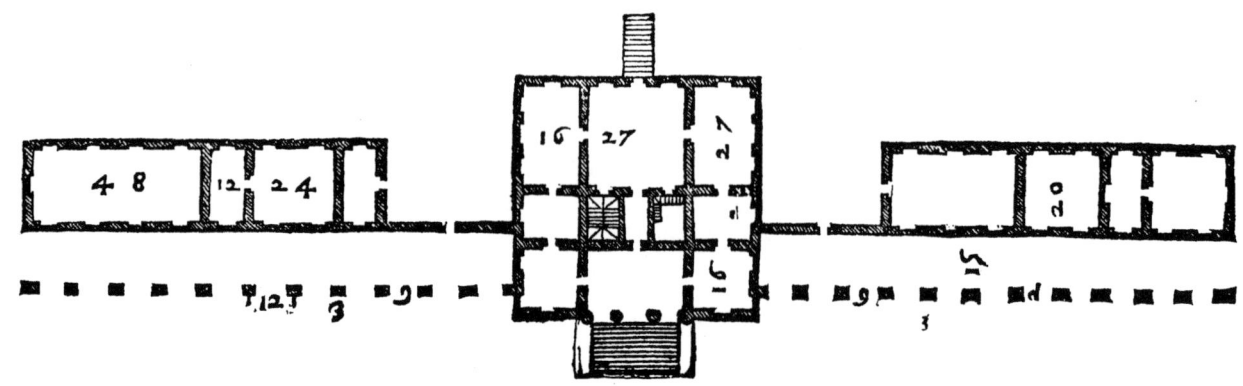

图 124　位于范佐洛的埃莫别墅。出自帕拉第奥的《建筑四书》，第二书

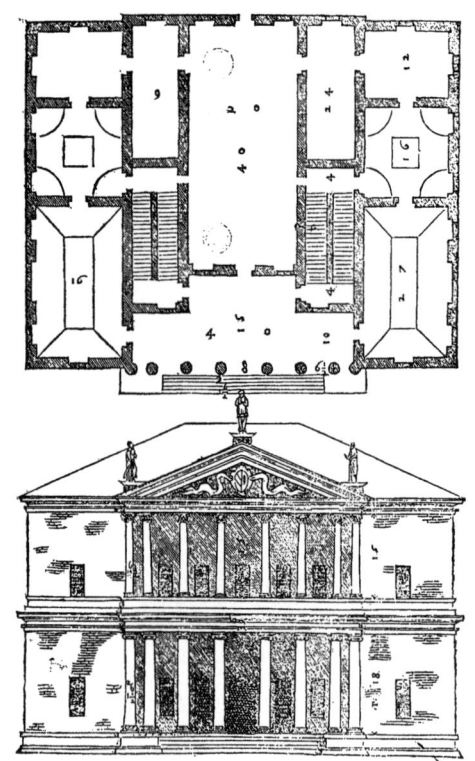

图 125　位于米加的萨莱哥别墅。出自帕拉第奥的《建筑四书》，第二书

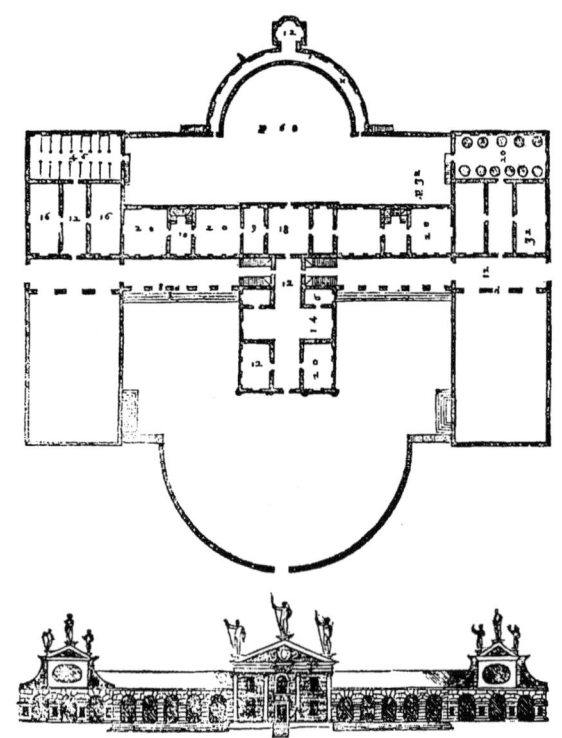

图 126　阿索洛附近的马塞尔别墅。出自帕拉第奥的《建筑四书》，第二书

16：18：20（大基音和小基音）。房间长度之间的关系是20：32（最长的那一组），即5：8（小六，或小三加四度——20：24：32）。马厩、内院还有柱廊都是这首交响乐的一部分。[112]12 这个建筑的基础项在主轴院子后方喷泉水池的宽度上又出现了，也是柱廊的宽度。而基数12的整约数（即6、3、4）也都写在这张图上最小的房间里，写在龛室里，还有导向喷泉的带半圆席（exedra）的环廊上。后面这个院子的深度是32尺，与最远端上那组房子的长度相等，环廊的直径是60尺，正是12的五倍比或是另外一个重要数字20的三倍比。因为这个建筑的比例是从同一个且唯一一个和声模式演化出来的，其中的比例关联还可以说得更细。

但是，或许有读者会怀疑帕拉第奥在标注这些数字时是否真的想过这么多。尽管我们紧紧地跟随着帕拉第奥自己给出的数字，读者仍然会怀疑我们是否会出错，尤其是现代作者在阐述比例时常常会解释出一些建筑师原来并没有设计过的比例关系。可是，没人能否认帕拉第奥的那些数字是要标出某些比例关系的，所以问题不是有没有比例，而是我们阐释的度是否恰当，是否值得被质疑。建筑阐释中的这种尴尬同样也存在于对古代音乐理论和实践的阐释中。像马修·舍洛（Matthew Shirlaw）这样天才的音乐理论学者，在描述扎里诺时代的和声作曲艺术时就这么说过：

> 古代艺术虽然并不单纯依赖和声来制造其美学效果，但的确具有很高程度的和声表现力。那时的作曲家并没有觉得缺乏任何的和声材料；对于他们来说，在各种和音中已经存在足够丰富的和声种类，他们可以通过各种方法组合这些和声。不仅如此，经过对这些和音的不同组合，他们还可以获得许多不同的声调组合，具有不同和声效果和表现力；然而这样一种精致和微妙的艺术从那时起在很大程度上已经丢失了。[113]

如果有人还对帕拉第奥的初衷有所怀疑的话，那他或她应该去读一读巴尔巴罗在维特鲁威评注中的相关章节。帕拉第奥建的马塞尔别墅本来就是巴尔巴罗的房子。维特鲁威的著作中并没有真正的比例理论。[114] 巴尔巴罗不愿轻易放过，所以，在维特鲁威《建筑十书》第三书的"前言"之后，巴尔巴罗插入一段有关比例的详细论述。[115] 巴尔巴罗认为有关比例的问题是如此重要，他要特地为那些愿意"在事物表面背后发现真理"（più a dentro，à ritrovare la verità delle cose）的读者加上一个正式的导言。

这段论述是从数比的复杂分类开始的，从尼可马可斯（Nicomachus）的《算术》时代所使用的数字数比[116]，讲到17世纪现代分数记数法的广泛使用。导言之后，巴尔巴罗开始谈论他所认为的作为各种技艺基础的"比例化"过程（proporzionalità）："艺术的全部秘密就在于比例化。"遵从着拉丁文中对待"proportio"和"proportionalitas"的传统用法，巴尔巴罗将proportione定义为两个量（magnitudes）之间的"数比"（ratio），而"比例化"（"proporzionalità"）不是"两个量之间的比较，而是一个比例与另外一个比例之间的可比性。"[117] 巴尔巴罗跟着详细解释了数比之间的加减乘除，解释了两个及两个以上的"比例"之间的公约数。他最后得出了一些他认

112　不过，有两个尺寸14（大厅的水平向的宽度）和46（马厩的长度）出现了——它们都不符合和声模式。对于扎里诺来说，所有和声都包含在了1、2、3、4、5、6的数列当中，这个数列甚至还包含了小六和弦（5：8，源自小三5：6和6：8，也就是3：4的四度音程）；然而，7这个数字在和声音系列中没有位置。不过，数字14以及46牢牢地跟帕拉第奥的这些项连在一起。这一点，可以很明细地从生成这个建筑的比例的整个数列当中看出来：2、3、4、6、8、9、10、12、14、16、18、20、32、46、60——14和46正是12和16、32和60之间的算术中项。还有，从两端32和60到均值46的距离都是14。

在其他建筑身上可以找到"不和谐"数比6：7以及算术中项。位于彻萨尔托的泽诺就是出自12、14、21½、29；其中，21½是14和19之间的算术中项，但是这两个数字都不对应音乐音程。

113　M·舍洛，《和声理论》，伦敦，1918年，第37页。——如果我们能够找到扎里诺、巴尔巴罗、帕拉第奥这三人属于同一个圈子的证据，那将是件启发人和富有诸多奇妙意义的事情。迄今为止，就我所知道的，还没有已发表的证据可以支持他们之间的亲密关系，不过，值得注意的是，扎里诺在他的《音乐补遗》中（Supplimenti musicali）（威尼斯，1568年，第179页，第288页，以及各处的内容）不止一次地转引了巴尔巴罗《维特鲁威〈建筑十书〉评注》，并对作者表示了高度的个人尊敬。

114　这一陈述在晚近的时候受到了P·H·斯科菲尔德（P. H. Scholfield）的挑战（《建筑里的比例学说》，剑桥，1958年，第16页上以及之后的内容），虽然他承认维特鲁威的比例学说还不完整，也不详尽，并且缺少一致性。

115　巴尔巴罗，《维特鲁威〈建筑十书〉评注》，1556年版，第57页上以及之后的内容。

116　参见希思里尼可马可斯（Nicomachus）的数项列表，希思，《一部希腊数学史》，1921年，卷一，第101页上以及之后的内容。

117　巴尔巴罗，第58页："所谓比例就是在同一系列两个端项数量之间关系和适宜性。同样所谓比例化就是两种比例而不是数量之间的关系和可比性"。把这段话跟波依提乌的希腊定义"比例化就是两项或是更多项同样事物之间形成比例的习惯"（proportionalitas est duarum vel plurium proportionum similis habitudo）对比一下（此说出自波依提乌，《论音乐》，弗莱德雷恩（Friedlein）版，第137页）。参见《蒂迈欧篇》31C以及亚里士多德有关"比例等同数比"的说法（《尼各马可伦理学》（Eth. Nic.）V.6，1131a31）。巴尔巴罗对于"比例化"的推崇牢牢地植根于文艺复兴的思想之中；参见吉伯蒂（Ghiberti）"然而比例化只是决定了美"的说法（Ma la proporzionalità solamente fa pulcritudine）（J·冯·施洛瑟（J. von Schlosser），《洛伦佐·吉伯蒂回忆录》（Lorenzo Ghibertis Denkwürdigkeiten），维也纳，1912年，第105页。

118 吉伯蒂已经援引过阿尔－金迪（Al-Kindi）的《有关六个数字的小册子》（Libellum sex quantitatum）（9世纪）（参见施洛瑟，《佛罗伦萨雕塑家洛伦佐·吉伯蒂的生平与观点》（Leben und Meinungen des flor. Bildhauers Lorenzo Ghiberti），巴塞尔，1941年，第185页），达·芬奇或许也曾使用过阿尔－金迪的想法，参见里什泰，之前所引著作，卷一，第243页。要想了解阿尔－金迪，参见G·萨尔顿（G.Sarton），《科学史入门》（Introduction to the History of Science），1927年，卷一，第559页上的内容。

119 巴尔巴罗，之前所引著作，第101页。我不认同佐波夫那篇颇有价值的论文的结论（"维特鲁威与他的那些16世纪评注者们"（Vitruve te ses commentaeturs du XVIe siècle），《16世纪的科学》（La science au seizi è me sièle），"罗耶蒙特研讨会"（Colloque international de Royaumont），巴黎，1957年，第79页上及之后的内容）。在佐波夫看来，巴尔巴罗在数学抽象法则和建筑实践的具体问题之间做出区分。佐波夫坚持认为，巴尔巴罗在建筑实践的领域里倡导的是艺术自由。而在我看来（见前文），巴尔巴罗提出的比例应用多变性远不是对于比例的废除。

120 同上，第57页。巴尔巴罗继续写道："我们可以说，在这个世界的结构里，在微观世界里，我们都找不到比重量、数目、量度这些属性更为广泛而富于尊严的东西了。从它们那里，时间、空间、运动、品德、言说、艺术、自然、知识，简言之，一切神圣和人性的事物，才得以构成、生长，得以被完美。"这里，对《所罗门智慧书》XI，20的援引同样是明显的。

121 巴尔巴罗，第24页，见《维特鲁威〈建筑十书〉评注》第一书、第2章、第3节。

122 同一处。

123 参见前文第111页上以及之后的内容。

为具有绝对重要性的复合数比。他声称，那是因为他遵从着"阿尔－金迪"体系（the system of "Alchindo"）。[118]

在巴尔巴罗的论述中其实没有出现任何新的数论。重要的是，巴尔巴罗认为他的论述完全适用于建筑；他得出的结论是"在建筑上使用这个或那个比例的可能性是无限的，例如在划分建筑体量的时候（i corpi delle fabbriche），或者在划分中庭、家谱室、大厅、敞廊、巴西利卡以及其他重要建筑的时候。"[119] 如果我们不在其具体的背景中理解这句话那就大错特错了——好像建筑师可以随意地处理比例问题而不需要坚实的科学基础似的。相反，那个体系是如此复杂，定义是如此详尽，几乎没有给随机比例留下任何空间。美只来自正确的比例："Divina è la forza de' numeri tra se con ragione comparati。"[120] 这句话的意思是当比例之间具有了共鸣性，数字就会具有神力。其他的段落同样清晰地揭示着巴尔巴罗的思想倾向。巴尔巴罗不容置疑地说道："每件艺术品就如同一段非常美丽的短曲，它们依据最美的和弦，一段接一段地流淌，直到它们来到一个安排非常贴切的结尾。"[121] 人体的那些比例就像一把吉他上那些弦那样是和音性的且和声性的。对于吉他来说，它希望那些歌者的声音也应该是入调的，同样的道理适合于建筑的各个部分。"音乐以及建筑中这样的美丽方式被称为和谐，她是优雅和愉悦的母亲"（Questa bella maniera si nella Musica, come nell' Architettura è detta Eurithmia, madre della gratia, e del diletto... ）。[122]

有关比例的主题在巴尔巴罗的全部评注中就像一根贯穿始终的主线，他不断对其进行新的强化。或许最能说明问题的一段话是我们刚刚援引过的那段话的下文。在评述维特鲁威有关"均衡性"和"均整性"的定义时，巴尔巴罗说：

> 均衡性指的是秩序之美，而均整性指的是布置之美。仅将建筑中的各种尺寸一个接一个地各自独立地摆放在一起是远远不够的，一定要让这些尺寸能够彼此发生关联，也就是说，它们之间需要某种比例。

这句话似乎呼应着帕拉第奥所建议的有关比例的"交响"原则。的确，巴尔巴罗下句话里的结论揭示了他对帕拉第奥建筑实践的赞同：

> 这样，哪里有比例存在，哪里就不会肤浅。就像自然本能是自然比例的主宰一样，艺术准则就是人造比例的主宰。这样做的结果是，比例从属于形式而不是物质，所有的形式组成都不能没有比例。

这里，巴尔巴罗触及到了文艺复兴时期人们对比例的认知方式。[123] 依据亚里士多德对形式和物质的界定，巴尔巴罗将比例视为是"形式化物质"的前提，"形式化物质"的组成应该彼此形成一定的比例关系。

> 因为比例源自复合组成和它们彼此之间的关联；如前所述，在每一种关联中起码要有两项的存在。

在第三书中，当巴尔巴罗插入有关比例的论述时，他其实写的是一篇有关比例的赞歌，也祖露了那些指导着他的思想。

> 无论我们怎样称赞比例的效力都不为过。因为有了比例的效力，

才有了建筑的荣耀，才有了这一职业的神奇和建筑作品的美。每当我们谈及比例，解释这种艺术的秘密，展现比例内在的质量，它的术语、使用、效果以及它在决定事物外表的能力时，这一点都会变得很是明显。[124]

那些啃过巴尔巴罗著作中有关比例章节的人——这对今人来说的确是项艰巨的任务——掩卷之后就会坚信此人是想看到并看到了远在我们的感知范围之外的某种建筑比例关系的。我们希望读者能够同意，像巴尔巴罗那样，帕拉第奥同样坚信比例中包含"艺术的所有秘密"。还有，对帕拉第奥某些建筑的分析能够使读者相信，这个建筑师乃是将"比例化"应用到实践中去的大师。[125]鉴于帕拉第奥和巴尔巴罗之间的友谊以及他们志向所构就的团体，我们倾向于认为，前者是在巴尔巴罗的别墅中被事前约定去实现那些微妙的和声关系的，这是些建筑师和顾主都同样相信的关系。

说完了这些，我们几乎不再怀疑帕拉第奥的确是在用一种理性学说来控制和修正着自己内心的比例感觉。[126]这里，存在着一个有趣的证据。在一封写给马蒂诺·巴锡的信中，帕拉第奥陈述了他支持巴锡反对派拉哥里诺·佩莱格里尼的原因。[127]帕拉第奥提到他想听听"能者"（huomini intendenti）的意见。他因此把巴锡的建议交给画家朱塞佩·萨尔维亚蒂（Giuseppe Salviati），一个画透视的专家，还有西维奥·贝利（Silvio Belli），"我们认识的最卓越的几何学家。"这个能够被帕拉第奥信任的西维奥·贝利也曾在1573年出版过一本关于比例的书，题为《论比例和比例化》，该书与巴尔巴罗的论述涵盖着相同的领域。西维奥·贝利陈述的清晰性和简洁性与帕拉第奥的建筑理念很接近。贝利不仅是位数学家，而且还是一个实践者。他以工程师的身份获得盛誉，他还是奥林匹克学园的发起人之一，也就是说他曾与帕拉第奥有着多年的交往。[128]

一位与帕拉第奥和贝利同时代的学者在二人都在世的时候在一段著名的评论中就将二人的名字连在了一起。当他开口称颂时，我们对这样的殷勤还是多少会感到有些奇怪和意外："每个人肯定都知道，即便没有后天的学习，天分和天性都意味着什么；如果谁不明白，那就让他看看安德烈亚·帕拉第奥和西维奥·贝利。因为这两位以最少的经学但以最大的冥想和手艺将遵从于阿基米德、欧几里得、维特鲁威规则的尺度、形式和作品又给我们找了回来，用美丽的建筑装扮着我们这个时代。"[129]如果以我们今天的标准去衡量，帕拉第奥的学识已经相当丰富了，而且他的学识是与他对待建筑的整体方法紧密相连的。但是，对于一个16世纪中叶的建筑师来说，学习欧几里得、维特鲁威和其他古典时代的知识，就像我们今天一个青年建筑师所接受的大学训练一样，只能算是天才成材的必要基础。

帕拉第奥的例子似乎具有典型意义。文艺复兴时期的比例理论和实践并不是彼此隔离的，文艺复兴建筑上的比例也不能被视为是孤立的纯粹美学现象。在一个文艺复兴穹隆底下，一个巴尔巴罗式的文艺复兴人是能够体会到来自球体那听不见的音乐的微弱回声的。

124　整段话（第24页）是这样的："均衡性有着秩序以及布置均整的美。将尺寸一个个地组织起来并不难，但是难在怎样必然地妥帖地让这些尺寸以某种比例的方式共存。一旦有了比例，就不会出现冗余的东西。既然自然比例的主宰是自然的本能，那么人为比例的主宰就应该是某种艺术的态度。从这样的艺术态度那里，才有了先于塑形物质的形式的比例，而且，比例应该无所不在。比例事实上源自局部构成，源自局部之间的关系，源自起码两项（如之前所言那样）的力的关系。把成比例的效果看成是建筑师的荣耀、作品的力量、人造物的灿烂，怎么强调都不过分。当我们讨论比例，揭开比例艺术秘密，展示比例之中的方方面面、术语、用途、效果和可能性也就是比例力量的时候，这一点就变得很明白了。"

125　参见前文第三部分，第64页上以及之后的内容。

126　但是帕拉第奥还为自己保留了打破规则的权力。这是他的艺术和学说中的一个重要组成部分。他在综述了有关房间比例的法则之后，用这样的话做了结论："还有一些房间的高度并不受任何法则的限制。建筑师必须根据自己的判断力和需要去使用它们"（见《建筑四书》第一书，第50页）。同样，接下来有关"门窗尺寸"的一章是这样开始的："对于它们的高度和宽度，我们不能给出确定和绝对的法则。"在帕拉第奥的专著里时不时就会出现此类非正统的陈述，它们强调的是个体的判断力和实践经验。他的作品也反映了这一点（参见前文第122页上注释96、第127页上注释112）。在上面这些陈述里，我们或许可以看到在帕拉图式的实际身上被典型的意大利北部亚里士多德学派人士所添加的东西（参见前文第66页）。

127　参见前文第115页。

128　有关S·贝利，请参见安希奥尔加布里埃罗·迪·桑塔马利亚（Angiolgabriello di Santa Maria）[Calvi]，《维琴察城及地区的作家历史与文库》（Biblioteca, e storia di ...scrittori... di Vicenza），1772—1782年，卷四，第103页到107页。

129　S·蒙泰奇奥（Sebastiano Montecchio），《继承人名录》（De Inventario haeredis），威尼斯，1574年，第163页（转引自马格里尼，之前所引著作，第2页）："每个人肯定都知道，即便没有后天的学习，天分和天性都意味着什么；如果谁不明白，那就让他看看安德烈亚·帕拉第奥和西维奥·贝利。因为这两位以最少的经学但以最大的冥想和手艺将遵从于阿基米德、欧几里得、维特鲁威规则的尺度、形式和作品又给我们找了回来，用美丽的建筑装扮着我们这个时代。"

7. 建筑上与和声比例法则的决裂

不消多提，在 17 和 18 世纪，诸多伟大的思想家们成功地捍卫了宇宙是数学性宇宙这样的信条。这个数学宇宙，具有各种属性，当然也是遵从于和声比例的。我们在开普勒（Kepler）1619 年的《和声世界》（Harmonia Mundi）中看到了对这样的世界观的全面阐述。我们也在伽利略（Galileo）[130] 而后在沙夫茨伯里（Shaftesbury）那里看到了同样的东西。对于沙夫茨伯里来说，也就是纯粹柏拉图式的看法，音乐和声的法则同样也对人的本性产生作用："品德具有同样的规定标准。相同的数字、和声和比例将在道德中占有一席之地；并可以在人类的个性和性情（Affections）中有所体现。" [131]

诗人们也附和着这样的思想。[132] 约翰·德莱顿（Dryden）用希腊音阶的术语构思了一首《圣塞西莉亚日之歌》（A Song for St.Cecilia's Day）：

> 从和声，从天堂的和声中
> 宇宙的框架开始形成；
> 从和声到和声
> 宇宙的框架穿透所有音符的音域，
> 在人类这里，完成了一个完整的八度。

但是早在这首诗出现之前，怀疑的声音已然响起。约翰·多恩（John Donne）[133] 在 1611 年已经唱到：

> 新的哲学怀疑一切，
> 火的元素已渐平息；
> ……
> 一切成为碎片，所有一致消失；
> 一切只是存在，所有关联消失。

随着新科学的崛起，从毕达哥拉斯的时代到 16、17 世纪的思想家们原本所相信的能够将微观和宏观世界结合在一起的无处不在的秩序和和谐性开始解体。[134] 这种"原子裂变"过程也导致了美学领域里的转向，当然，也包括比例领域里的转向。

但在我们讨论这些逐渐浮现出来的新思想之前，应该指出的是，即便是在 17 和 18 世纪，我们仍然可以在关注建筑的作者那里看到有关宇宙和声的传统知识的存在。在英国，伊尼戈·琼斯（Inigo Jones），一位真正的人文主义传统继承人，仍然将他的理论意向建立在有关宇宙数字之美与效应的形而上学信仰之上的。[135] 这也是他铸成有关"巨石阵"（Stonehenge）大错的原因。他以为，"巨石阵"是一个古罗马神庙的废墟，因为在进行过仔细的测量之后，他发现"在大不列颠岛和罗马中间是没有类似构筑物存在的，而它又如此清晰地闪耀着那些和声比例。那些和声比例只能够出现在最伟大时代的构筑物上，而不是仅仅出现在巨石身上。"同属于伊尼戈圈子的亨利·沃顿爵士（Sir Henry Wotton）也部分地赞同琼斯的看法。在他 1624 年的《建筑要素》一书中，沃顿全面阐述了他所认为的和声比例的重要性。作为研究维特鲁威、阿尔伯蒂、帕拉第奥和法国理论家诸如德·洛梅的学者，沃顿写道："实际上，一个坚固的优秀艺术作品，它的

130 E·卡西尔（E. Cassirer），《知识问题》（Das Erkenntnisproblem），1911 年，卷一，第 383 页上以及之后的内容。

131 见"给某位作家的建议"，《性格》（Characteristicks），1737 年版，卷一，第 353 页。同样参见"道德者"（The Moralists）中那篇有关自然和谐的赞美诗，"道德者"，之前所引著作，卷二，第 284 页上以及之后的内容。

132 想要了解莎士比亚和弥尔顿，参见 L·斯皮策（L. Spitzer），"有关世界和谐的古典和基督教思想"，《传统》（Traditio），卷三，1945 年，第 333 页上以及之后的内容。

133 见《世界的解析》（An Anatomie of the World）。不过，多恩的世界观仍然是牢牢地建立在柏拉图传统基础之上的。在这首诗篇中，经常会出现作为上帝象征的圆的形象（参见第一部分）。见 M·A·鲁戈夫（Milton Allan Rugoff），《多恩的意象》（Donne's Imagery），纽约，1939 年，第 64 页上以及之后的内容。

134 参见 R·阿勒斯，"微观宇宙"，《传统》，卷二，1944 年，第 393 页上以及之后的内容。F·耶茨曾经向我们展示了基于佛罗伦萨柏拉图学院传统的 16 世纪法国百科全书学派的普遍性是怎样在 17 世纪当中开始消解成为专门化的专业的（《16 世纪的法国学院》，伦敦，瓦尔堡学院，1947 年，第 290 页上以及之后的内容）。

135 维特科尔，"伊尼戈·琼斯，建筑师兼文人"（'Inigo Jones, Architect and Man of Letters'），《英国建筑师皇家学院杂志》（JOURNAL OF THE ROYAL INSTITUTE OF BRITISH ARCHITECTS），第 50 期，第 83 页上以及之后的内容。

材料可能就是普通的石头，没有任何雕塑来装饰，仍然可以通过秘密的比例上的和声来打动观众（而且观众还不知道其中的原因）。"[136] 在有关门和窗的章节里，沃顿更加明确地提醒他的读者，维特鲁威本人希望建筑师"不要做肤浅的表面的造物者（Artificer）；而要做一个深入原因的潜水员，去探求比例的奥秘。"效仿阿尔伯蒂对毕达哥拉斯的阐释，他解释了如何"将均衡性消解成为交响乐，将声音和声消解成为一种视觉和声"的方法。[137] 150 年后，醉心于古典艺术理论的雷诺兹（Reynolds）仍然在倡导所有技艺的基本统一性以及用相同比例贯穿音乐与建筑的合理性。当然，人们会说他的《第十三讲》（Thirteenth Discourse）实在缺少论据："像耳朵能听到音乐那样，眼睛会被建筑中的普遍均衡和比例所产生的效果所愉悦。建筑肯定拥有与诗歌和绘画诸多相同的原理的。"

　　对于那些仍然坚持和声比例的学院派建筑师们来说，帕拉第奥的作品一直是法典性的。但是每每这样的理念被再用到某时某地的建筑上时，它却正在丧失其普遍适用性。而且不久之后，文艺复兴时期的比例思想几乎完全被颠倒了。曾经存在过一股重要的法国古典主义思潮，其代表人物用一种教条化和说教性的方式保存着柏拉图主义有关数字的理念。弗朗索瓦·布隆代尔（François Blondel）或许就是第一个赋予昔日意大利比例思想以学院派解读的建筑师。他写于 1675–1683 年间的《建筑学教程》（Cours d'architecture）[138]，几乎整本书都是关于建筑中的音乐比例的。他对待比例问题的方法是历史学化的和辩护式的，因为与他文艺复兴前辈们不同，他必须要证明许多他的同代人已经遗忘了的东西。如我们所预料的那样，布隆代尔用阿尔伯蒂的理论和帕拉第奥的建筑来证明他的理论；其中有一整章是关于帕拉第奥建筑的立面分析的。布隆代尔发现帕拉第奥建筑的比例就是简单的和音 9、6、4；6、4、3；4、2、1，等等。[139] 对于布隆代尔的提问，克洛德·佩劳（Claude Perrault）在他 1683 年的《古代建筑的五种柱式》（Ordonnance des cinq espèces de colonnes）中给出了回答。佩劳坚定地否认了那种认为某些比例具有一种先验美的想法。他声称比例所遵循的"建筑规则"之所以和谐，没有其他原因，仅仅是因为我们习惯了它们而已。结果，佩劳提倡我们美学判断上的相对性，而且很必然地，他坚持认为音乐和音是不能够被翻译成为视觉比例的。

　　布隆代尔的专著是他在"皇家建筑学院"教学的成果，他在 1671 年曾被任命为这个学院的首任院长。80 年后，也就是在 1752 年，布里瑟于格（Briseux）发表了他的《论艺术美的本质》（Traité du Beau essentiel dans les arts）。在这本书中，布里瑟于格为了捍卫布隆代尔的原理抨击了佩劳。此人精通柏拉图主义，他甚至用了牛顿的色彩理论来支持古代真理。他的大部分材料源自布隆代尔，并且在选择和阐释帕拉第奥建筑案例时完全照搬了布隆代尔。不过，尽管布里瑟于格也宣扬着和声比例的普遍性，他关注的重点是展示"某某比例产生了某某效果"（les mêmes proportions produisent les mêmes effets），这就显露出一种重心的转移——从比例的普遍适用性到由心理限定的具体条件的转移。

　　在他的著作中，布里瑟于格试图恢复一种已经濒临被遗忘边缘的传统。事实上，那个链条已然断裂，将建筑中的比例视为一种神秘——这样的知识

136　有关帕拉第奥对于同一思想的发言，见前文第 110 页。

137　H·沃顿爵士这里展开讨论了五度和八度音程的本质，"这两大主要的和音，最能打动耳朵。"见 1624 年本，第 53 页之后的内容。

138　布隆代尔，《建筑学教程》，第五部分，第五书，第 727 页上以及之后的内容。

139　布隆代尔的阐述浓缩在了欧瓦（Ouvrard）一本我还没读到的书里的总结，《和声建筑以及建筑乐比学说的应用》（Architecture Harmonique, ou l'Application de la doctrine des proportions de la Musique à l'Architecture）。欧瓦是一位音乐家，他的著作无疑跟布隆代尔所言的"古代学说"的复兴有着重要的联系。这也体现在了欧瓦的用意之中了。或许是基于索尔达蒂的说法（参见前文第 115 页之后的内容），欧瓦想要创造出第六种和声建筑柱式。见科莫利（A. Comolli），《建筑历史及批评文献》（Bibliografia storico-critica dell'architettura），罗马，1790 年，卷三，第 228 页上以及之后的内容。

传统需要二次发现。威廉·吉尔平（William Gilpin）在他的《有关如画之美的三篇论文》（Three Essays on Picturesque Beauty）[140] 中哀叹道："秘密已经丢失。古人曾经拥有它……如果我们还能够发现他们的比例原理的话……。"早他半个世纪，罗伯特·莫里斯（Robert Morris），一位与伯林顿群体（the Burlington group）有关联的建筑师，在他的 1734–1736 年的《建筑讲座》（Lectures on Architecture）中表示，他已经发现了"古人发现的但是没有几个现代人知道和使用的"秘密。[141] 对于这位古典主义者来说，帕拉第奥当然就是古代智慧的主要复兴者。[142] 在帕拉第奥作品的指引下，罗伯特·莫里斯基于"能够产生房间之间所有和声比例的""音乐中仅有的七种主要调式"的数比，发展出一套有关和声比例的坚实而快速的体系。从这些事先做好的表格中，读者或建筑师能够挑选出具有正确和声比例的房间、立面、门和烟囱的形状。

*　*　*　*　*　*

与 17 世纪伟大传统的决裂以及比例问题的孤立化现象也出现在了意大利的土地上。建筑师屋大维·贝尔托蒂·斯卡莫奇（Octavio Bertotti Scamozzi）无疑是帕拉第奥最敏锐的学生。他曾断言他已经发现了帕拉第奥使用了音乐比例；但仅仅是在他的著作《安德烈亚·帕拉第奥的建筑与设计》（Les Bâtiments et les desseins de André Palladio）（1776–1783 年）已经写得差不多的时候，他才得出这一发现的。在该书第三书的前言中，他提出该把自己的想法交由批评家们去判断。在仔细研究了帕拉第奥建筑的比例之后，他宣称他得到一个结论，就是帕拉第奥建筑的比例依靠的是"一些只有那些具有超常感觉并且鉴赏力卓越的人才能感受到的非常牢固的原理"（des principes beaucoup plus solides que ce qu'on appelle bon goât dans le sens vulgaire）。在描述帕拉第奥的建筑时，斯卡莫奇小心翼翼地点评着这些"牢固的原理"——即，音乐数比。[143] 显然，斯卡莫奇并不了解那些指引着一个文艺复兴建筑师的一般性原理。但是他的结论通常也很有说服力，因为对于熟悉帕拉第奥方法的人来说，斯卡莫奇说的都是些显而易见的东西。斯卡莫奇基本上是从零开始完成他的论文的。在他即将脱稿时，他得到了布里瑟于格的书，斯卡莫奇非常高兴地记录下他们二人结论之间的相似性。然而他不知道，有关和声比例的讨论已经有了很长的历史，即便是在相邻的特拉维索（Treviso），在他那个时代，人们仍然在实践中使用着这些比例。

在 1762 年，托马索·泰曼扎（Tommaso Temanza）的《帕拉第奥生平》（Vita di Andrea Palladio）一书问世了。这本书是有关帕拉第奥生平最重要的资料之一。泰曼扎陈述到，帕拉第奥在给出房间长宽高之比时聪明地使用了算术、几何与和声中项，这在"他的作品中显现得很是清晰。"[144] 在这一问题上，后来泰曼扎与特拉维索建筑师弗朗切斯科·马利亚·波莱蒂（Francesco Maria Preti）有过一段争议。这段争议很值得一提，因为它会告诉我们在 18 世纪晚期建筑和音乐的比例认识处在怎样的状态。显然，波莱蒂仍然依赖于扎里诺[145] 的思想，他倡导一种"坚固和稳定的法则，"这个法则是由一个音乐数列 1、2、3、4、5、6（八度、五度、四度、大三和小三度）构成的。[146] 他僵化地断言，在这个比例之外就不

140　见 1792 年第一版，1794 年第二版，第 32 页。
141　序言。
142　第 52 页。
143　作为帕拉第奥传记的作者，R·佩恩唯独不敏感于这种思维模式的人。他把 B·斯卡莫奇这一"发现"称为"炼丹术的新发现"（questa novella alchimia）（《安德烈亚·帕拉第奥》，都灵，1948 年，第 15 页）。
144　第 81 页——参见前文第 108 页之后的内容。
145　参见前文第 127 页上注释 112。
146　博塔里，《通信集》，1822 年，卷三，第 277 页。波莱蒂的信的日期为 1762 年 5 月 1 日（博塔里《通信集》里将此信日期错认为 1760 年）。

存在美,因为——这里我们看到旧日的套话——"愉悦耳朵的"和音同样也"愉悦眼睛"(che dilettano l'orecchio dilettano anche la visione)。[147] 在他冗长拖沓的回答中,泰曼扎同意在最宽泛的意义上数字规定着建筑也规定着音乐的说法。[148] 他仍然坚持贯穿整个建筑的通约性;但除此之外,他认为音乐中的比例与建筑中的比例有着很大的不同。[149] 他对音乐和音在建筑上的一般适用性的批评归纳起来就是两点,而这两点反对意见显示出来的是一种全新的立场。一个反对意见是眼睛不能够同时感受到一个房间的长宽高的比例[150];另一个反对意见是建筑比例必须从人们去看这个建筑时的经常性视点去评判。[151] 换言之,建筑比例不能是绝对的而必须是相对的。这样,有关比例理论的重点从建筑的客观真理转移到了感知建筑的个人化的主观真理这一边。正是出于这一原因,泰曼扎认为中项比例的使用是"神秘性而不是理性的"。[152] 我们将看到,泰曼扎的理论立场并不十分鲜明;因为,尽管他为比例问题引入了革命性因素,他仍然不能完全摆脱传统认识的束缚。在后来写给博塔里(Bottari)的一封信中,泰曼扎再次陈述了他的看法,他坚持认为在建筑中使用和声比例将导致僵化。[153] 对于一位18世纪的古典主义者来说,这已经是非常扎实的观察了。

　　泰曼扎的对手是弗朗切斯科·马利亚·波莱蒂。波莱蒂生长在特拉维索一种顽固的经院传统背景下。这一传统强调只有和声中项才能被用作一个房间的高。作为一名数学家和建筑师的乔万尼·里泽托(Giovanni Rizzetto)(生于1675年)曾经搭建了这一理论。他的儿子路易吉·里泽托(Luigi Rizzetto)、奥塔维奥·斯科蒂(Ottavio Scotti)、安德烈亚·佐尔齐(Andrea Zorzi)、雅各布·里卡蒂(Jacopo Riccati)以及里卡蒂的儿子维琴佐(Vicenzo)、焦尔丹诺(Giordano)、弗朗切斯科(Francesco),最后还要算上弗朗切斯科·马利亚·波莱蒂,所有这些人都曾对数学和音乐很感兴趣,并且已经整理出严格的比例体系。他们坚信必须要把音乐和音用到建筑上。波莱蒂(死于1774年)或许是这个学派中最高产的理论家和实践者,他在特拉维索和周边地区留下许多根据和声中项建成的建筑。[154] 他狭隘的教条做法就是不折不扣的文艺复兴传统的尾势与地域性的残留。他没有阿尔伯蒂和帕拉第奥组织比例的"交响"方法,也没有二人那种能够带来广度和普遍性的宇宙视角。这样的事实最终被放大成为这个学派对帕拉第奥乏味的新-古典主义式的模仿(图102)。

　　就在同一片土地上,一位帕多瓦的教授,博学的亚历山德罗·巴尔卡(Alessandro Barca)也在倡导着一种音乐比例的理论。在1793年到1798年间,巴尔卡为他所在的城市"科学院"(the Accademia della Scienze)开展了一系列的相关讲座,并于最晚不过1806年将讲课内容结集出版。[155] 巴尔卡非常熟悉特拉维索建筑师们的研究以及比例在建筑中的整个历史。但是,他根本就不是一个复兴主义者,因为他通过集中研究数比重复的原理引入了一个新观点。

　　诚然,在18世纪中叶和下半个世纪里人们对揣摩音乐比例在艺术和建筑上的应用曾经有过强烈的热情,比我们通常认识到的程度还要强烈。工程师和数学家吉罗拉莫·弗朗切斯科·克里斯蒂亚尼(Girolamo Francesco Cristiani)就曾在布雷西亚宣扬过特拉维索学派的主张[156];还有若干知名人士也写过相关话题的专著,不过——很典型地——这些专著从来没有出版:其中重要者有当时

147　波莱蒂还坚持认为这些和音是普遍性的。但是他表达的方式很有趣:"因为有了我的这些观察,音乐才不只是建筑也是整体宇宙体系的基础"(第280页)。

148　日期为1762年6月29日。参见博塔里,之前所引著作,卷五,第462页至480页。

149　同上,第470页,第472页,第473页。

150　同上,第465页:"因为愉悦来自音乐和音的和谐组合,那么,能够立刻同时在三维上认出和声的目力就有着重要性"。

151　同上,第474页。

152　同上,第478页。

153　日期为1768年3月19日的那封信。同上,卷八,第293-306页。特别是第302页。

154　要想了解更多,参见P·费代里奇(P. Federici),《特拉维真内回忆录》(Memorie Trevigiane),1803年,卷二,第144页上以及之后的内容,第173页上以及之后的内容。科莫利,之前所引著作,卷四,1792年,第36页以及之后的内容。如今,还可参见法瓦洛－法布里斯(Favalr-Fabris),《弗朗切斯科·玛利亚·波莱蒂的建筑》(L'architetto Francesco Maria Preti),特拉维索(Treviso),1954年。该书对他的作品有着充满的讨论。在建筑领域里,调和中项合理性的晚期倡导者之一就是L·西科纳拉(Leopoldo Cicognara)。见西科纳拉,《论美》(Del Bello),米兰,1834年,第77页上以及之后的内容。

155　A·巴尔卡(Alessandro Barca),《有关建筑比例美的论文》(Saggio sopra il bello di proporzione in architettura),巴萨诺(Bassano),1806年。要想了解有关巴尔卡思想的讨论,请参见斯科菲尔德,《建筑里的比例学说》,剑桥,1958年,第80页以及各处的内容。

156　《和声比例在民用建筑身上的应用:博塔里论文》,布雷西亚,1767年。
有关克里斯蒂亚尼(Cristiani)的生平与作品,参见科莫利,之前所引著作,卷三,第133页上以及之后的内容。

著名的维特鲁威评述人及翻译家马尔凯斯·加里亚尼（Marchese Galiani）[157] 所撰写的《论美的形而上学》（Dissertazione metafisica del bello），以及罗马画派画家尼科洛·里乔利尼（Niccolò Ricciolini）与建筑师安托万·德里泽特（Antoine Derizet）的书。据加里亚尼所言 [158]，他们"在有关音乐比例在建筑上的应用方面做出了深刻的研究、探索、调查和发现"（profondi studi，ricerche，esami，e scoperte sopra l'applicazione delle proporzioni musiche all'Architettura）。

安托万·德里泽特是安东尼奥·拉斐尔·门斯（Anton Raphael Mengs）的朋友。从这一事实中我们或许可以大致推测一下他的思想倾向。门斯的另一位朋友，也是他著作的编辑朱塞佩·尼科拉·达扎拉（Giuseppe Niccola D'Azara）曾提到，他看到门斯在画其最后作品《圣母领报》（Annunciation）时吹着口哨唱着歌。他问斯何以如此，门斯解释说他唱的是科雷利（Corelli）的奏鸣曲（sonata），因为他希望他的这幅画的风格接近科雷利音乐的风格。[159] 这种 18 世纪人将音乐"物化"地翻译成为绘画的方式显示出从文艺复兴以来开始发生的变化。在文艺复兴时期，本就有着一个能将音乐和视觉艺术统一起来的普适性和声理念。

但是这里还要提一提另外一位几乎与时代完全错位的建筑领域里的作者和实践者，就是都灵的伯纳多·安东尼奥·维托内（Bernardo Antonio Vittone）。维托内在其 1760 年发表的《基础教育》（Istruzioni elementari）和 1766 年发表的《扩充教育》（Istruzioni diverse）中几乎自成一派。《基础教育》的献词——可能真是独一无二的——是写给上帝这个"完美原型"的。是上帝向人类展示了和谐和美。像布里瑟于格那样，维托内用牛顿的发现来支持数字法则的普遍适用性 [160]，他也深信音乐理论的知识是理解建筑比例的基础。[161] 因此，他在这本书中撰写了基本是基于扎诺的关于"音乐比例的生成和本质"一章。[162] 而他的《扩充教育》是关于音乐的庞杂和繁复的专著。我们可以多少无聊地推测，对于维托内这位或许是那个时期意大利最具创造力的建筑师来说，文艺复兴时期的伟大传统仍然是一种活着的力量。

在佩劳和布里瑟于格之间所形成的学术阵营关系，与都灵的巴洛克氛围之间具有某种有趣的平行性。因为在维托内大作问世的 80 年前，瓜里诺·瓜里尼（Guarino Guarini）——这位令维托内倍加景仰并将其建筑专著进行身后出版的人物——已经与文艺复兴传统发生了决裂。[163] 瓜里尼的论证思路跟佩劳不同，在某个方面更加激进。在瓜里尼看来，观者的眼睛才是比例的唯一评判者——"要想让眼睛感到愉悦，人们必须在比例上进行削减或增补，因为有些对象是在视线之下的，另一些在高处，有些在封闭的空间里，另一些却在露天地里。"[164] 瓜里尼甚至没有讨论文艺复兴美学所依据的客观真理的可能性。沿着同一思路，一百年后，意大利 18 世纪晚期最重要的理论家米利齐亚（Milizia）将比例的规则划归到透视法的门下，因为建筑是在不同场合和不同距离被人们观察的。他在 20 年前泰曼扎所指引的那条路上迈出了关键性的一步；他的比例理论依赖于感觉，像瓜里尼那样，他的比例理论是建立在一个建筑对于眼睛所造成的印象上的。很自然，他驳斥了三种中项比例的有效性，甚至通约尺度的必要性。比例对他来说就是一种有关实验和体验的东西。[165] 现代建筑师对待比例问题的方式就这么诞生了。

157 同上，第 234 页上以及之后的内容。里面有该书内容的简短介绍。

158 参见加里亚尼对维特鲁威《建筑十书》的译本，1758 年，引自 A·普兰蒂（A.Prandi），《罗马》（Roma），卷二十一，1943 年，第 18 页上以及之后的内容，——科莫利（之前所引著作，第 232 页）拥有德载特的一部手稿，内有欧瓦作品的一份摘录（见第 131 页上的注释 139）。里奇奥里尼的书于 1773 年送到了出版社，但是未得发表。

想要进一步了解音乐和建筑的资料，参见科莫利的注释，卷三，第 238 页至第 235 页。

159 参见《安东尼奥·拉斐尔·门斯作品集》（Opere di Antonio Raffaello Mengs），巴萨诺，1783 年，卷一，第 lxxi 页。门斯对一种艺术通过通感神奇对另外一种艺术产生影响的信仰，或许和卡诺瓦（Canova）边雕刻边让人给他朗读荷马史诗的方法有得一比。

160 B·A·维托内（B. A. Vittone），《基础教学》（Istruzioni elementari），第 88 页之后的内容。见维托科尔，《1600—1750 年间意大利的艺术与建筑》（Art and Architecture in Italy, 1600–1750），帕司坎艺术史系列（Pelican History of Art），1958 年，第 282 页上以及之后的内容。

161 同上，第 242 页。

162 同上，第 245 页上以及之后的内容。

163 要想了解瓜里尼，见维特科尔，之前所引著作，第 268 页上以及之后的内容。

164 《民用建筑》（Architettura civile），都灵，1737 年，第 6 页。我们还可以给诸多类似的引述。瓜里尼死于 1683 年。这里所阐述的思想根源可以追溯到阿尔伯蒂和莱昂纳多·达·芬奇那里去。伯尔尼尼倡导的也是类似的思想。

165 米利齐亚，《古代及现代建筑师们的笔记》（Memorie degli Arch. ant.e mod.），1785 年，卷一，第 xli 页上以及之后的内容。在米利齐亚这么一位教条的新古典主义者身上能够发现这样的观点，显得特别重要。

＊　　＊　　＊　　＊　　＊

　　在英国，对整个古典美学结构的摧毁却是更加致命性的。当霍格思（Hogarth）拒绝承认在数学和美之间存在任何一致性的时候，他还只是这种新思潮的唯一代言人。[166]霍格思不了解古典认识中比例的普适性，他在评价这个"奇怪的观念"时说，就因为"在一根弦上进行某些统一与和音的划分就能为耳朵带来和谐？""用同样的方式，形式中的线条之间的类似距离也可以取悦眼睛？事实证明恰好相反……。然而，这样的认识现在还在流行，所谓'局部之间的和声'还不只适应于音乐，也被套用到了形式身上。"

　　最鲜明地表达着新思想的那个人是休谟（Hume）。当他宣称"所有可能的理性思考不是别的正是某种类型的感觉"时，修谟也把客观美学改写成为主观的感知性。在他最早的著作中，也就是1739年出版的《论人的天性》一书中[167]，修谟提出美的突出个性在于能够"给灵魂带来愉悦和满足。"在他最初发表于1757年的论文《论趣味的标准》中，他延续着同样的思路，以前所未有的大胆与所有古典艺术理论的基本公理决裂。根据古典艺术理论的看法，如果客体能够与宇宙和谐形成一致性，那美就存在于客体之内。而休谟的解释则是"美与丑，与甜与苦相比，更加不是客体中的属性，它们全都属于情感的范畴……。"但是，虽然休谟似乎坚持"每个心灵感知的美不同……要找寻真正的美或丑将如假装可以真正界定甜与苦那样是项无果之求，"他还是通过倡导源自体验和"人类天性中共同情感"的一般性艺术原则将他的激进观点进行了修正。[168]像他之前的佩劳那样，休谟明确表示出自己对美学相对性的信任。

　　同样是在1757年，柏克（Burke）的《论崇高与美两种观念的起源》出版了。柏克用他体验性和情感化的方式以及对崇高的赞美将有关比例的古典认识进行了一次详细的分析并将这些古典认识撕成了碎片。他否认美"与计算和几何有任何关系。"根据柏克的看法，比例只是"针对相对量的度量，"是一种数学研究的事物，"跟心灵无关。"他的进一步分析再次表明他那一代人已经失去了理解即便是古典认识中最一般性原理的能力。他没有意识到古典理论的美是植根于一种无所不在的和谐性思想之中的。这种无所不在的和谐性曾经被认为是一种绝对性的和数学性的真理。因此，柏克根本不能理解，诸如两个彼此相距遥远的体为什么它们的局部的比例是可以相互比较的。在这一点上，柏克的话最清晰地显露出与过去的彻底决裂。这种决裂也存在于对比例的感知上，它是由经验主义和情感主义时代造就的。[169]"我知道这样的观点很早就已经存在了，并从一个作者到另一个作者那里颠来倒去重复过上千次，就是建筑的比例是从人体的比例得来的说法。为了让这个牵强的类比成立，这些作者们画出一个高举双臂、伸展四肢的男人，然后将他的这一姿态描绘成为正方形，仿佛在这个古怪的人像的每个端点都有直线穿过似的。但是对我而言，很明显，这个人形从来都没向建筑师提供过这样的线索。因为首先，很少有人像他这样老是这么吃力地站着……。"柏克跟着给出如下的评论："一个建筑师用人形来指导他的行动，可以说，没什么事情比这更加荒诞不经的了。因为要是能在一个男人和一栋房子或神庙之间看到相似或类

166　《对美的分析》（Analysis of Beauty），1753年，第76页上的内容。
167　第二书，第一部分，第8节："有关美和畸形"（Of Beauty and Deformity）。
168　D·休谟，《道德、政治和文学论文集》（Essays Moral Political, and Literary），格林与格罗思（Green and Grose）本，1889年，卷一，第268页上以及之后的内容，以及第273页。同样，参见T·布鲁尼乌斯（T.Brunius）的文章，"大卫·休谟论批评"（D.Hume on Criticism），《人物》（Figura），卷二，1952年。
169　这当然指的是维特鲁威《建筑十书》第三书、第一章里那段常被用插图形式展示出来的著名描述。参见前文第25页上的内容。

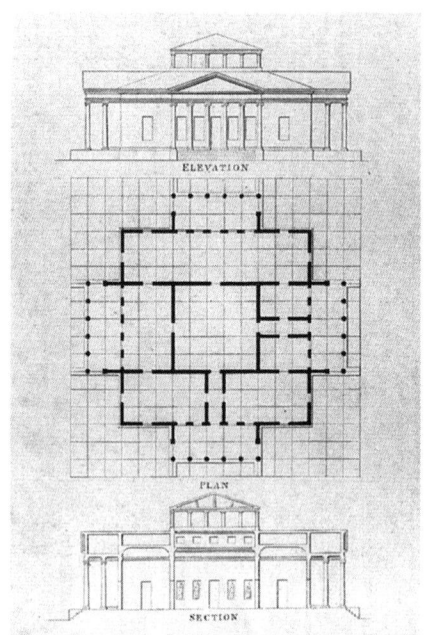

图 127　约瑟夫·格威尔特《建筑初步》中的一页，1826 年

比性，那任何两个事物之间就都有相似或类比性。"[170]

　　1761 年，凯姆斯勋爵（Lord Kames）在他《批评的要素》中所说的话与柏克的话相比或许显得有些"落后"，但是，他挑起了向建筑翻译音乐比例的正面进攻。他以如下的言辞开篇："很多作者将之视为理所当然，就是建筑中应该存在某些取悦眼睛的比例，就像某些声音具有某些取悦耳朵的比例一样；而且，这些人还认为，在这两种情形下与精确比例相比都不应该有一点细微的偏差。"这里，凯姆斯显然同样不曾知晓对于一个文艺复兴心灵来说存在着将音乐比例和视觉物体比例统一起来的深层纽带。事实上，他反对的是布隆代尔－布里瑟于格－莫里斯－波莱蒂这些人的教条立场。因此，很自然地，他继续说道："要驳斥那种认为音乐比例和建筑比例存在相似性的观念，或许应该首先认识到，音乐比例是提供给耳朵的，建筑比例是提供给眼睛的；在不同的感官对象之间是没有相似性的，也的确不存在任何彼此的关联。"为了支持他的这一观点，他指出，一个八度是音乐和声中最完美的比例，但是一比二，他断言，出现在一个建筑的任何两个局部之间都是不谐调的。这里，他的 18 世纪趣味和文艺复兴趣味形成了反差。我们知道，文艺复兴时期建筑中的 1∶2 被认为是完美无瑕的。凯姆斯批评的主要思路跟意大利批评家的说法其实没太大不同。对比例的评判权落在了感知者的一边。当我们在一个房间内移动时，长与宽的比例不断地变化着，如果眼睛可以成为一个有关比例的绝对评判者，人们"也不要高兴太早，因为那只是在一个精确的点上所有比例才显得和谐。"因此，我们要庆幸的是，眼睛"之于比例并不像耳朵之于和弦那么精致"；如果眼睛真那么好使，"不仅是一种品质的浪费，还是无尽痛苦和烦恼的源泉。"这样，在对待比例的主观方法之外，凯姆斯勋爵还将人类视觉的局限性——一个文艺复兴理论根本不知道的东西——当成了一种新元素介绍给我们。[171]

　　在柏克的身后，阿里森（Alison）的联想理论（Theory of Association）或许最明确地显示出 18 世纪进程中大革命的重要性。他主张任何一种抽象或唯心的标准都会破坏艺术作品的功能。正是"对趣味的追求生产了思想的火车，"是即时性的对想象力的刺激使得一件作品美丽和崇高。"崇高感或形式美源自我们对它们的联想，或者说源自它们向我们表达出来的属性。"[172] 步阿里森的后尘，理查德·佩恩·奈特（Richard Payne Knight）在其 1805 年的《有关趣味原理的分析性探求》中声称比例"完全依赖于思想的联想，而完全不是抽象理性或有机感觉的结果；不然的话，就像声音或色彩中的和谐一样，就应该从所有客体中能够得出相同的相对关系；事实远非如此，同一种相对尺度关系会让一个动物漂亮而让另外一个动物丑陋……但是，同样的声音比例组合在小提琴上是和谐的音，在一把笛子或一把竖琴上也会如此。"[173] 于是，这样一个伪逻辑的证明过程表明，音乐和声和空间比例之间不可能有任何共同的东西。

　　在新世界观的阐释下，古典美学的整体结构被系统地瓦解了。在此过程中，人类的视野发生了根本性改变。比例变成了个体感知的事物，建筑师因此摆脱了数学比例的束缚，获得了完全的自由。[174] 这是直到今天大多数建筑师和大众都下意识地去认同的态度。对于这一点几乎不需要旁征博引；但是这里可以简要地提一下两位说出了大众感受的作者。拉斯金（Ruskin）声称，可能

170　要想了解这里所引述的这段话，参见 1782 年第 9 版，第 175 页上以及之后的内容，第 181 页上以及之后的内容。

171　参见 1807 年第 8 版，卷二，第 406 页之后的内容，第 463 页之后的内容，以及各处内容。

172　A·阿里森（Archibald Alison），《有关趣味的本性与原理的论文集》（Essays on the Nature and Principles of Taste），爱丁堡（Edinburgh），1790 年，1817 年第 5 版，卷一，第 13 页上以及之后的内容，第 33 页之后的内容。

173　第 169 页。

174　然而，数学数比已经沦为教授建筑学生设计手段的蜕化形式，跟原初的意义已经没什么关联。参见图 127，此图出自 J·格威尔特（Joseph Gwilt），《建筑初步》（Rudiments of Architecture），1826 年。格威尔特的图是基于 J·N·L·迪朗（J.N.L. Durand），《皇家理工学院建筑学教程概要》（Précis des lecons d' architecture données á l' Ecole Royale Polytechnique），1812–1821 年，此书包含大量的此类设计。反过来，迪朗的图似乎有源自维托内的《基础教学》，1760。据说是维托内发明了这种方法。在他看来，这还不是纯粹的教学工具。

的比例将是无限的，就像音乐中的曲调是无限的一样，因此只能依靠艺术家个人的灵感去发明美的比例。[175] 于连·加代（Julien Guadet）在《建筑的理论与要素》（Eléments et théorie de l'architecture）一书中——也就是在那本不断再版的巴黎美院（ecole des Beaux-Arts）学生手册里——解释说 [176]，为了建立一种有关比例的信条，历史上的作者们总是祈求科学的保佑。但是，"什么意义都没有；人们以神秘主义的方式探寻着组合，比如节奏中某些神秘的属性，还有，音乐中决定和弦的振动频率。纯粹的空想……让我们把这些空想或迷信搁到一边去吧……。在这一点上，你们得理解，我是不可能告诉你们任何标准的。比例，是无限的。"（Elle n'a rien à voir ici ; on a cherché des combinaisons en quelque sorte cabalistiques, je ne sais quelles propriétés mystérieuses des nombres ou, encore, des rapports comme la musique en trouve entre les nombres de vibrations qui déterminent les accords. Pures chimères…Laissons là ces chimères ou ces superstitions…Il m'est impossible, vous le concevez bien, de vous donner des regles à cet égard. Les proportions, c'est l'infini）。

"比例是无限的"——这个简洁的陈述仍然对我们的研究具有启示意义。它也是为什么在面对那些有关比例理论的研究时我们总是带着怀疑和敬畏心情的原因。但是，这一命题在今天许多年轻建筑师的心中仍然是活着的，他们或许可以对这一古老命题给出新的令我们意想不到的解答。[177]

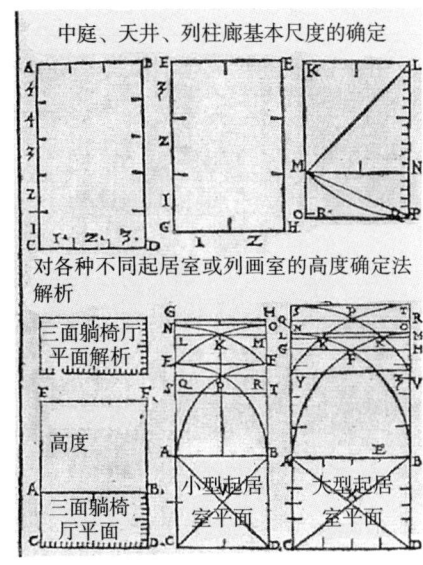

图 128　切萨里亚诺本的维特鲁威《建筑十书》中的一页。科莫，1521 年

175　《建筑七灯》（The Seven Lamps of Architecture），1849 年，见 "美之灯"（The Lamp of Beauty）。

176　四卷本，1901–1904 年 第 1 版，1915 年 第 4 版，第 138 页上的内容。同样，参见 F·霍伯（F.Hoeber），《建筑比例体系初探》（Orientierende Vorstudien zur Systematik der Architekturproportionen），法兰克福，1906 年。霍伯宣称，作为某种无意识过程的产物，建筑比例应该是美学心理学的研究对象。要想了解英国实践者现代的视角，参见辛普森（T.W. Simpson），《论文及纪念性文章》（Essays and Memorials），1923 年，第 54 页上以及之后的内容。在辛普森看来，"比例不能被消减成为数学或是几何学公式"。

177　我对第一版没有做改动，虽然艺术和建筑中的比例问题在十多年前和今天已经有些不同。在我写给《戴德拉斯》杂志的文章中，见《戴德拉斯》（DAEDALUS），冬季刊，1960 年，我已经试图给出跟当下立场相同的论述了。

附录一

弗朗切斯科·乔奇为维尼亚圣弗朗切斯科教堂撰写的备忘录

（英文翻译出自莫斯契尼（Gianantonio Moschini）的《威尼斯城市指南》（Guida per la Città di Venezia），1815 年，第一章、第 1 节，第 55-61 页）

　　1535 年 4 月 1 日。为了使该教堂的骨架具有贴切和非常和谐的比例，在不需要改动现状的前提下，我将以如下的方式开展我的工作。我希望中殿的宽度是 9 步（1 步约等于 1.8 米）。9 是 3 的平方数，3 也是首个和神圣的数字。中殿的长度是 27 步，是个三倍比，可以形成一个八度和一个五度音。这个神秘的和声是柏拉图在《蒂迈欧篇》中希望用来描述世界的局部和结构的神奇和声的。柏拉图视之为描述世界的首要基础，并在需要的时候用它去乘以服从贴切与和音规则的相同比例和数字，直到他完成对整个世界和每一个部件和局部的描述。我们，现在热切盼望着这个教堂的建造，也认为最合适的建造方式是必须遵从上帝这位最伟大建筑师、主人和作者的指示。当上帝希望向摩西传授不得不建造的圣幕比例和形式时，上帝让摩西把世界的结构当做圣殿的建造模式，他说（《出埃及记》25）："切记，你应该以它们的模式来建造，就像在山上所显示的那样。"根据所有解经家们的意见，它们的模式就是世界的结构。的确如此，因为这个特殊的场所必然要效仿上帝的宇宙，不是在尺度上，上帝不需要这样，也不是在享乐上，而是比例，上帝不仅仅需要住在他所居住的实体性宫殿里，他还需要住在我们中间，就像保罗在给哥林多（即科林思人）的信中所言，"你们就是上帝的圣殿。"在思考这一奥秘时，智慧的所罗门王赋予他建造的著名圣殿以摩西圣幕的比例。因此，如果我们跟随同样的比例，我们将得到令人满意的中殿长度是数字 27。它也是宽的三倍，以及数字 3 的立方数；柏拉图在描述世界的时候没有超过数字 27，亚里士多德在他的《天体论》（De Caelo）第一书中所使用的数字也没有超过它。《天体论》尽数自然中的力与尺度，但也没有让任何一个天体逾越这个数字。真相是这样的，就是人们尽可以增加尺寸和数目，但这些尺寸和数目必须保持相同的比。无论是谁，要是违背了这一规则，就会创造出怪物，这样的怪物就会打破和违背自然的法则。对于这样一个完美的体，我们现在要给它一个头，就是"大礼拜堂"的位置。至于大礼拜堂的长度，也应该来自相同的比例，或者说，也应该有我们在一个边长即 9 步的那种 3 个正方构成的中殿那里所看到的均衡性。我认为可以考虑大礼拜堂的宽度与中殿的宽度相同（如我们所言，仍然没有超过 27）；但是，我还是喜欢将大礼拜堂的宽度定为 6 步，则更像一个头，与身体的连接更成比例和平衡。大礼拜堂的宽度与中殿的宽度形成的比是 2：3（一个二三比），其中包含着一个五度，是著名的和声之一。正如建筑师通常会赞同内堂（chancel）与耳堂的均衡，那我们就可以将这些"边翼"做成 6 步宽，与大礼拜堂的宽度相同。再说回长度：将大礼拜堂的长度与中殿的长度加在一起，这个总长度与宽度形成了四倍比，也就是一个双八度，即最能共鸣的和声。在这种均衡性中，不要忘记唱诗席的位置。它的长度将是另一个 9 步，与它的宽度形成一个五倍比：也就是一个双八度和一个五度的最美和声。礼拜堂的宽度将是 3 步，与教堂中殿的宽度形成三倍比，就是一个八度和一个五度；与大礼拜堂的宽度形成的是二倍比，也就是一个八度。礼拜堂们与大礼拜堂旁边相连的那些礼拜堂之间也形成比例；后者是 4 步宽，形成的是三四比，也就是一个四度，另一个著名的比例。这样，平面上的所有尺寸，长与宽，都是完美的和音，也会让思考它们的人们感到愉悦，除非这些人的视力不好或眼斜。现在，说到礼拜堂的圣坛，我建议将圣坛放在礼拜堂的外面，与礼拜堂之间设有栏杆或扶手，就像至圣所里那样，只有教士和他的助手可以进入。这样的形式应该适用于所有的礼拜堂，除了那两个假礼拜堂之外，因为它们无法坚持这样的秩序。我还建议将教堂的地面设计得高于街道的地面，并与礼拜堂之间也该有差别，彼此之间应该有 3 步向上的台阶。这常常是我们大家的意见，并已经在大礼拜堂和唱诗席处实施。我建议将所有的礼拜堂和唱诗席的顶都用拱筒形式，因为牧师的讲话或歌唱在拱筒内比在梁架内有着更好的混声效果。但是在教堂的中殿内，也就是举行布道的地方，我建议应该有顶棚（这样，布道者的声音就不会扩散或从拱顶产生二次反射）。我希望顶棚能够是方格藻井的形式，格子越多越好，并且具有合适的尺度和比例；格子的颜色应该朴素，可以是灰色，一种我们都习惯的颜色，即生动又比其他颜色耐久。至于藻井，我认为，最重要的是它们要适合于布道：这一点，专家们都知道，而且日后的使用将证明这一观点。现在说说高度，我赞同圣索维诺在他的建筑模型上给出的高度，即 60 尺或 12 步，与宽度形成三四比，即一个四度，一个著名和优美的和声。在模型上，大礼拜堂、中礼拜堂和小礼拜堂的高度也成比例，我就不在此多说了。同样，我建议根据多立克艺术的法则来设计圆柱和方壁柱的柱式，因为我希望这个教堂的设计不仅要适于我们在此供奉的圣徒，也适于在其中司祭的那些兄弟。最后剩下要说的是正立面，我希望它绝不是个方块，而是应该和内部相呼应，从正立面上人们就可以理解建筑的形式以及它的所有比例。这样，内部和外部就都成比例了。我们最后的愿望是，修会会长们以及主事的长老们——即最令人尊敬的长老（padre ministro）和执事们（Diffinitori.）——能够同意我们的意见。这样，就没人敢或擅自修改设计了。

以上是有关威尼斯维尼亚圣弗朗切斯科教堂的备忘录。写于 4 月 1 日：公证于公元 1535 年同月的第 25 日，于利帕的圣洛多维科（S. Lodovico a Ripa）。

我，弗朗切斯科·乔奇，在最尊贵的长老指示下，完成上述描述，以便所有人都能够了解此教堂建设的工作，并根据好的原则和比例来建设此教堂。我希望并祈祷大家能够实施这些建议。

1 佐波夫，"阿尔伯蒂比例美学的若干侧面"（Quelques aspects de la théorie des proportions esthétiques de L-B. Alberti），《人文主义及文艺复兴时期文库》（Bibliothèque d'Humanisme et Renaissance），卷二十二，1960 年，第 54 页上以及之后的内容。在该文中，佐波夫强调阿尔伯蒂对于不可通约数比的推崇，但是在结论中却表现得相当谨慎；而 H·萨尔曼（Howard Saalman）虽积累了大量有价值的信息，可在我看来，却倾向于歪曲主要的问题。见萨尔曼，"安东尼奥·菲拉雷特《建筑论》中所表现出来的文艺复兴初期的理论与实践"（Early Renaissance Architectural Theory and Practice in Antonio Filarete's Trattato di Architettura），《艺术通报》，第 41 期，1959 年，第 89 页上以及之后的内容。而有些研究则完全是刚愎自用式的。像 C·巴依拉蒂（Cesare Bairati），《动态平衡：古典建筑的科学与艺术》（La simmetria dinamica. Scienza ed arte nell'architettura classica），米兰，1952 年，J·朱文（George Jouven），《节奏与建筑：和声的痕迹》（Rythme et architecture: Les traces harmoniques），巴黎，1951 年。这些作者们以为汉比奇的不可通约的根矩形（root rectangles）（"动态平衡"）相应地构成了 16 和 17 世纪意大利和法国建筑中的比例基础。有关这些著作以及有关不可通约的黄金分割数的效力，见我的论文"变化中的比例概念"（The Changing Concept of Proportion），《戴德拉斯》，冬季刊，1960 年，第 199 页上以及之后的内容。

2 接下来的三段话，这里做了些改动，基本上对应着《建筑师年鉴》上的文字。

3 H·雅尼切克（H. Janitschek），《阿尔伯蒂非主要的艺术理论文献》（L.B.Albertis kleinere kunsttheoretische Schriften），维也纳，1877 年，第 179 页上的内容。在《论雕塑》中有一段话是这样的："肯定地，通过使用某些常量和尺度，可以让身体的每一部分都可以即和其他局部区别开来，又能够相对于身体的整体形成可以被感知到的符合和遵循着数字法则的关系"。

4 O·范·辛姆森（Otto von Simson），《哥特大教堂》（The Gothic Cathedral），纽约，1957 年，卷二十，注释 3。范·辛姆森坚持认为，他忽视了"在中世纪的建筑理论和实践中，普遍存在的……通过对应着音乐和音的比例手段，在圣所里重新制造宇宙和谐的思想。"我是一直都很重视中世纪流传下来的毕达哥拉斯－柏拉图学派音乐比例的概念（见前文，第 38 页上的内容，以及第 110 页，等等），但是范·辛姆森的著作并没有让我相信，这些思想在中世纪建筑中具有压倒性的作用。他自己似乎也没有被说服，如果他自己相信那样的话，他怎么能在上述陈述和下面这些深思的结论之间做调和呢。"就我们所知，沙特尔（Chartres）的柏拉图学者们从来都没有形成一种美学体系，更不用说用于艺术的程序了"（第 55 页）；"中世纪盛期的人……把建筑定义成为、实践成为应用几何学"（第 33 页）；"沙特尔大教堂西立面上使用的几何套路……"（第 155 页）；"沙特尔大教堂的大匠师对于正五边形的使用……"（第 280 页）。等等。这样，即使范·辛姆森这本书的其他记述仍值得研究，这本书里还是充斥着矛盾。

附录二

文艺复兴时期比例的通约性问题

在本书的叙述中，我不断提到文艺复兴对待比例的中心议题，就是有关数比的通约性问题。近来出版的学术文献倾向于掩盖比例的通约性，而坚持认为文艺复兴建筑师在理论和实践上倡导的是比例的不可通约性。[1] 对此，我是坚决不同意的，不仅是针对某个学者的具体观点，更是针对一般性的倾向。我在 1953 年发表在《建筑师年鉴》（第 5 期，伦敦）的一篇文章中就扼要地陈述过我对文艺复兴立场的估断，既然我如今依然甚至更加坚信那篇文章的正确性，此处，我希望将那篇文章摘要如下。[2]

不言而喻，文艺复兴艺术家们面对无理数的比例时可能会颇感尴尬。因为文艺复兴时决定着艺术家们对比例的看法的东西是一种新的对待自然的有机方式。这种新方式包括了尺度的经验性程序，它旨在证明世上一切都因数字彼此相连。我以为将尺度中的通约性作为文艺复兴美学的关键点并不过分。尺度对于阿尔伯蒂来说意味着可靠和一致的可量化标注。通过尺度，我们就可以充分了解一个身体局部之间的关系以及局部与作为整体的身体之间的关系。[3] 这一原理可以通过查看达·芬奇诸多有关人体比例的研究得以证实。在他的所有研究中，达·芬奇大量使用了数字比例。他测量并比较过人体局部之间的各种比例，并建立起小整数之间的关系，比如 1 : 2 和 1 : 3（图 112）。相比之下，13 世纪维拉尔·德·奥内科尔（Villard de Honnecourt）速写本中所画的人物和动物比例都是由诸如等边三角形和五角星形这样的毕达哥拉斯几何体系所决定的（图 113）。

对于有机和量测性的文艺复兴世界观来说，有理数化的尺度是一个必要条件，而对重逻辑的亚里士多德主义占主导地位的中世纪来说，尺度的测量问题从来都没这么重要过。虽然毕达哥拉斯－柏拉图主义有关音阶的数比概念从来都没有从中世纪的神学、哲学和美学思想中消失过，然而，从来也不曾存在过将它们应用到艺术和建筑中去的迫切性。[4] 相反，中世纪人对于表象背后终极真理的追问完全可以被一种具有绝对基本本性的几何形构（geometrical configurations）所回答；也就是说，这些几何形构是不能被调和成为人体和建筑的有机结构的。在维拉尔·德·奥内科尔和达·芬奇的人体比例研究之间的对比是典型性的：中世纪艺术家倾向于将一种事先建立的几何规范投射到他所画的形象上去，而文艺复兴艺术家倾向于从环绕他周围的自然现象中提炼出一种尺度规范来。

当然，量测性比例在中世纪时也被使用过[5]——的确，没有哪个建筑能够离开尺度——而几何则在文艺复兴美学和文艺复兴思想中占据着相当重要的地位。我这里只需提醒读者回想一下附加在圆形身上的那些重要性。[6]在另一方面，我们必须要问的是，同一数字和几何比例在中世纪和文艺复兴时期是否具有相同的意义。回答基本上是否定的。在中世纪，量测性比例很少被用作所有局部都必须服从的一种整合性原理的。比如，一根柱子的柱墩高度可能和柱子的直径形成一种尺度关系，但是柱墩高度和宽度在尺度意义上讲相对于建筑的整体几何模式来说是随机性的。[7]相比之下，在文艺复兴时期，量测性比例成为秩序的组织原则，显现出所有局部之间、局部与整体之间的和谐。也正因为如此，是文艺复兴的建筑师而不是中世纪的建筑师接受了维特鲁威的模数体系，这种模数体系成为形成遍布建筑各处的一致的有理数关联的唯一保障。说到几何，我们或许可以选择正方形来作为例子，因为正方形在中世纪以及文艺复兴比例中都曾扮演过特殊重要的角色。在中世纪末期出现的那个"精确尺度"图形中，正方形们彼此相套，其中包含着一种不可通约的几何性图形。[8]在文艺复兴时期，艺术家们开始意识到一个正方形的边之间的简单数比，在 1∶1 的比例中（音乐中的同调），一个文艺复兴的心灵会发现其中的美和完美的和谐。像正方形这样的简单几何图形，似乎是既可以被用在一种量测性和有理数的背景中，也可以被用在一种几何性和无理数的背景中；作为一种比例手段，类似的图形具有不同的功能，并可能引发不同的反应。

本书已经引用的大量资料来支持我上述的理解，关于此观点，还有更多不胜枚举的文献可以佐证。但是，人们或许会说，历史从来都不是黑白分明的。的确，没有哪个正常人会否认中世纪的几何概念流传了下来并同样出现在了 15 世纪。但是，这样的陈述不该遮蔽对新的具有个性化模式的文艺复兴立场的承认。我们甚至可以指出从一种主要是几何性的比例方法向一种算术性的比例方法过渡的精确转折点。当弗朗切斯科·迪·乔治建议使用一种中世纪的不可通约的几何定式来设计一个教堂的时候，这种定式真正是将他引向一种有理数的模数。[9]当阿尔伯蒂介绍他（自己显然是几何性的）建筑设计时，他很伤心地意识到了他自己的错误以及用正确数字来修改错误的必要性。[10]当他讨论"不是源自整数，而是源自它们的开方数和平方数"的比例时[11]，他立即将他的例子翻译成为有理数的图形，只是正方形的对角线 $\sqrt{2}$ 除外，"因为它不能被数字表示。"但是，切萨里亚诺在他的图中显示（图 128）[12]，即便是不可通约的尺度也可以被整合到一种有理数的体系中来。

5　特别是弗兰克尔，就曾详述过中世纪建筑中对于某种基本测量单位（码尺）的使用。见《艺术通报》，第 27 期，1945 年，第 46 页以及之后的内容。以及他的《哥特式建筑》（The Gothic），普林斯顿，1960 年，第 66 页上的内容。

6　如今，可以参见 G·泽格尔（Gerda Soergel）的"成比例的圆"（Proportionale Kreise）一章，见《有关理论化建筑设计的分析》（Untersuchungen über den theoretischen Architekturentwurf），慕尼黑，1958 年，第 69 页上以及之后的内容。

7　参见 J·阿克曼是切题的一段话，见《艺术通报》，第 31 期，1949 年，第 105 页上的内容。在那段话里，我看到了我所了解的有关中世纪晚期理论的最为简洁的陈述之一。

8　最为重要地，参见 W·于贝瓦塞尔（W.Ueberwasser），"恰当的数比"（Nach rechtem Mass），《艺术收藏年鉴》，第 46 期，1935 年，以及 M·韦尔特（Maria Velte），《正方形与三角形作为基础网格的使用与哥特式大教堂的设计》（Die Anwendung der Quadratur und Triangulatur bei der Grund-und Aufrissgestaltung der gotischen Kirchen），巴塞尔，1951 年。

9　米隆，"弗朗切斯科·迪·乔治的建筑理论"（The Architectural Theory of Francaesco di Giorgio），《艺术通报》，第 50 期，1958 年，第 257 页以上以及之后的内容。这篇文章里有弗朗切斯科·迪·乔治谈如何获取模数的方法的完整陈述。同样参见萨尔曼，之前所引著作，1959 年，第 92 页。

10　阿尔伯蒂，《论建筑》，第九书，第 10 章。

11　同上，第九书，第 6 章。

12　见他的 1521 年的《维特鲁威〈建筑十书〉评注》（见前文第 22 页），帖码 98，反面页。

参考文献

J.S. Ackerman, 'Ars Sine Scientia nihil est. Gothic Theory of Architecture at the Cathedral of Milan', in ART BULLETIN, XXXI, p. 84 ff.

G.D. Birkhoff, *Aesthetic Measure*, 1933.

Ch.E. Briseux, *Traité du Beau dans les arts*, 1752.

A. Coan, *The Great Modules*, 1914.

S. Colman & A. Coan, *Nature's Harmonic Unity*, 1912.

S. Colman & A. Coan, *Proportional Form*, 1920.

Felix Durach, *Mittelalterliche Bauhütten und Geometrie*, 1929.

C.A. Von Drach, *Das Hüttengeheimnis von gerechten Steinmetzengrund*, 1897.

Silvio Ferri, 'Nuovi contributi esegetici al "canone" della scultura greca', RIVISTA DEL R. IST. D'ARCHEOLOGIA E STORIA DELL'ARTE, VII, 1940, p. 117 ff.

Funck-Hellet, 'L'equerre des maîtres d'oeuvre et la proportion', LES CAHIERS TECHNIQUES DE L'ART, 1949, p. 37 ff.

Funck-Hellet, *Les oeuvres peintes de la Renaissance italienne et le nombre d'or*, 1932.

Matila Ghyka, *The Geometry of Art and Life*, 1946.

G. Giovannoni, 'Tradizione architettonica italiana', *Architetture di Pensiero e Pensieri sull'Architettura*, 1945.

F. Von Juraschek, 'Weiterleben antiker Bauformen an Bauten des achten Jahrhunderts', ZEITSCHRIFT FÜR SCHWEIZERISCHE ARCHAEOLOGIE UND KUNSTGESCHICHTE, XI, 1950 p. 129 ff.

Peter Legh, *The Music of the Eye; or Essays on the Principles of the Beauty and Perfection of Architecture*, 1831.

G. Marchelli, *Trattato d. Proporzioni*, 1759.

V. Monneret de Villard, *La teoria delle proporzioni*, 1908.

Robert Morris, *Lectures on architecture consisting of rules formed upon Harmony and Arithmetical Proportion*, 1734.

Ouvrard, *Architecture harmonique, ou l'application de la doctrine des proportions de la musique à l'architecture*, 1639.

John Pennethorne, *The Geometry and Optics of Ancient Architecture*, 1878.

W. Thomae, 'Das Proportionswesen', *Heidelberger Kunsgeschichtl. Abhandlugen*, 1933.

Walter Ueberwasser, *Von Mass und Macht der alten Kunst*, 1933.

Karl Witzel, *Untersuchungen über gotische Proportionsgesetze*, 1911.

John Wood, *Dissertation upon the Orders*, 1750.

H. Wotton, *The Elements of Architecture*, 1624.

A. Zeising, *Neue Lehre von den Proportionen des menschlichen Körpers*, 1854.

附录三

有关比例理论文献的若干注释

当建筑的和声数学概念在一个讲究"自然和情感"的时代被从哲学意义上推翻，当它从处理比例的实践中消失之后，学者们所探讨的比例已经变成了一个历史学话题。带着无限耐心和学识，通常声称具有绝对的正确性，学者们曾经分析出大量充满矛盾的体系，并意在得出一种对比例在古代、中世纪和文艺复兴时期的理解。

在过去的一百年中，这方面的文献很是浩瀚。下面的综述为的是给读者提供少数一般性的文献索引。这其中，诸多将某个数学公式或某种几何图形应用到历史建筑身上的体系们彼此之间是相互冲突的。彭尼索恩（Pennethorne）[1] 有关希腊建筑中和声比例的发现与汉比奇（Hambidge）[2] 从根号二、根号三、

1　J·彭尼索恩（John Pennethorne），《古代建筑的几何学与光学》（The Geometry and Optics of Ancient Architecture），1878 年。

2　J·汉比奇，《帕提农神庙以及其他希腊神庙：它们的动态平衡，纽黑文（New Haven），1924 年。P·诺布斯（Perry E. Nobbs），《设计：一部有关形式发现的专著》（Design. A Treatise on the Discovery of Form），牛津大学出版社，1937 年，特别是第 123 页上以及之后的内容（"对于比例的感知"（Precept in Proportion））。该书将汉比奇称为晚近的"建筑占星师"，并且，它完全是从"感知机制更为晚近的知识"出发，去研究比例的。

3　蔡辛，《有关人体比例的新发现》（Neue Lehre von den Proportionen des menschlichen Körpers），莱比锡，1854 年。蔡辛在此书里对于"之前体系的历史综述"乃是很好的入门文献。蔡辛之后还有许多学者研究过此课题，见 F·X·普法伊费尔（F.X.Pfeifer），《黄金分割以及它在数学、自然与艺术中的体现》（Der goldene Schnitt und dessen Erscheinungsformen in Mathematik, Natur und Kunst），1885 年。我们可以在 R·C·阿奇巴尔德（R. C. Archibald）的文章里发现有趣的文献资料，见阿奇巴尔德，"对数螺线笔记：黄金分割数以及斐波纳契数列"（Notes on the Logarithmic Spiral, Golden Section and the Fibonacci Series），见汉比奇，《动态平衡》，第 152 页上以及之后的内容。

4　O·沃尔夫（Odilio Wolff），《教堂尺度》（Tempelmaasse），维也纳，1912 年。

5　F·M·伦德（F.M.Lund），《论方形》（Ad Quadratum），伦敦，1921 年。参见 T·A·库克（Theodore A. Cook）对于伦德、汉比奇和 S·科尔曼（Samuel Colman）学说的批判："建筑学里的新病"（A New Disease in Architecture），《19 世纪》（The Nineteenth Century），1922 年，第 521 页至 532 页。

6　E·莫塞尔（Ernest Moessel），《上古与中世纪的比例》（Die Proportion in Antike und Mittelalter），慕尼黑，1926 年；同一位作者，《作为设计原理之外的空间基本形式》（Urformen des Raumes als Grundlages der Formgestaltung），慕尼黑，1931 年。

7　维奥莱 – 勒 – 迪克，《法国 11 至 16 世纪建筑的理性词典》（Dict. rais. de l'architecture）当中有关"对称性"（symmétrie）的那篇文章，以及《建筑讲座》（Entretiens sur l'architecture），巴黎，1863 年，卷一。

想要进一步了解有关比例的法语文献，参见 E·亨策尔曼（E. Henszlmann），《比例学说》（Théorie des proportions），巴黎，1860 年；E·拉古特（E. Lagoût），《美的数字》（Esthétique nombrée），巴黎，1863 年；A·奥雷斯（A. Aurés），《从维特鲁威文本中导出的有关模数的新学说》（Nouvelle théorie du module, déduite du texte de Vitruve），尼斯（Nîmes），1862 年；L·克洛凯（L. Cloquet），《建筑论》（Traité d'architecture），1901 年，卷五，第 29 页上以及之后的内容，第 165 页上以及之后的内容。其他文献参考还包括：M·鲍尔萨瓦列维奇（M. Borissavliévitch），《和声建筑的科学》（La science de l'harmonie architecturale），1925 年。M-A·泰西尔（Marcel-André Texier），《建筑几何学》（Géométrie de l'Architecte），巴黎，1934 年。泰西尔在此书中试图把各种作者的假设都组合在一起。

8　G·德耶奥，《常见的哥特建筑比例之外的等边三角形分析》（Untersuchungen über das gleichseitige Dreick als Norm gotischer Bauproportionen），斯图加

根号五的矩形中导出的"动态均衡"是势不两立的。蔡辛（Zeising）相信他已经发现了黄金分割就是微观和宏观世界比例的中心原则[3]；奥迪里奥·沃尔夫（Odilio Wolff）在正六边形的秘密中找到了答案[4]，伦德（Lund）在正五边形里也找到了答案[5]，莫塞尔（Moessel）也说在"圆的几何"中找到了答案。[6] 勒–迪克（Viollet-le-Duc）的三角化[7]被德耶奥（Dehio）修正过[8]，其结果是影响了一代年轻人。海伊（Hay）在恢复了毕达哥拉斯数论[9]的基础上建立起一个综合体系，后来的学者研究毕达哥拉斯数论时，有时竟不了解海伊的工作；近来，毕达哥拉斯的概念又在一本美国版的为建筑师使用的《比例入门》中再度出现。[10]克劳德·布拉格登（Claude Bragdon）[11]从一个神学哲学的角度试图将建筑构图翻译成为乐谱。蒂尔施（Thiersch）则认为和声比例源自一个建筑身上用同一个几何模式在各个组成上的重复使用。[12]这一结论被布克哈特（Burckhardt）[13]、沃尔夫林（Woefflin）[14]、乔万诺尼（Giovannoni）[15]等人接受了；蒂尔施的发现对于文艺复兴时期的比例史来说当然具有最伟大的意义，但事实是，蒂尔施将果当成了因。尽管上述体系如此多元，目的如此多样，过去一百年中学者们的努力还是给我们留下了丰富和全面的资料。这些资料为我们正确理解神庙、大教堂和文艺复兴府邸的建筑者们看待比例的方式扫清了道路。最近的研究，如托梅（Thomae）[16]、于贝瓦塞尔（Ueberwasser）[17]、吉卡（Ghyka）[18]、奥特克尔（Hautecoeur）[19]弗兰克尔（Frankl）[20]的研究都有这样一个共同点，他们都不再倡导一种排他性的体系，而是试图针对视觉和文本资料给出一种历史具体性的阐释。

第二次世界大战之后的几年中，有关比例问题的出版资料增加得如此迅猛，人们几乎不可能有时间完全通读它们。赫曼·格拉夫（Hermann Graf）给出的《参考文献明细》（"Bibliographie zum Problem der Proportionen", Speyer, 1958）列出在1945–1958年间将近200份资料。我下面要给出的资料索引几乎没有出现在格拉夫的单子上。我之所以选择了它们是因为它们要么和本书的主题有关、要么是因为它们内在的品质，有好的，也有差的。我这里按照时间顺序将它们罗列如下。

1945: Eva Tea, *La proporzione nelle arti figurative*, Milan.

1946: G. Francesco Malipiero, *L'armonioso labirinto. Da Zarlino a Padre Martini* (1558-1774), Milan.

1948: Joseph Schillinger, *The mathematical Basis of the Arts*, New York (a complicated mathematical treatise).

1949: J.S. Ackerman, 'Gothic Theory of Architecture at the Cathedral of Milan', ART BULLETIN, XXXI, p. 84 ff. (a model investigation).

1950: Paul-Henri Michel, *De Pythagore a Euclide. Contribution à l'histoire des mathématiques préeuclidiennes*. Paris (documentary history of exemplary clarity). Giuliana Traverso, *Il numero in Piero della Francesca*, Milan. Le Corbusier, *Le Modulor*, Boulogne (contains spirited excursions into history). F. Von Juraschek, 'Weiterleben antiker Bauformen an Bauten des achten Jahrhunderts', ZEITSCHRIFT F. SCHWEIZERISCHE ARCHAEOLOGIE UND KUNSTGESCHICHTE, XI, p. 129 ff.

1951: *Nona Triennale di Milano. Studi sulle proporzioni. Mostra bibliografica*, Milan (Catalogue of the Exhibition which accompanied the Milanese Congress on Proportion). Maria Velte, *Die Anwendung der Quadratur und Triangulatur bei der Grund-und Aufrissgestaltung der Gotischen Kirchen*, Basel (see Ackerman's review in ART BULLETIN, XXXV, 1953, p. 155 ff.). P. Sanpaolesi, 'Ipotesi sulle conoscence matematiche statiche e meccaniche del Brunelleschi', *Belle Arti*, pp. 25-54. C. Funck-Hellet, *De la proportion. L'équerre des maîtres d'oeuvre*, Paris (the most comprehensive of the author's many publications expounding the mysterious qualities of the Golden Section). George Jouven, *Rythme et architecture. Les tracés harmoniques*, Paris (attempt to apply Hambidge's dynamic rectangles to French architecture of the seventeenth and eighteenth centuries).

特，1894年。该作者在放大了写作范围后，又写，《论古代建筑艺术当中以及中世纪和文艺复兴时期的比例法则》（Ein Proportionsgesetz der antiken Baukunst und sein Nachleben in Mittelalter und inder Renaissance），斯特拉斯堡（Strasbourg），1895年。

9 海伊，《美的科学：从自然中来，到艺术中去》（The Science of Beauty, as developed in Nature and applied in Art），1856年。此书包括了该作者之前在几卷书里对这一论题详细阐述的内容。在该作者之前的著作里，有一部特别值得一提：《自然哲学与形式和声的剖析》（The Natural Principles and Anlogy of the Harmony of Form），伦敦，1842年。同样参见W·P·格里菲思（William Pettit Griffith），《建筑的自然体系》（The Natural System of Architecture），伦敦，1845年。

10 R·W·加尔德纳（R.W.Gardner），《有关形式与音乐艺术中比例的入门介绍》（A Primer of Proportion in the Arts of Form and Music），纽约，1945年。在该书里，引入了"块面音阶"（area scale）的概念，作为跟音乐音阶的视觉对应词汇。

11 C·布拉格登，《美的必要性》（Beautiful Necessity），罗切斯特出版社，纽约，1910年。

12 A·蒂尔施的文章，见《建筑手册》（Handbuch der Architektur），卷四，第1册，1883年，第39页上以及之后的内容。同样参见J·B·罗宾逊（John Beverley-Robinson）的文章，见《建筑实录》（Architectural Record），1898年，第297至311页。对于蒂尔施观点的批评，主要可以参见鲍尔萨瓦列维奇，《建筑理论》（Les théories de l'architecture），巴黎，1926年（第188页以及之后的内容）。鲍尔萨瓦列维奇否认建筑和谐具有客观性的几何学基础，将之视为一种主观的视觉现象。

13 J·布克哈特，《意大利文艺复兴时期的历史》（Geschichte der Renaissance in Italien），1920年，第6版，第98页以及之后的内容。

14 H·沃尔夫林，《文艺复兴与巴洛克》（Renaissance und Barock），1888年，第53至57页。

15 G·乔万诺尼（Gustavo Giovannoni），《文艺复兴建筑随笔》（Saggi sulla architetturadel Rinascimento），米兰，1931年，第12页以及之后的内容，以及《建筑的思想与思想的建筑》（Architettura di pensiero e pensieri sull'architettura），罗马，1945年，第242页上以及之后的内容。

16 W·托梅，《哥特建筑艺术史中的比例特征与三角法的问题》（Das Proportionswesen in der Geschichte der gotischen Baukunst und die Frage der Triangulation），海德堡，1933年；O·克莱泽尔（O.Kletzl）对于哥特理论与实践的带有大量素材的精彩综述，见《艺术史杂志》（ZEITSCHR.F.KUNSTGESCHICHTE），第4期，1935年，第56页上以及之后的内容。

17 在于贝瓦塞尔的写作中，特别值得称道的是"恰当的数比"（Nach rechtem Masz），见《艺术收藏年鉴》，1935年，第250至272页；以及，"对哥特建筑法则变化新思考的贡献"（Beiträge zur Wiedererkenntnis gotischer Baugesetzmässigkeiten），见《艺术史杂志》，第8期，1939年，第333页上以及之后的内容。该文有对当下这一研究的重要综述。

18 M·吉卡（Matila G. Ghyka）的那些书（《艺术以及自然当中的比例美学》（Esthétique des proportions dans la nature ets dans le arts），巴黎，1927年，《黄金分割数：西方文明发展史中毕达哥拉斯学派的

密仪和节奏》（Le Nombre d'or. Rites et rythmes pythagoriciens... ），巴黎，1931）虽然难以消化，却包含了许多有价值的资料；特别参见他在1933年斯德哥尔摩"艺术史国际会议"上的那次讲座："毕达哥拉斯派神秘数论对于西方建筑发展的影响"（Influence de la mystique pythagoricienne des Nombres sur le développement de l'architecture occidentale ）。该讲座的概要刊登在，《会议交流发言概要》（Résumés des communications présentées au congrès），斯德哥尔摩，1933年，第263页以上以及之后的内容。那个讲座跟本书有着相同的主题。同样参见他的著作，《艺术和生命的几何学》（The Geometry of Art and Life），纽约，1946年。

19 L·奥特克尔（L. Hautecoeur），"数学比例与建筑比例"（Les proportions mathématiques et l'architecture），《美术报》（GAZETTE DES BEAUX ARTS），第18期，1937年，第263页上以及之后的内容。同一位作者，《论建筑》（De l'architecture），巴黎，1928年，第198页上以及之后"有关比例"（Les Proportions）的内容。这两本书都有对这一话题的精彩总结。

20 G·弗兰克尔，"中世纪石匠的秘密"（The Secret of the mediaeval Masons），《艺术通报》，第27期，1945年，第46至60页．

1952: Matila Ghyka, *A Practical Handbook of Geometrical Composition and Design*, London. Cesare Bairati, *La simmetria dinamica. Scienza ed arte nell'architettura classica*, Milan (attempt to trace root rectangles in the Italian architecture of the sixteenth and seventeenth centuries). C. Bairati, A. Cavallari-Murat, G. Levi-Montalcini, C.Mollino, various studies on proportion in antiquity, in Renaissance and Baroque, on the relativity of proportions, on rhetoric and poetry in proportion; in addition, a full report of the Milan Congress on Proportion, in *Atti e Rassegna tecnica della Società degli Ingegneri e degli Architetti in Torino*, VI, pp. 105-35.

1953: E. Camps Cazorla, *Módulo, proporciones y composición en la arquitectura califal cordobesa*, Madrid. W. Stechow, 'Problems of Structure in some Relations between the Visual Arts and Music', JOURNAL OF AESTHETICS AND ART CRITICISM, XI, p. 324 ff. In addition, my own studies, mentioned in the Preface.

1954: J. Csemegi, 'Die Konstruktionsmethoden der mittelalterlichen Baukunst', *Acta Historiae Artium* (Budapest), II, p. 15 ff. Knud Millich, 'Die Architekturästhetik der italienischen Renaissance', SCHWEIZ. TECHNISCHE ZEITSCHRIFT, LI, p. 385 ff. (discussion of the present book).

1955: R. Arnheim 'A Review of Proportion', JOURNAL OF AESTHETICS AND ART CRITICISM, XIV, pp. 44-57 (mainly concerned with Le Corbusier's modulor and psychological problems of proportion).

1956: Otto von Simson, *The Gothic Cathedral. Origins of Gothic Architecture and the Medieval Concept of Order*, New York (important study, see reference in Appendix II). Paul Booz, *Der Baumeister der Gotik*, Munich-Berlin (see review by R. Branner in ART BULLETIN, XL, 1958, p. 265 ff.). Theodor Fischer, *Zwei Vorträge über Proportionen*, Munich-Berlin (first edition, 1934; a remarkably sober and illuminating little work, although the author accepts some of the antiquated research).

1957: George Lesser, *Gothic Cathedrals and Sacred Geometry*, London (a return to the old 'folklore' on proportion; see R. Branner's review in JOURNAL OF THE SOCIETY OF ARCHITECTURAL HISTORIANS, XVII, 1958, p. 34). 'Report of a Debate on the Motion "that systems of proportion make good design easier and bad design more difficult"', JOURNAL OF THE R. INSTITUTE OF BRITISH ARCHITECTS, LXIV, pp. 456-63.

1958: P.H. Scholfield, *The Theory of Proportion in Architecture*, Cambridge (admirable study, partly derived from the present volume). Gerda Soergel, *Untersuchungen über den theoretischen Architekturentwurf von 1450-1550 in Italien* (Munich, dissertation; contains valuable research into Alberti's and Leonardo's proportions). Guido Fiorini, *Saggi sui tracciati armonici. Metodo di controllo per via geometrica del rapporto euritmico dei volumi nell'architettura*, Rome (fanciful). M. Borissavliévitch, *Golden Number and the Scientific Aesthetics of Architecture*, London (attempts to establish the beauty of the Golden Section on grounds of a purported aesthetic law). Henry Millon, 'The Architectural Theory of Francesco di Giorgio', ART BULLETIN, XL, p. 257 ff.

1959: Howard Saalman, 'Early Renaissance Architectural Theory and Practice in Antonio Filarete's Trattato di Architettura', ART BULLETIN, XLI, pp. 89-106 (see above, Appendix II). Elizabeth Read Sunderland, 'Symbolic Numbers and Romanesque Church Plans', JOURNAL OF THE SOC. OF ARCH. HISTORIANS, XVIII, pp. 94-103. Rowland J. Mainstone, 'Structural Theory and Design', ARCHITECTURE & BUILDING, XXXIV, pp. 106 ff., 186 ff., 214 ff. (a fresh approach; theories of proportion discussed in terms of guarantors of structural stability).

1960: V. Zoubov, 'Quelques aspects de la théorie des proportions esthétiques de L.-B. Alberti', *Bibliothéque d'Humanisme et Renaissance*, XXII, p. 54 ff. (see above Appendix II). R. Wittkower, 'The Changing Concept of Proportion', DAEDALUS (Winter 1960), pp. 199-215 (concerned mainly with the 'myth' of the Golden Section). Paul Frankl, *The Gothic. Literary Sources and Interpretations through Eight Centuries*, Princeton, p. 702 ff. (a valuable survey of the older literature on proportion as far as the Gothic style is concerned).

附录四

艺术与建筑中的比例

　　下面这篇分为五个部分的文章乃是维特科尔教授于20世纪50年代初期在《人文主义时代的建筑原理》刚刚出版之后不久所完成的那些未发表的讲稿和文章汇编。

　　它们的标题如下：

　　讲座："艺术与建筑中的比例"（Proportion in Art and Architecture）；1953年4月19日，约克郡建筑协会。缩写为（PAA）。

　　论文："有关中世纪和文艺复兴时期的比例的几点观察"（Some

Observations on Mediaeval and Renaissance Proportions）；为纪念约哈内斯·怀尔德（Johannes Wilde）而写的纪念性论文（Festschrift Essay），1951 年。缩写为（MRP）。

讲座："对于比例的探寻"（The Search for Proportion），约克，1953 年 3 月 14 日。缩写为（SP）。

在米兰"艺术比例国际研讨会"（Convegno Internazionale su le Proporzioni nelle Arti）开幕式上的发言，1951 年 9 月 27 日至 29 日。缩写为（CIPA）。

这些文章和讲座经过编辑之后，成了此处有关维特科尔比例思考的综述。我们希望这一在玛格特·维特科尔夫人帮助下添增出来的附录，可以对艺术领域里跟比例相关的话题与历史提供一个更为广阔然而精炼的总结。因为文章段落出自不同地方，本文在注释里会根据上文括号中的缩写标出所用段落的出处。

第一部分　对秩序的需要

一次"艺术比例国际研讨会"也是一次历史性的机会；艺术家和学者们从来都没有这样的机会去讨论他们关于这一话题的观点。我肯定，这次能自由讨论的机会对于我们大家来说都是非常难得的。虽然我期待着听到不同的观点，我必须强调，所有的发言者都有一个共同立场——他们都坚信着这一问题的重要性。因此，有关过去或现在是否存在过或是未来是否有必要存在艺术中的比例体系的问题已经不再是个问题。我们当中的某些人，比如吉卡和凯泽（Kayser），已经在公开场合撰写和谈论比例问题十几年了，而像勒·柯布西耶这样的艺术家也都曾花大气力在建筑中注入一种新的严格数学的秩序。

跟这些人相比，我觉得我就像是个初学者，因为我对这些问题的关注真正变得认真起来，仅仅是十几年前的事情。那时，我曾给一群建筑学的学生讲述阿尔伯蒂对待比例的看法。我那次讲座是纯粹历史学的，我很惊讶地发现这个讲座在学生当中所激起的热烈反应。跟他们进一步聊下去之后，我发现，对他们来说，比例问题有着特别的迫切性。在他们学习建筑的 5 年期间里，似乎就没有一句话是关于比例的。理由是，比例就是个感觉的东西；就是某人或许有，或许没有的秩序感。这个东西教不了。也正因为如此，阿尔伯蒂解决比例问题的方法才吸引了他们。

从那时起，诸多年轻的艺术家和建筑师们都成了我的学生；我一次次地感受到了，在他们的心里，这个秩序问题最为重要。既然这一古老问题在当下比在过去 150 年里的任何其他时期里都有着一种巨大的迫切性，我把这次会议视为一次有着重要意义的事件。希望我们大家能够一道针对艺术中的比例问题展开公开的讨论。[1]

让我在开始时先提及几点泛泛的观察。我们的心理–生理构成需要着秩序的概念，特别是需要着某种数学秩序的概念。人类的身体是基于对称性的；它的两边是对等的。身体比例越完美，我们就觉得它越美。我们会用数学术语去把那些统治着我们以及宇宙周围的所有现象的法则表达出来。举个例子：

当伽利略研究运动法则时，他测量了下落物体运动速度增加的速率之后就说："必须要搞清楚，这种加速度的过程是根据怎样的比例生成的。"在下落物体身上还有许多其他属性可以去注意，比如大小或是重量，伽利略却指向了自然界最普遍的法则，也就是加速度的抽象数学比例的形式。[2]

如果我们认可，我以为我们都会认可，我们以数学探求自然的方式，那就不该把人类活动的一个很大部分组成，也就是艺术活动，排除在外。事实上，我们很容易就会证明所有高级文明都是相信基于数字的秩序的；它们都曾在普遍性和宇宙性概念和人的生命之间寻找过、建立过某种或许是幻想或许是神秘的和谐。艺术正是体现了这种秩序与和谐。[3]

所以，我们可以把艺术和数学之间的联合追溯到最古老的文明身上。如果说多数的思想活动都是在于怎样把我们周围的混乱带入秩序的话，那走向秩序的两种最为极端的过程肯定就是纯粹科学（数学）过程以及艺术直觉过程。这就是人类心灵的特别构造之处，数学和艺术缺一不可。我或许可以转引一下爱因斯坦（Einstein）的话。他告诉我们（而且他也知道），要发现基本法则是没有逻辑道路可循的；唯有对表象背后秩序的某种感觉的直觉之路。而这里的秩序，这种感知世界固有的东西，就是一种原初性的和谐（pre-established harmony）。反过来，艺术家们的灵感倒是经常倚向数字和数字关系那不可颠覆的真理性，因为数字似乎显示了原初性和谐的某种东西。[4]

从这个视角看，19世纪和20世纪艺术家们所使用的程序似乎跟自然正好相反。无论如何，在历史上，还没有出现过这么普遍的情形，在各种艺术当中，比例或者说秩序的原理已经全部成了个体艺术家自己处置的事务。一旦我们意识到这一点，我们的立场就会显得很是不同。[5]

假如对基本秩序与和谐的探寻事实上深深地植根于人类本性的话，我们可以将之称为一种像饥饿或是干渴那样的本能吗？或者，我们可以将之视为源自某种思想的冲动吗？我的出发点就是，人类对于秩序的渴望是生而有之的。另一方面，数学是最为抽象的知识职业。通过综合，我会说，艺术中的秩序和比例意味着赋予某种下意识的冲动以某种意识性和思想性的导向。[6]

我在这里想讨论的是我们在观看简单规则对称的形式和形状时对于比例的有意识和特意地使用，而不是我们本能地选择比例的倾向。显然，艺术家们在自己的作品中会自动地创造某种视觉秩序，通常是一些简单的关系；这种秩序只要我们拿分规去量量就能看出来。比如康斯太布尔（Constable）那幅《东贝格霍尔特附近的一条小路》（Lane Near East Bogholt）（1809年）。对这幅画，我们可以肯定画家没有用到任何事先就想过的比例定式。人们当然可以不这么画，或是找出其他的关系，但是这场好多人花了好多时间的游戏整个是无果的。它只告诉了我们本来已经知道的东西：艺术家通过他的选择和安排，创造了某种我们自发地做出反应的视觉秩序。于是，在过去150年或200年间，艺术家们以为他们仅仅在遵从着自己的直觉。其实，他们通常还依赖于过去，使用着我稍后会讨论的诸如黄金分割这类有关比例的古老知识碎片。[7]

然而，如果说对于秩序的渴望是生而有之的话，那它是人们试图寻找的数学等式般的秩序吗？换言之，是否存在着一套且唯一一套真实的正确的和令人满意的比例体系吗？绝对不是这样。我这么说，倒不是要违反逻辑。说存在着多重真实的正确和令人满意的比例体系，这样的事实并不是要损害这个问题。为了进一步澄清我的立场，让我还是以我之前跟探寻基本秩序的渴望做过对比的饥饿本能为例吧：不同国家和不同时期的人生产过和生产着为解决饥饿的食物。这些食物有着不同口味，这既不意味着饥饿不存在，也不意味着只有一个人是对的，其他人是错的。但这恰恰就是19世纪时人们在面对比例问题时常常持有的错误态度。人们（主要是艺术家）要么将这个问题推到一边，要么把比例问题当成是只有一个亘古不变的真理问题去对待（特别是历史学家）。然而，每个历史学家又在倡导着不一样的作为基本和普适基础的真理。一个史学家可能会在黄金分割中看到完美比例的秘密，另一个则是在正六边形、在正五边形的三分之一当中、在一个圆的四分之一当中看到真理。尽管大家有了这么多良好的努力，艺术家们仍然很孤独。[8]

第二部分　西方比例体系的来源

在公元前3000年前的古埃及和古巴比伦，我们会找到最初的严格数学意义的秩序。我们当怎么解释当时的艺术家和建筑师们创造了严格几何化的金字塔、神庙、墓室的事实呢？那肯定是因为这些建筑都跟某种预先设定的秩序有关，而这种预先设定的秩序则是仔细求得的，也不容许或是希望被轻易打破的。这样的情形只能出现在一种高度发达和复杂的社会组织内部，出自基于严格组织等级化的城镇文明。知识的领导权是掌握在祭司手中的。正是祭司，规定着礼仪、仪式、庆典。那些神圣的建筑物必须符合他们设下的规则。既然所有这一时期的伟大艺术都是神圣艺术，艺术所反映或者说所回应的正是祭司作为阐释者和监护人的宇宙秩序。

但是当我们来到古希腊时，我们遇到了新的情形。在崛起的希腊城邦城镇里——特别是在雅典——我们发现，有一个新兴的自由公民阶层正针对宇宙本质开始展开着一场理性的探索。在他们的手中，数学成了理论科学。正是这些人，首先开始试图用数学的方式阐释自然。这一独特的成就从来就没有被遗忘，而且的确，它也使得我们的西方文明成了可能。[9]

到了公元前550年时，在毕达哥拉斯手上，几何学就成了一种理论科学。他为欧几里得的工作奠定了基础。而公元前300年前后的欧几里得则将之前2550年来的成就加以总结和系统化。我这里根本就不需提醒您，就在不久的过去之前，我们的几何学仍然是欧几里得几何学。或许是继承了埃及人的使用方法，毕达哥拉斯将他的理论发现用于对自然现象的观察上，并发现了神奇和未曾料到的规则性和关系。他的观察让他相信，某些数比和比例体现着世界和声结构的绝对真理。他在观察中为这一信仰找到了支撑。那些音乐和音就有赖于乐器上弦长之间不变的关系。这在欧洲的比例史中具有最为重要的意义，我因此要更为充分地解释一下。

如果您在相同条件下拨动两根弦，其中一根弦的长度是另外一根的一半，那么，短弦的音高正好高出长弦音高一个八度——亦即，用算术术语去说，1：2这个数比就能产生一个八度音。如果您把短弦再缩短一半，新的1：2还是会产生相同的结果。我们用算术的方式去表示这种制造了两个八度音程的过程，那就是1：2：4。现在，取一根相对于原弦四分之三长的弦来，这时，二者在长度上的差是四分之一。用算术数比去表达就是3：4。最后，如果您取一根相对于原弦三分之二长的弦来，二者的音高之差就是一个五度，那么五度音的数比表达就是2：3。[10]

古希腊人的音阶只包含了三个简单的和音，就是八度、五度、四度音，以及两个复合和音，双八度和八度加五度，所以，号称是希腊人的整个和声体系可以用数比1：2：3：4去表达（重申一下，1：2是八度音，2：3是五度音，3：4是四度音，1：4是双八度，1：3是八度加五度）。

能用前四个整数就把所有的音乐和音算术地表达出来，并在其中看到了声音、空间（弦长）和数字之间的密切相关性，这一发现一定使得毕达哥拉斯和他的合作者们困惑过、欣喜过。这些东西似乎就把握着开启宇宙和声未知领域之门的钥匙。结果，这些毕达哥拉斯数论者们延展了他们坚实的发现，试图证明音阶的简单数比就是微观宇宙和宏观宇宙的生成性数学原理。例如，他们以为，运行在各自轨道上的行星制造了包含了所有和音庄严（尽管听不见）的交响乐。这很合逻辑：因为他们知道，快速运动的物体会释放出声音来的（另外一种空间跟声音的相互关联性）。那么，行星也该如此。既然它们的速度相对于它们距离地球的距离有变化，它们就该产生出不同的音调来——就是符合着音阶和音的音调。这或许听上去有些奇幻，并且多少远离了艺术，却真地是跟艺术相关。有关球体和声的概念乃是寻求所有现象的基本法则（一种数字化数比法则）的努力之一。[11]

在毕达哥拉斯数论派的影响下，柏拉图在《蒂迈欧篇》中试图在现代科学崛起之前就为这个世界（当然也是纯粹的数学世界）做出最为统一和具有想象力的解释。《蒂迈欧篇》也在此后的两千多年里一直发挥着它的影响力。事实上，毕达哥拉斯－柏拉图传统影响到了所有欧洲的比例体系。大家都熟悉起码是概要地熟悉柏拉图的《蒂迈欧篇》。还有，这一传统的基质为中世纪和文艺复兴时期最为重要的教科书们铺设了基础。《蒂迈欧篇》中的数学认识一直流传了下来，直到它们在15世纪时以强势的柏拉图学派复兴的姿态再次出现。[12]

这里，我必须对"比例"（proportion）一词的意思加以澄清。不要把"比例"跟"数比"（Ratio）搞混。数比是两个数目之间的关系，而比例则是指两组数目的数比之间的相等性。也就是说，在一个真正的比例中，必须起码具有三个量度：两个是端值，一个是中间的数值，通常叫作中项。同样，正是古希腊人给予我们在数学史漫长的时间段里一直被大家都接受的比例体系。很重要，三种最为重要的比例类型（毕达哥拉斯显然是认识到了它们的属性）决定着音阶的和音；的确，它们也是我们理性化地算术地理解音乐数比的基础（我们之前的展示都是几何化的）。

这些比例类型中的第一种是"几何性比例"（geometric proportion），其中，第一项之于第二项的关系，相当于第二项之于第三项的关系。比如，1：2：4。您将注意到几何比例（或常译作等比数列）决定着八度音。第二种比例是"算术性比例"（arithmetic proportion）。其中第二项跟第一项的差，等于第三项跟第二项的差，例如比例2：3：4就意味着3比2所多出的数量1等于4比3多的数量1。您将注意到算术性比例（或常译作等差数列）决定着一个八度音程中所分出的四度和五度音。[13]

第三种比例（解释起来相对困难些）是所谓的"和声比例"（harmonic proportion）（或常译作调和数列）。和声比例中的三项里，两个端项到中项的距离跟自身数量的比是相同的。例如在6：8：12中，中项8减去端项6的差是端项6的1/3，而端项12减去中项8的差也是端项12的1/3。这样，比例6：8：12就把一个八度分成了四度和五度（您还当记得，算术比例是把八度分出五度和四度）。于是，您看到了，这三种类型的比例以及音乐和音亲密地交织在一起；我们会在文艺复兴时期的理论和实践中不断地遇见它们。

我们现在对于文艺复兴时期艺术家们关注的，并充斥着15和16世纪专著里的那些艺术有了一个基本的认识。我们已经看到，构成着某种文化传统的这些认识直接来自古希腊人；但是希腊遗产还有另外一个侧面，我会简要地试着描述一下。[14]

在《蒂迈欧篇》中，柏拉图给了我们一个跟我们这一问题有些关系的原子说。他把所有物质都想象成为由五种规则体建构起来的东西（这是五种等边、等面、尽可能等角的实体）：正四面体、正八面体、正立方体、正二十面体、正十二面体。然后，柏拉图把这些正多边体的一种指定给了四大元素的每一种：正立方体给了土，正四面体给了火，正八面体给了气，正二十面体给了水，正十二面体被他当成了封闭天穹的象征。我不想讲述那些细节[15]；康福德的著作《柏拉图的宇宙论》（Plato's Cosmology）很好地解释了柏拉图这么划分的理由。[16]

在这些规则体当中，有三种体的表面都是等边三角形。规则实体可以从这些最为简单的形状构建起来。而立方体沿对角线切开，则分出了两个带有直角等腰三角形面的实体。最后，正二十面体上包含着12个正五边形，五边形则是有等腰三角形组成的，顶上的夹角为36°，底下的两个夹角各为72°。[17]

正五边形的求得——就像《欧几里得几何原本》中所展示的那样——就是先把等腰三角形的长边分出端项和中项的数比来。欧几里得所言的"将一条线段分出端项和中项数比来，"在早于他的柏拉图那里被称为"那种分割"，也就是今人所言的"黄金分割"。其中，小项之于大项等于大项之于整体的关系。人们一直都注意到这一特殊比例所具有的美。因为这里出现的不是诸如a：b=c：d当中的四项，或是像在a：b=b：c当中的三项，黄金分割只包含两项，亦即，a：b=b：a+b。[18]

想想我们在这里的发现：等边三角形、正方形或是正立方体、直角等腰三角形（一个方形的对角线）、正五边形——所有这些形状，都被柏拉图注入了深深的甚至神秘的意义。我以为，正是因为古希腊人赋予这些几何形式的那些情感价值，它们才对欧洲人的比例认识产生了非凡的影响。[19]

第三部分　几何与中世纪比例

现在，柏拉图在《蒂迈欧篇》中动用了两种毕达哥拉斯数学。他对世界灵魂的解释和细分是基于源自希腊音阶的和声音程的数比的。但是在面对或许可以称作柏拉图原子说的时候——也就是对于混沌的组织——柏拉图转向了最为简单也是（在他看来）最具几何性的图形。[20]

我们无须长篇大论去证明在欧洲的艺术史里人们都曾使用过这两种比例体系，也就是能整除的数字的比例，以及我们将看到，不能够被算术地表达出来但是基于基本几何形状的比例。文艺复兴时期的人喜欢的是第一种类型的比例，也就是算术比例，而中世纪的人则喜欢第二种也就是几何性比例。我相信，这两种对待比例的方法最终都出自《蒂迈欧篇》。要想回溯毕达哥拉斯－柏拉图数学的演替过程并不困难。事实上，《蒂迈欧篇》是唯一一部所有时代的人都知道的柏拉图著作。就像卡布林斯基（Kablinsky）所坚持的那样，"在任何一个中世纪的图书馆里，不管级别高低，都会有一本哈尔基狄（Chalcidius）本的《蒂迈欧篇》。"还有，各种中世纪和文艺复兴时期的教科书们诸如波依提乌的《论音乐篇》和《论建筑》、马克罗比乌斯（Macrobius）的《西庇阿之梦》（In Somnium Scipionis），最后不要忘了也很重要的维特鲁威《建筑十书》（中世纪使用的是一个简略本）都直接或是间接地指向了《蒂迈欧篇》中的数学认识。

概括地讲，等边三角形、方形和正五边形构成了中世纪美学的基础。通常，中世纪的建造者们是不太会在意这些形状在《蒂迈欧篇》中的宇宙论意义的，然而他们常常使用这些形状之一作为基础网格线去构思作品的。我这里给两个例子。[21]

第一个例子是米兰大教堂。因为周围没有合格的建筑师，米兰人当时就先后召来了一个法国人和一个德国人。在1391年的一个关键性会议上，人们提出的问题正是到底"这个大教堂是要基于三角形还是基于方形去建造。得出的结论是，这个教堂将基于三角形去建筑，而不再扩展"，换言之，教堂设计的基础网格是等边三角形。到了1392年，人们又推翻了这一决议。新设计是要基于一个正方形的网格线。然而，与此同时，该建筑已经基于三角形网线开始了施工，并建到了耳房支柱的高度。但是中殿的立面显得过高，于是人们决定转用另外一种几何图形模式。有趣的是，人们并不觉得只降低中殿的高度就会获得想要的效果，而是觉得一旦降低中殿的高度就得转用另外一套几何概念。这种几何概念就是建立在著名的毕达哥拉斯三角形基础之上的。我在之前一直没有提及这种三角形，但是这种三角形一直有着荣耀的地位，因为它三个边的关系3∶4∶5——构成了直角三角形中唯一一个各边形成了等差数列者（维特鲁威在《建筑十书》第九书中描述过这种三角形的特殊属性，并认为，它是毕达哥拉斯的发明）。[22]

第二个有趣的例子是位于博洛尼亚的圣佩特罗尼奥教堂。这个教堂 1399 年动工时规模浩大。建设过程缓慢地进行着，一直拖到了 16 世纪。这时，不仅教堂的长度就连高度的消减都变得必要起来。有一张 1592 年出版的雕版画，它的问世就是要抗议对该教堂高度的消减。批评者认为，如果放弃了中世纪人使用的三角法，教堂会丧失比例和一致性。[23]

回到方形上去：我们已经看到曾经用到米兰大教堂平面上的是个方形网格体系。当时网格体系并不一定就是方格子。有那么一些时间在 15 世纪末到 16 世纪初印制出来的书籍，它们全面解释了中世纪的建造传统。在有本（名叫《论尖楼》(On Pinnacles)）书里面，作者写道："如果你想按照工匠传统去设计一座尖塔的话，并且还要几何上正确，那就始于方块吧。"接着，他在原来的一个方块里又画了一个方形，这个方形的四个点，分别是原来方形边长的中间点。这个内接的方形，其面积正好是原来方形面积的一半。在这个方块里，用同样的方法再套一个方形（如此下去）。当我们把第二个方形转了 45° 之后，我们就得出了三个方形，其中两个就具有平行的边，这些方形就给出了我们尖塔渐缩的层次。这种方法应用广泛。我们可以一直追溯到如今保留下来最早一位 13 世纪建筑师的速写本中去。同样，当我们打开维特鲁威的书，我们也会看到书里是怎么解释这一方法的原理的。这里，发明人被算在了柏拉图的头上。这种方法的使用也并不仅仅局限在建筑学里，我们在绘画里，甚至到了 17 世纪，还会看到这一方法的应用。[24]

看看德国艺术家也是丢勒追随者爱德华·舍恩（Edward Schoen）作品中的几何图案吧。如果我们只有那些成品的雕版画，我们很难猜出来设计的几何基础是什么。但是那也不意味着几何框架就是武断的。过去的艺术家们如此看重几何框架，即使是设计使用物品，他们也离不开它。

能说明这一点的例子就是丢勒发明的一种奇特工具。丢勒管它叫"蛇形规"（serpent compasses）。有了这个规，丢勒坚持认为，人们就能画出蛇形线了。我之所以提及它，并不是因为这一奇异工具可以完成难以置信的任务，而是因为丢勒出版了一套制作蛇形规的几何设计图——纯粹出于美学考虑，跟这种规的有用性基本没关。重要的是，这个规的圆头，臂长和臂的直径，都是基于我们刚才研究过的方形细分法的。丢勒在他的文本中说，其中的一个部件跟另一个部件的关系应该符合合理的尺度。我们因此不是在无聊地瞎猜，过去那些实用性的器物看上去如此令人满意，即使是我们在博物馆里看到它们，它们总还是美的——这都是因为它们曾遵从过严格的比例法则。[25]

在此，我或许可以引用一下跟维拉尔·德·奥内科尔同时代、也是亚里士多德和波依提乌评注人、中世纪最伟大的神学家和哲学家之一的林肯郡主教（Bishop of Lincoln）罗伯特·格罗塞特（Robert Grosseteste）的话。他宣称，"没有几何学，我们根本无法了解自然。几何原理对于整个宇宙和宇宙的每一个部分都有着绝对意义。自然现象必须被当做线条、夹角和几何图像去理解。"我们或许可以借助在事先设定的形式和这种人造形象之间的关系的中世纪认识，把这一陈述加以放大："形式（这里，我们可以说成是预先设定的几何形式）就是艺术家脑子里的范本，这样，艺术家就可以让他的作品成为靠近这种范本的模仿成果（ut ad eius imitationem et similitudinem formet suum artificium ）。"[26]

这话听上去可能有些柏拉图主义的色彩，但却让我们了解到中世纪艺术家和作品的典型状态。也就是说，中世纪的艺术家倾向于将一种事先确立的几何规范投射到他的意象上去，而文艺复兴时期的艺术家则如我们所见，倾向于从他们周围的自然现象中萃取某种尺度的规范。丢勒在经过了他早期的哥特式和含隐的几何化初期之后，从意大利归来。这时，他说："确定某个形象的线条是不能用圆规或是尺子求出来的。"这当然意味着，它们只能用数字的数比表达出来。[27]

第四部分　文艺复兴时期的比例与通约性

一旦我们都认可中世纪和文艺复兴时期的比例终极源头都可以在毕达哥拉斯–柏拉图学派的数学概念世界里找得到，问题就变成了为什么在中世纪占主导地位的是这一传统当中的几何一面，而在文艺复兴时期则是算术一面。就像在古希腊音乐音阶的数比中所代表的那样，算术比例包含着整数或是简单分数；换言之，算术比例都是一些可通约的数比。相比之下，诸多基于《蒂迈欧篇》几何学的比例都无法用整数或简单分数表示，因此，它们都是不可通约的比例。例如在等边三角形中，高（也就是从一点垂直对边的线段）是无法跟边长通约的。如果我们想要算术地解释这种关系，我们就不得不借助开方，这里，就得借助 $\sqrt{3}$。直角等腰三角形里的斜边，亦即方形的对角线，跟直角两边的腰长的比为 $1:\sqrt{2}$。所有这一切都不神秘，很容易就可通过毕达哥拉斯定理去证明出来。[28]

似乎很明显，对于文艺复兴时期的艺术家们来说，无理数比例会带来一种令人不知所措的困难，因为文艺复兴艺术家们对待比例的态度是由一种新的面向自然的有机数学方式来决定的，一切都能和一切靠数字关联起来（从几何性到算术性的转变）。我认为，把尺度的可通约性视为文艺复兴艺术的一个节点并不夸张。对于阿尔伯蒂来说，可量测（《论绘画》）意味着"维度的可靠而肯定（亦即，可通约）的标注，这样，就可以获得一个身体上局部之间的关系，以及它们相对于整体的关系。"的确，可通约性就藏在文艺复兴透视那可量测的理性空间的浮现过程背后。（对于文艺复兴时期的可通约数比的进一步讨论，参见附录二）。[29]

如果这一分析是正确的话，我们就可以探究一下那个古老并且反复出现的黄金分割比例在文艺复兴时期占主导地位的神话了。没错，卢卡·帕西乔利是在 1509 年发表他的《神圣比例》的；同样没错，他的好友达·芬奇为他这本书设计了那些有关规则体的插图；最后，在这五种柏拉图几何体中，也正是正十二面体跟黄金分割有着密切的关系。这些几何体对于文艺复兴时期的艺术家们有着特殊的吸引力。在某种层面上，文艺复兴时期的艺术家们开始吸收《蒂迈欧篇》中的几何学。但是，他们是把这些问题当成空间问题而不是比例问题去研究的。绝大多数文艺复兴时期的艺术理论家们事实上都小心地回避着对黄金分割的讨论。在我看来，他们之所以绕过了黄金分割，那是因为其中的无理数属性跟"维度的可靠而肯定的标注"之间无法调和。还有，黄金分割在实践中只具有次要的意义。在文艺复兴时期有关比例的最为重要的研究群体里，也就是达·芬奇的那个群体里，就如我们所预判的那样，我们没有发现谁会故意使用无理数尺度。[30]

在达·芬奇所研究过的诸多人体形象那里，有关人体局部跟局部、局部跟整体的绝对尺度关系只能通过设置某种标准尺度去表达，诸如根据一个头颅或是一张脸的长度。这样，我们或许可以说，一个有着理想比例的人体的总身高应该是 8 个头长或是 10 个脸长，或者说，一只手的长度等于一张脸的长度，等等。15 和 16 世纪的伟大艺术家们花了大量的心血在探寻着这些尺度关系。这类探索也不只是理论性的，也会在实践中有着重要意义。以至于被画人都要符合理想比例，就像提香所绘制的《出战米尔贝格战役的查理五世》（Charles V）的魁梧骑姿那样。[31]

还有，理想比例（在尺度关系的意义上）也出现在诸如梵蒂冈美景宫的阿波罗这类古典雕像身上。带有古典情怀的艺术家们会把这样的人物比例甚至身姿套用到他们的被画人身上，就像乔希亚·雷诺兹爵士（Sir Joshua Reynolds）的某些作品所展示的那样。

从人体形象转向建筑，我们发现艺术家们使用了同样的办法。如果您研究一下诸如皮耶罗·德拉·弗朗切斯卡的圆柱底座细部的话，您将发现，每一个局部都跟另一个局部依靠且仅仅依靠可通约数字形成关联。圆柱的直径，按照维特鲁威的说法，就是量测的单元。[32]

像帕拉第奥这样的建筑师则把数比用到了他们建筑的身上。我说的就是蒂内别墅的平面；房间内标注的尺寸数字让帕拉第奥的用意表现得很清楚。那些房间是基于调和数列 12∶18∶36，其中，12∶36 代表着 1∶3 的数比；12∶18 是 2∶3；18∶36 是 1∶2。我以为，帕拉第奥的操作原理在这里表现得很清晰。我不是说帕拉第奥或是任何其他文艺复兴建筑师或艺术家们在把乐章翻译成为视觉比例，而是说，他们把音乐音阶的和音音程视为美和完整的可听证明。您会在文艺复兴时期的艺术家和批评家的写作当中找到对此的完整陈述。例如阿尔伯蒂就在他的《论建筑》（写于 1450 年）中提及了毕达哥拉斯，并且说"那些给我们耳朵带来愉悦的声音和声所符合的数字，也是那些能够让我们的眼睛和心灵愉悦的相同数字。"阿尔伯蒂还从音乐音阶的和声音程里得出了一套有关比例的算术学说。[33]

文艺复兴时期的艺术家和建筑师们是相信毕达哥拉斯–柏拉图传统的无所不包的数字和声学说的。拉斐尔在他的《雅典学园》（图 119）上还给我们提供了一个视觉证明的例子。拉斐尔的画中有毕达哥拉斯，毕达哥拉斯前面是个拿着图板的年轻人，图板上就是以示意图形式（表达成为 6∶8∶9∶12 数比）表现出来的古希腊音乐音阶的和音体系（上面还有它们的希腊名称）。

在拉斐尔的时代，毕达哥拉斯–柏拉图传统的地位就像是天启教里的真理的地位一样。实际上，文艺复兴时期的哲学著作都曾致力于在柏拉图和基督教之间达成和解。有人试图用柏拉图学派的数字秩序去解读上帝创造的伟大和谐。艺术家们相信他们的作品应该呼应这一宇宙和声。如果不是这样，他们的作品就跟普适原理脱钩，步调不一致。

数比就像它们在过去那样，是文艺复兴时期比例的核心。只有当局部跟局部——一直到最细微的细部——局部跟整体的关系都跟某个公共的单元有关之后，艺术和建筑才获得了数比。为了在人物、绘画或是建筑身上能够套用一套一致性的关系的数字体系，就得发明某种的尺度模式。这一单元必须适应各种情况。[34]

我想在此结束我纯粹的历史性综述。我以为，过去是可以为我们解决今天的问题上一堂课的。我们对于自然的阐释基本是数学化的。在这方面，欧洲文明是站在并且总是站在古希腊人成就的肩膀上的；然而文化条件的重要变化已经导致并且还会在未来导致我们去修改艺术中的这些秩序原理的。[35]

第五部分 后文艺复兴时期的比例化——困难与可能性

我们已经看到了两种比例体系在欧洲艺术中的广泛应用——几何的和量测的——这二者都源自毕达哥拉斯-柏拉图传统。只是到了 18 世纪，这一传统才开始破裂。在此之前，人们从来不会怀疑一件艺术作品中客观性的比例标准乃是一种基本要求（即使大家都不会天真地以为可以感知到绝对尺度）。[36]

进入新时代之后，人们不再把美和比例视为普遍性的东西，而是变成了源自并且存在于艺术家心灵的心理现象。例如，柏克就坚决地否定了毕达哥拉斯-柏拉图学说中把美视为存在于某种基本且普适性比例的看法。他坚持认为，"比例仅仅是数学研究内的一种事务，跟心灵无关。"[37]

由此，美和比例变得依赖于据信是非理性的创造冲动，从 17 世纪以来，兴起了一种全新的宇宙观，宇宙由机械性的法则和钢铁般的必然性构成，在其上没有更隐秘的规划和目的——与此前的文明相比，人在这个宇宙中第一次失去了其特殊地位；而新的审美观也正是艺术家对于上述宇宙观的回应。在此前的历史中（至少是在高度发达的各大文明的历史中），艺术领域从未发生过这样的情况：秩序的原则完全留给艺术家个体来抉择。[38]

不管我们是否完全意识到我们在历史中的位置，我们跟自己时代的主流是连在一起的，就像金字塔的建造者、希腊神庙的建造者或是文艺复兴教堂的建造者跟自己时代的主流是连在一起的那样。然而，历史不是静态的，如今到处都有迹象表明，人们是渴望能将心灵所有活动进行一次新的整合的。实际上，早在 20 世纪初期第一个 10 年里，从立体派画家的作品开始，艺术家们在对待比例的方法上就已经开始了态度逆转。立体派把传统形式扔到了脑后，努力地想要回归到基本几何形状上去。但是既然他们是从现代数学的动态时空关系角度去思考问题的，他们在基于黄金分割的不可通约数比那里找到了救赎可能。[39]

在不久之前的过去，一次严肃的新探索开始了。我指的是勒·柯布西耶的"模度"。历史地看，勒·柯布西耶的模度乃是一次将传统跟我们的非欧几里得世界协调起来的神奇尝试。与其拿普适性单元作为基础，勒·柯布西耶把处在环境中的人当成了他的起始点，勒·柯布西耶接受这种从绝对标准向相对标准的转移。但是在这个层面上，他接受新的整合。旧的比例体系在我看来就是一套单轨体系，它们只是基本几何或是数字概念的一致性发展产物。而勒·柯布西耶的模度却不是这样。它的要素极其简单：方与双方。这些基本几何形状又跟源自黄金分割的两套无理数数列混合在了一起。[40]

与此同时，勒·柯布西耶的模度见证着我们文化承传的统一。就像中世纪的平面几何比例那样，就像文艺复兴时期的算术音乐比例那样，勒·柯布西耶的两套无理数尺度体系仍然有赖于启发了西方人的毕达哥拉斯－柏拉图思想中的认识。我们晚近对于秩序重又开始的探求走到了艺术领域之外。各种学科诸如哲学、物理、自然科学、数学和心理学都从不同角度研究同一个基本问题。例如，生理学家探究的是感觉刺激是怎么在大脑中组织起来的；从印象中的各种混乱，怎么就产生了有组织的模式。同样，格式塔－心理学家则关注着人类大脑的组织力，这种组织力倾向于从复杂感觉的迷宫里提炼出来简单和规则的形态。生物学家、组织学家、晶体学家则在研究着动物、植物生命和晶体的几何，像怀特海（Whitehead）和爱因斯坦量级的数学家和物理学家重新肯定了本质上是柏拉图学派的原初性和谐概念。[41]

所有这一切都强化了我们探求深藏于人类本性当中的和谐和基本秩序的信心。但是，这种论断——乃至几乎所有现代研究的发现——不也都间接地支持了19世纪的立场吗？就是那种认为艺术家只有依靠自己的直觉才能从混乱当中创造出秩序的看法。这样的结论是一种谬误。把艺术家说成是自己时代的反声板，等于什么都没说。

这里，我要最后说说我们这个时代所要面对的问题。什么才是我们文明的模式？我们都知道，在19世纪末、20世纪初，当非欧几里得几何变成了现代宇宙观的基础之后，我们跟过去的断裂就像中世纪经院等级体系和达·芬奇、哥白尼、牛顿的欧几里得数学之间的断裂那样，是根本性的，甚至更基本。那么，这种新的动态时空关系对于时空绝对尺度的取代，会对艺术中的比例带来什么样的影响呢？这样的问题以及类似的问题将在今后不断地出现。通过从诸如历史、数学、物理、技术等各种视角攻克这些难题，我们是可以试着用自己的方法检验自己的立场。艺术家不可避免地总要面对在直觉和法则、在自由和必要性之间平衡的困难。可以肯定的是，这里，没有正确的安全的唯一一条通向艺术中优秀比例的途径。[42]

如下缩写指的是我在此附录开始时所列出的四篇未发表过的讲稿和论文，页码指的是原文稿中的页码。

1 CIPA, pp 1-2
2 PAA, p. 1.
3 PAA, p. 2.
4 SP, p. 1.
5 PAA, p. 2.
6 PAA, p. 3.
7 SP, p. 2.
8 PAA, pp. 3-4.
9 CIPA, p. 3.
10 SP, p. 4.
11 SP, P. 5.
12 SP, p. 6.
13 PAA, p 10.
14 PAA, P 11.
15 PAA, P. 12.
16 MRP, P 2.
17 PAA, p 11.
18 PAA, p 12.
19 PAA, P. 13.
20 SP, pp. 6-7.
21 PAA, p. 13.
22 PAA, p 13.
23 PAA, pp. 14-15.
24 PAA, pp. 15-16.
25 PAA, p. 16.
26 CIPA, pp. 13-14.
27 CIPA, p. 14.
28 MRP, pp. 6-7.
30 MRP, p. 7.
31 SP, p. 11.
32 PAA, p. 18.
33 SP, p. 9.
34 SP, p. 10.
35 CIPA, p 16.
36 SP, p 17.
37 SP, p. 18.
38 CIPA, p. 5.
39 PAA, p. 20.
40 PAA, pp 18-19.
41 CIPA, p. 5.
42 CIPA, p. 6.

索引*

*索引页码为原版书页码

A

Academies, della Crusca 秕糠学园, 60; Olympic, Vicenza 维琴察奥林匹克学园, 66, 129; Platonic, Florence 佛罗伦萨柏拉图学派学园, 62, 130; royale de l'architecture, Paris 巴黎法国皇家建筑学院, 131; Trissiniana, Vicenza 维琴察特里西诺学园, 62, 63, 107; Vitruvian 维特鲁威学派学园, 22.

Ackerman, James 詹姆斯·阿克曼, 40, 141, 142, 143.

Al-kindi 阿尔-金迪, 128.

Albanese, Francesco 弗朗切斯科·阿尔巴内塞, 64

Alberti, Leon Battista 莱昂·巴蒂斯塔·阿尔伯蒂, 22, 26-31, 34, 38, 39, 41ff., 70, 76, 82, 89, 91, 95-100, 107-109, 111ff., 121, 123, 130, 131, 133, 134, 140, 141.

Alessi, Galeazzo 加莱亚佐·阿莱西, 82.

Alison, Archibald 阿奇巴尔德·阿里森 125, 136

Allers, Rudolf 鲁道夫·阿勒斯, 25, 113.

Alpharani, Tiberio 蒂贝里·阿尔发兰蒂, 91.

Ammanati, Bartolomeo 巴尔托洛梅奥·阿曼纳提, 34, 82.

Ancona, Arch of Trajan 安科纳的图拉真凯旋门, 56, 57.

Angaranno, Count Giacomo 贾科莫·安纳拉诺伯爵, 63.

Appianus, Alessandrinus 亚历山大的阿庇安, 63.

Archimedes 阿基米德, 129.

Archibald, R.C. 阿奇巴尔德, 142.

Ardizoni, Pellegrino 佩勒戈里诺·阿尔迪佐尼, 53f.

Aretino, Pietro 皮耶罗·阿雷蒂诺, 64, 107.

Aristotle 亚里士多德, 39, 60, 64-66, 105, 106, 107, 117, 127, 128, 129, 138, 151.

Arnheim, R. 鲁道夫·阿恩海姆, 144.

Asolo, Villa Maser 阿索洛附近的马塞尔别墅, 64, 65, 73, 103, 125f.,

Augustine 奥古斯丁, 38.123

D'Azara, Giuseppe Niccola 朱塞佩·尼科拉·达扎拉, 133.

B

Bagnolo, Villa Pisani 巴尼奥罗的皮萨尼别墅, 69, 124, 125.

Bairati, Cesare 切萨雷·巴伊拉蒂, 140, 143.

Baptistery near. Lateran 拉特兰宫附近的洗礼堂, 17.

Barbaro, Daniele 达尼埃莱·巴尔巴罗, 64ff., 80, 116, 127, 128, 129.

Barca, Allessandro 亚历山德罗·巴尔卡, 133.

Baron 巴伦, 38.

Basilica at Fano, 法诺的巴西利卡 91, 92, 93, 94.

Bassano 巴萨诺, 133, 134.

Bassi, Martino 马蒂诺·巴锡, 115.

Battista, Giovan 焦万·巴蒂斯塔, 116.

Baum 鲍姆, 50.

Belli, Silvio 西维奥·贝利, 129.

Beltrami, L. 贝尔特拉米, 26, 91.

Belvedere, Apollo 美景宫的阿波罗, 153.

Bembo 本博, 60, 64.

Bernardo, Gio. Battista 乔万尼·巴蒂斯塔·贝尔纳多, 86.

Bernini 伯尔尼尼, 76, 103, 134.

di Bertino, Giovanni 乔万尼·迪·贝尔蒂诺, 49.

Beverley-Robinson, John 约翰·贝弗利-罗宾逊, 143.

Billing, R. 比林, 29.

Biondo 比翁多, 63.

Birkhoff, G.D. 伯克霍夫, 142.

Blondel, François 弗朗索瓦·布隆代尔, 131.

Blunt, Anthony 安东尼·布伦特, 32, 40, 88, 114, 116.

Boethius 波依提乌, 109, 119, 127, 150, 151.

Bologna, S. Petronio 博洛尼亚的圣佩特罗尼奥教堂, 97, 150.

Borissavllievitch 鲍里萨夫列维奇, 142, 143, 144

Borromeo, Carlo 卡洛·博罗梅奥, 40.

Bragdon, Claude 克劳德·布拉格登, 143

Braghiroli 布拉吉罗利, 17, 52, 53.

Bramante, Donato 多纳托·伯拉孟特, 22, 25, 26, 29, 32, 34, 36, 37, 42, 56, 74, 82, 91, 97, 107

Bramantino 布拉曼蒂诺, 29.

Brandi, Cesare 切萨雷·布兰迪, 43.

Brescia, Cathedral 布雷西亚的大教堂, 97, 111; Palazzo del Comune 布雷西亚的科缪宫, 75;S.Maria de' Miracoli 布雷西亚的米罗科利圣母大教堂, 29

Briseux 布里瑟于格, 131, 132, 134, 142.

Brunelleschi 伯鲁乃列斯基, 17, 29, 42, 45, 55, 113.

Bruyne, Edgar de 埃德加·德·布洛纳, 26.

Burckhardt, Jacob 雅各布·布根哈特, 15, 39, 143.

Burger 伯格, 68, 73.

Burke 伯克, 135, 136, 154.

Burnet, John 约翰·伯内特, 113.

C

Caesar 恺撒, 63.

Calvi, Fabio 法比奥·卡尔维, 22.

di Cambio, Arnolfo 阿诺尔福·迪·卡比奥, 49.

Campanella, Tommaso 托马索·坎帕内拉, 40.

Camps Cazorla, E. 卡佐拉·康, 144.

Canova 卡诺瓦, 134.

Cantaneo, Pietro 皮耶罗·坎塔尼奥, 40.

Cantor, Moritz 莫里茨·康托尔, 100.

Caradosso 卡拉多索, 34.

Capra, Conte Giulio 朱里奥·卡普拉伯爵, 121.

delle Carceri, Madonna 卡尔切里圣母教堂, 34.

Capri, Cathedral 卡普里大教堂, 96.

Cassirer, E. 卡西尔, 38, 130.

Cassius, Dio 迪奥·卡西修斯, 19.

Castiglione 卡斯蒂廖内, 22.

Castelfranco, Cathedral 卡斯泰尔弗兰科大教堂, 96.

Cerrati, M. 切拉提, 40, 91.

Cesariano 切萨里亚诺, 22, 24, 25, 92, 137.

Cessalto, Villa Zeno 切萨尔托的泽诺别墅, 68, 69, 127.

Chalcidius 哈尔基狄, 150.

Charles V 查理五世, 60, 115, 153.

Cicero 西塞罗, 19.

Cicogna, Villa Thiene 齐科纳的蒂内别墅, 68, 69, 122, 123.

Cicognara, Leopoldo 西科纳拉, 133.

Civita Castellana, Cathedral nr. Rome 罗马附近的西维塔·卡斯特拉纳大教堂, 55.

Clark, Sir Kenneth 肯尼斯·克拉克爵士, 26.

Coan, A. 科安, 142.

Cola da Capravola 科拉·达·卡普拉罗拉, 26.

Colman, S. 科尔曼, 142.

Comolli, A. 科莫利, 131.

Constable 康斯太布尔, 146.

Contarini, Giacomo 贾科莫·孔塔里尼, 64.

Cook, Theodore A. 西奥多·库克, 142.

Copernicus 哥白尼, 155.

Corelli 科雷利, 134.

Cornaro, Luigi 路易吉·科尔纳罗, 63.

Cornford, F. M. 康福德, 105, 106, 109.

Cortona, S. Maria Nuova 科尔托纳新圣母大教堂, 37.

Crema, S. Maria della Croce 克利玛的克罗齐圣母大教堂, 29.

Cristiani, Girolamo Francesco 吉罗拉莫·弗朗切斯科·克里斯蒂亚尼, 133.

della croce, Angelo 安杰罗·德拉·克罗齐, 29.

Csemegi, J. 切迈吉, 144.

de Cusa, Nicholas 库萨的尼古拉, 19, 38.

Cusanus 库萨纳斯, 38

D

Dalla Pozza, A.M. 达拉·波扎, 60, 63, 75, 76.

Danti, Vincenzo 温琴佐·丹蒂, 104.

Davari 达瓦里, 52.

Dehio, Georg 格奥尔格·德耶奥, 142, 143.

Derizet, Antoine 安托万·德里泽特, 133.

Diedo, Vincenzo 温琴佐·迭多, 88, 89.

Diels, H. 迪尔斯, 117.

Dinsmoor 丁斯莫尔, 22, 26.

Dionysius, Areopagite 阿雷奥帕古斯议事会成员狄奥尼修斯；Pseudo-Dionysius 托名的狄奥尼修斯,

Dionysius of Halicarnassus 哈利卡纳苏斯的狄奥尼修斯, 63.

Donato, Bernardino 贝纳尔迪诺·多纳托, 61.

Doni, A.F. 多尼, 22.

Donne 多恩, 130.

Dosio 多西奥, 83, 93.

Von Drach, C. A. 冯·德拉克, 142

van Drival 凡·德里弗尔, 40.

Dryden 约翰·德莱顿, 130.

Durach, Felix 费里克斯·杜拉克, 142.

Durand, J. N. L. 迪朗, 38, 136.

Dürer 丢勒, 64, 151, 152.

E

Egger, H. 埃热, 29, 93.

Einstein 爱因斯坦, 146, 155.

Eisler, Robert 罗伯特·艾斯勒, 19

Emperor Constantine 君士坦丁大帝, 17

Ermers, M. 埃默尔斯, 29

Eutropius 欧特罗庇厄斯, 63

Ezekiel 以结西, 116

F

Falconetto 法尔科内托, 82.

Fancelli, Luca 卢卡·法切利, 53, 56, 119.

Fanzolo, Villa Emo 范佐洛的埃莫别墅, 69, 72, 126.

Fasolo, G. 法索洛, 68, 86.

Fauno 法乌诺, 63.

Favaro, Giuseppe 乔塞佩·法瓦洛, 25.

Federici, P. 费代里奇, 133

Fenoglio 范诺格里奥, 115.

Ferrara, S.Giovanni Battista 费拉拉的圣乔万尼·巴蒂斯塔教堂, 29, S.Spirito 费拉拉的圣斯皮里托教堂, 29.

Ferri, Silvio 西维奥·费里, 142.

Ficino, Marsilio 马尔西利奥·菲奇诺, 25, 38, 105, 106, 109.

Filarete, Antonio 安东尼奥·菲拉雷特, 19, 67, 144.

Filiberto, Emanuele 埃马努埃莱·费利伯托, 115.

Finale, Villa Saracenco 费纳里的萨拉森托别墅, 120.

Fiocco 菲奥科, 60, 80.

Fiorini, Guido 圭多·菲奥里尼, 144.

Fischer, Theodor 特奥多尔·费舍尔, 144.

Florence, Baptistery 佛罗伦萨洗礼堂, 17, 26, 49; Cathedral 佛罗伦萨大教堂, 20, 49; Loggia degli Innocenti 佛罗伦萨英诺森教堂的敞廊, 43; SS. Annunziata 佛罗伦萨圣母领报大教堂, 17, 19, 29;S.Maria degli Angeli 佛罗伦萨安杰利圣母教堂, 29; S.Maria Novella 佛罗伦新圣母教堂, 43, 46f., 48, 49f., 51, 51f., 52, 59, 97, 172; S. Miniato, 佛罗伦萨山上圣米尼亚托教堂, 42, 49;Orti Oricellari 佛罗伦萨奥里切拉里园, 62; Cappella Pazzi 佛罗伦萨帕奇礼拜堂, 45, 55; Palazzo Rucellai 佛罗伦萨鲁彻拉伊宫, 82; Pandolfini 佛罗伦萨潘多尔菲尼宫, 82; Ricetto 佛罗伦萨劳伦奇亚纳图书馆前厅, 86; Uffizi, draw ings 佛罗伦萨乌费奇宫, 55, 93.

Fogliano, Ludovico 洛多维科·福利亚诺, 124.

Fontana, C. 卡洛·丰塔纳, 93.

Fra Giocondo 焦孔多修士, 22, 24, 25.

della Francesca, Piero 皮耶罗·德拉·弗朗切斯卡, 105, 153

Frankl, P. 弗兰克尔, 15, 56, 141, 143, 144.

Fratta, Polesine, Villa Badoer 波莱西内的弗拉塔的巴杜尔别墅, 68, 69.

Frey, D. 弗雷, 15, 20, 22.

Frommel, C. L. 弗罗梅尔, 91

Fulvio 富尔维奥, 63.

G

Gafurio 加富里奥, 117, 118, 119.

Galiani 加里亚尼, 133.

Galileo 伽利略, 130, 145.

Gallo, R. 加洛, 89.

Garcia, Simón 西蒙·加西亚, 115.

Gardner, R.W. 加德纳, 143.

Gaye 盖伊, 17, 19.

Genova, S.Maria di Carignano 热那亚的卡里加诺圣母教堂, 37.

Georgi, Francesco 弗朗切斯科·乔奇, 104, 105, 106, 107, 109, 110, 111, 112, 115, 117, 119, 138, 140

von Geymüller 冯·盖米勒, 11, 22, 26, 29, 31, 45, 59.

Ghiberti 吉伯蒂, 127, 128.

Ghizzole, Villa Ragona 吉佐尔的拉戈纳别墅, 124.

Ghyka, Matila C. 马蒂利亚·吉卡, 143, 144.

Gilpin, William 威廉·吉尔平, 131.

Giocondo, Fra 焦孔多修士, 119.

di Giorgio, Francesco 弗朗切斯科·迪·乔治, 20, 21, 22, 24, 25, 26, 67, 108, 122, 141.

Giovannoni, Gustavo 古斯塔沃·乔万诺尼, 26, 82, 142, 143.

Golzio, V. 戈尔齐奥, 24, 119.

Gombrich, E. 贡布里希, 38, 82.

Gonzaga, Lodovico 洛多维科·贡扎加, 52, 53, 56.

Gotti, Aurelio 奥莱里奥·戈蒂, 22.

Grabar, A. 格拉巴尔, 19.

Graf, Hermann 赫尔曼·格拉夫, 143.

Grand Duke of Tuscany 托斯卡纳大公, 63.

Grayson, Cecil 塞西尔·格雷森, 16, 46, 47, 113.

Grosseteste, Robert 罗伯特·格罗塞特, 151.

Guadet, Julien 于连·加代, 137.

Gualdi, Girolamo 贾罗拉莫·瓜尔迪, 60, 64.

Gualdo, Giuseppe 朱塞佩·瓜尔多, 62.

Guarini 瓜里尼, 103, 104.

Gwilt, J. 格威尔特, 136, 136.

H

Hambidge, Jay 杰伊·汉比奇, 108, 140, 142, 143.

Hautecoeur, Louis 路易斯·奥特克尔, 19, 143.

Hay, D.R. 海伊, 142, 143.

Heath, Sir Thomas 托马斯·希思爵士, 108, 110.

Heemskerk 海姆斯凯克, 93.

Henry III of France 法国国王亨利三世, 88.

Henszlmann, E. 亨策尔曼, 142.

de Herrera, Juan 胡安·德·埃雷拉, 115.

Hettner, H. 赫特纳, 119.

Heydenreich, L.H. 海登赖希, 20, 26.

Hirsch, Dr. Paul 保罗·希施, 117.

Hoeber, F. 霍伯, 136.

Hofmann, T. 霍夫曼, 34.

Hogarth 霍格思, 134.

Homer 荷马, 134.

de Honnecourt, Villard 维拉尔·德·奥内科尔, 102, 140, 141, 151.

de Honta on, Rodrigo Gil 罗德里戈·吉尔·德·翁塔诺, 115.

Hülsen, C. 许尔森, 29.

Hume, David 大卫·休谟, 135.

J

Janitschedck, H. 雅尼切克, 140.

Jones, Inigo 伊尼戈·琼斯, 64, 130.

Jouven, George 乔治·朱文, 140, 143.

Von Jurascheck 冯·尤拉切克, 142, 143.

Juvarra 尤瓦拉, 103.

K

Kablinsky 卡布林斯基, 150.

Kepler 开普勒, 130.

Kimball, Fiske 菲斯克·金博尔, 29.

Kraus, F.X. 克劳斯, 16.

Krautheimer, R. 克洛西摩, 39, 40, 59.

Kristeller 克里斯泰勒, 38.

L

Labacco 拉巴科, 55.

Lampertico, F. 兰佩蒂科, 60.

Lang, S. 兰恩, 17.

Laspeyres, P. 拉斯佩里斯, 29.

Le Corbusier 勒·柯布西耶, 145, 155.

Legnano, S. Magno 莱加诺的圣马诺教堂, 29.

Lehmann, Karl 卡尔·勒曼, 19.

Leonardo 莱昂纳多·达·芬奇, 20, 21, 22, 23, 25, 26, 27, 39, 102, 113, 114, 128, 134, 141, 144, 153, 155.

Leoni, James 詹姆斯·莱昂尼, 41.

Lepanto 莱潘托, 88.

Lesser, George 乔治·莱塞, 144.

Levi-Montalcini G. 列维–蒙塔尔奇尼, 144.

Lisiera, Villa Valmarana 利西尔拉的瓦尔马拉纳别墅, 124.

Livy 李维, 63.

Lockwood 洛克伍德, 38.

Loggia del Capitanio 卡皮塔尼奥敞廊, 89, 94.

Lomazzo 洛马佐, 104, 115.

London, British Museum, drawings, 伦敦的大英博物馆, 88; Royal Institute of British Architects, drawings by Palladio 伦敦的英国皇家建筑师学会, 64, 76, 84, 94, 103; Soane Museum 伦敦的索恩博物馆, 43.

Lonedo, Villa Godi Porto 隆内多的戈迪·波尔托别墅, 67, 67, 121.

Longhana 隆盖纳, 103.

Lord Burlington 伯林顿勋爵, 64, 93.

Lord Kames 凯姆斯勋爵, 136.

Loreto, Chiesa della Casa Santa 洛雷托的圣卡萨教堂, 20.

Lotz, Prof. Wolfgang 沃尔夫冈·洛茨, 29, 59, 86.

Lund, F.M. 伦德, 142.

M

Macerata, S.Maria della Vergine 马切拉塔的维尔津圣母教堂, 37.

Maggiore, Giorgio 乔治·马焦雷, 97.

Magrini 马格里尼, 84, 86, 111, 115, 129.

Mahnke, D. 曼克, 38.

da Maiano, Giuliano 朱利亚诺·达·玛亚诺, 31

Mainstone, Rowland J. 罗兰·梅因斯东, 144.

Malaguzzi, F. 马拉古齐, 52.

Mâle, Emile 埃米尔·马勒, 40.

Malcontenta, Villa 马尔孔腾塔别墅, 71, 121, 122, 124.

Malipiero, C. 马尔皮耶罗, 144.

Malvasia 玛尔瓦西亚, 114.

Mancini 曼西尼, 47, 49, 52.

Manetti 马内蒂, 113

Mantua, S.Andrea 曼图亚的圣安德烈亚教堂, 43, 52, 55, 56, 56, 58, 59, 89, 95, 100; S.Sebastiano 曼图亚的圣塞巴斯蒂亚诺教堂, 29, 43, 51, 52, 52, 52, 53, 55, 55, 56, 59.

Marchelli, G. 马尔凯利, 142.

Marchini, Giuseppe 乔塞佩·马尔齐尼,

31.

Marconi, Piero 皮耶罗·马尔科尼, 84.

Marliani 马利亚尼, 63.

Maser, Church 马塞尔教堂, 34, 35.

Mazzotti, Giuseppe 乔塞佩·马佐蒂, 68.

Medici, Piero de' 皮耶罗·德·美第奇, 19.

Meledo, Villa Trissino 梅莱多的特里西诺别墅, 123.

Memmo, Tribuno 特里布诺·梅莫, 94.

Mengs, Anton Raphael 安东尼奥·拉斐尔·门斯, 133, 134.

Michel, Paul-Henri 保罗 – 亨利·米歇尔, 17, 18, 112, 143.

Michelangelo 米开朗琪罗, 34, 82, 84, 86, 93, 104.

Michelozzo 米开洛佐, 17, 29.

Miega, Villa Sarego, drawings 米加的萨莱哥别墅, 68, 69, 125, 126.

Milan, Brera 米兰的布雷拉展馆, 61; Cathedral 米兰大教堂, 119, 144; Palazzo Marino 米兰的马里诺宫, 82; S.Maria della Passione 米兰的帕西尼圣母教堂, 29; S.Satiro 米兰的圣萨蒂罗圣母教堂, 91, 92.

Milanesi 米拉内西, 50.

Milizia 米利齐亚, 47, 134.

Millich, Knud 克努特·米利奇, 144.

Millon, H. 米隆, 20, 130, 144.

Mira, Villa Malcontenta 米拉的马尔孔腾塔别墅, 69.

Mitchell, Charles 查尔斯·米歇尔, 29.

Moessel, Ernest 恩斯特·默塞尔, 142.

Mollino, C. 莫利诺, 144.

Mongiovino, Chiesa della Madonna 蒙乔维诺的圣母教堂, 29, 37.

Monneret de Villard, V. 莫内雷·德·维拉尔, 142.

Montano, G.B. 蒙塔诺, 29.

Montagnana, Villa Pisani 蒙塔尼亚纳的皮萨尼别墅, 69.

Montepulciano, Madonna di S. Biagio 蒙泰普尔恰诺的圣比亚焦圣母教堂, 29.

Montecchio, Sebastiano 塞巴斯蒂亚诺·蒙泰奇奥, 129.

Morris, Robert 罗伯特·莫里斯, 131, 142.

Morsolin, Bernardo 贝尔纳多·莫尔索林, 60, 61.

Mosca, F.U. 莫斯卡, 86.

Moschini, Gianantonio 贾南东尼奥·莫斯齐尼, 89, 138.

N

New York, Pierpont Morgan Library 纽约皮尔庞特·摩根图书馆, 46.

Newton 牛顿, 134, 155.

Nicomachus 尼可马可斯, 127.

Nobbs, Percy E. 帕西·诺布斯, 142.

O

Orciano near Urbino, S.Maria Maggiore 乌尔比诺附近奥西恰诺的马焦雷圣母教堂, 29.

de l'Orme, Philibert 菲利贝尔·德·洛梅, 115, 116, 130.

Ouvard 欧瓦, 133, 142.

P

Pacioli, Luca 卢卡·帕西奥利, 25, 26, 38, 109, 123, 152.

Padua, Palazzo della Ragione 帕多瓦的拉焦内宫, 75.

Palazzo Porto 波尔托宫, 80, 82.

Palazzo Valmarana 瓦尔马拉纳宫, 121.

Palladio 帕拉第奥, 22, 34, 34, 39, 42, 59, 61, 67, 68ff., 74, 77ff., 90, 93, 94, 95, 97, 98, 100, 102, 103, 104, 108ff., 117, 122ff., 132, 133, 153.

Pane, Roberto 罗伯托·佩恩, 68, 88, 132.

Panofsky, Erwin 欧文·帕诺夫斯基, 47, 115.

Papini, Roberto 罗贝托·帕皮尼, 20.

Paris, Louvre 巴黎罗浮宫, 76.

Parma, Madonna della Steccata 帕尔玛的斯特卡塔圣母教堂, 29.

Partenio, Bernardino 伯纳尔迪尼奥·帕尔泰尼奥, 61.

de' Pasti, Matteo 马泰奥·德·帕斯蒂, 43, 45, 45, 46, 47, 113.

Pastor, L.V. 帕斯塔尔, 16.

Pavia, Cathedral 帕维亚大教堂, 20; S.Maria di Canepanova 帕维亚的卡奈帕诺瓦圣母教堂, 29.

Payne Knight, Richard 理查德·佩恩·奈特, 115, 129.

Pée, Herbert 赫伯特·佩厄, 75.

Pellegrini, Pellegrino 佩莱格里诺·佩莱格里尼, 115, 129.

Perrault, Claude 克洛德·佩劳, 131, 134, 135.

Peruzzi 佩鲁齐, 22, 26, 37, 66, 97.

Pevsner, N. 佩夫斯纳, 16.

Philolaos 菲洛劳斯, 117, 118, 119.

Piacenza, Madonna di Campagna 皮亚新察的坎佩纳圣母教堂, 29, 37.

da Pietrasanta, Giacomo 贾科莫·达·彼得拉桑塔, 54.

Piombino Dese, Villa Cornaro 皮翁比诺德塞的科尔纳别墅, 68, 69, 123.

Pistoia, S.Maria dell' Umiltà 皮斯托亚的乌米尔塔圣母教堂, 皮斯托亚, 29.

Plato 柏拉图, 19, 32, 38, 65, 104ff., 109, 115, 129, 138, 148ff., 154.

Pliny 普莱尼, 63.

Plotinus 柏罗丁，25，38.

Plutarch 普卢塔克，63，105.

Poiana Maggiore, Villa Poiana 波亚纳马焦雷的波亚纳别墅，69.

Poleni, Giovanni 乔万尼·波兰尼，65.

Polybius 波利比乌斯，63.

Ponzio, Flaminio 弗拉米尼奥·庞齐奥，37.

Porphyry 波菲利，65，108.

Prado, H. 普拉多，116，116.

Preti, Francesco Maria 弗朗切斯科·玛利亚·波莱蒂，96，132，133.

Promis, C. 普罗米斯，20.

Ptolemy 托勒密，116.

Pythagoras 毕达哥拉斯，41，47，97，104，109，118，119，130，131，147，148，153.

Q

de Quincy, Quatremère, 夸特梅尔-德-坎西 47.

Quinto, Villa Thiene 昆托的蒂内别墅，72，73，80.

R

Raphael 拉斐尔，22，37，37，63，74，75，119，154.

Read Sunderland, Elizabeth, 144.

Reggio, Madonna della Ghiara 拉齐奥的吉拉圣母教堂，37.

Reynolds, Sir Joshua 乔舒亚·雷诺兹爵士，153.

Riccati, Jacopo 雅各布·里卡蒂，133.

Ricci, Corrado 科拉多·里奇，43，45，113.

Ricciolini, Niccoló 尼科洛·里乔利尼，133.

Richter, J.P. 里什泰，20，25.

Rimini, Arch of Augustus 里米尼的奥古斯都拱门，43; S.Francesco 里米尼的圣弗朗切斯科教堂，20，29，43，44，45ff.，49ff.，55，56，59，59，107，113.

Rivoira 里沃拉，52.

Rizzetto, Giovanni 乔万尼·里泽托，133.

Rizzetto, Luigi 路易吉·里泽托，133.

Romano, Giulio 朱利奥·罗马诺，82，84.

Rome, Arch of Constantine 罗马的君士坦丁拱门，43，46; of Septimius Severus 罗马的塞维鲁拱门，85ff., of Titus 罗马的提图凯旋门，56; Augustus' wall 罗马的奥古斯都城墙，82; Baptistery of Constantine 罗马的君士坦丁洗礼堂，32; Basilica of Constantine 罗马的君士坦丁巴西利卡，56，94; Cancelleria 罗马的坎切莱里亚宫，82; Capitol 罗马的卡皮托利山，82，84，86; Casa di Raffaello 罗马的拉斐尔之家，75，76; Colosseum 罗马的大角斗场，42，80，82; Farresina 罗马的法内西纳别墅，66; Minerva Medica 罗马医病的密涅瓦神庙，17，32; Palazza Bresciano 罗马的布雷西亚诺宫，75; Ossoli 罗马的奥索利宫，75; di S.Biagio 罗马的圣比亚焦宫，82; Vidoni-Caffarelli 罗马的维多尼-卡法莱利宫，75; Pantheon 罗马的万神庙，19，50，93，94; Porta Maggiore 罗马的马焦雷门，82; S. Agostino 罗马的圣阿戈斯蒂诺，54，55; S.Carlo ai Catinari 罗马的卡提纳里圣卡洛教堂，37; S. Costanza 罗马的圣科斯坦索教堂，17，32; S. Eligio degli Orefici 罗马的奥雷菲奇圣埃利焦小教堂，29，37，37; S. Maria di Loreto 罗马的洛莱托圣母教堂，29; S. Maria de Popolo 罗马的波波罗圣母教堂，55; S. Peter's 罗马的圣彼得大教堂，34，36; S. Pietro in Montorio 罗马的蒙托里奥的圣彼得教堂，29; S. Rocco 罗马的圣罗科教堂，96; S. Stefano Rotondo 罗马的圣斯特凡诺圆教堂，17; Tempietto 罗马的坦比哀多小教堂，29，32，37，82; Temple of Claudius 罗马的克劳迪乌斯神庙，82; Temple of Jupiter 罗马的朱庇特神庙，97; Temple of Romulus 罗马的罗慕路斯陵墓神庙，32; Thermae 罗马的浴场，56，80，93，100; Tomb of Annia Regilla 罗马的安妮·雷吉拉墓，52; Vatican 罗马的梵蒂冈，56，64; Vesta Temple 罗马的灶神庙，18，32; Villa Madama 罗马的马达玛别墅，63.

Röthlisberger, M. 罗特利斯伯格，43.

Rughesi, Fausto 法苏托·鲁盖西，89.

Rumor, S. 鲁莫尔，76.

Rusconi, Gio.Antonio 乔万尼·安东尼奥·鲁斯科尼，25.

Ruskin 拉斯金，15.

S

Saalman, Howard 霍华德·萨尔曼，140，144.

Salmi, Mario 马里奥·萨尔米，43，46.

Saluzzo, Cesare 切萨雷·萨卢佐，20.

da Sangallo, Antonio 安东尼奥·达·圣迦洛，22

da Sangallo, Giuliano 朱利亚诺·达·圣迦洛，29，30，31，34，55，67，70.

Sanmicheli 圣米凯利，75，83.

Sansovino, Francesco 弗朗切斯科·圣索维诺，107.

Sansovino, Jacopo 雅各布·圣索维诺，76，82，89，104，106.

Sansovino, M. Giacomo 贾科莫·圣索维诺, 139.

Santa Sofia, Villa Sarego 圣索菲亚的萨莱哥别墅, 123.

Santa Sophia, church of, at Edessa 埃德萨的圣索菲亚教堂, 19.

Sarton, G. 萨尔顿, 128.

Sauer, J. 索尔, 16, 39.

Scamozzi, Bertotti 贝尔托蒂·斯卡莫齐, 34, 35, 64, 67, 78, 80, 89, 90, 94, 108, 117, 120, 132.

Schillinger, Joseph 约瑟夫·施林格, 143.

Von Schlosser, J. 冯·施洛瑟, 22, 128.

Schoen, Edward 爱德华·舍恩, 151.

Scholfield, P.H. 斯科菲尔德, 127, 133, 144.

Schumacher 舒马赫, 56.

Scott, Geoffrey 杰弗里·斯科特, 15.

Scotti, Ottario 奥塔维奥·斯科蒂, 133.

Serlio 塞利奥, 26, 28, 29, 36, 37, 63, 74, 75, 86, 93, 107, 108, 120, 120.

I Sforza, Francesco 弗朗切斯科·斯福尔扎, 19.

Shaftesbury 沙夫茨伯里, 130.

Shakespeare 莎士比亚, 130.

Shirlaw, Matthew 马修·舍洛, 127.

Siena, Cathedral 锡耶纳大教堂, 20.

Siena, Chiesa degli Innocenti 锡耶纳的英诺森基耶萨教堂, 29.

Simpson, T.W. 辛普森, 136.

von Simson, Otto 奥托·冯·辛普森, 140

Smeraldi, Francesco 弗朗切斯科·斯麦拉尔蒂, 89.

Soergel, Gerda 格尔达·泽格尔, 47, 141, 144.

Soldati, Giacomo 贾科莫·索尔达蒂, 115.

Solomon 所罗门, 115, 116, 138.

Sophocles 色芬克斯, 66.

Sorella, Simone 西蒙·索雷拉, 89.

Speroni 斯佩罗尼, 60, 64.

Spira, Fortunio 福尔图尼奥·斯皮拉, 107.

Spitzer, L. 斯皮策, 130.

Spencer, John R. 约翰·斯班塞, 19.

Spoleto, Chiesa della Manna d'Oro 斯波莱托的玛纳多洛教堂, 29.

Sta.Costanza 圣科斯坦索教堂, 17.

Stechow, W. 施特肖, 144.

Sto.Stefano Rotondo 圣斯特凡诺圆教堂, 17.

Strack, H. 斯特拉克, 29.

Stuart Weller, Allen 艾伦·威勒·斯图尔特, 22.

T

Taylor, A.E. 泰勒, 106.

Taylor, R.C. 泰勒, 115, 116.

Tea, Eva 伊娃·迪, 143.

Temanza, Tommaso 托马索·泰曼扎, 84, 115, 120, 132, 133, 134.

Texier, Marcel-André 马塞-安德烈·特谢尔, 142.

Theuer, Max 马克思·托伊尔, 16, 18.

Thiersch, August 奥古斯特·蒂尔施, 143.

Thomae, W. 托梅, 142, 143.

Thomas, Ivor 艾弗·托马斯, 108.

Thorndike 桑代克, 38.

Timofiewitsch, W. 季莫费耶维奇, 103

Tirali, Andrea 安德烈亚·蒂拉利, 96.

Titian 提香, 107, 153.

Tivoli, Vesta temple 蒂沃里的灶神庙, 32.

Todi, S.Maria della Consolazione 托迪的孔索拉齐奥内圣母教堂, 26, 27, 29.

Toffanin, G. 托法尼, 60.

Tolomei, Claudio 克劳迪奥·托洛梅伊, 22.

della Torre, Count 维罗纳的托里伯爵, 124.

Traverso, Giuliana 朱利亚纳·特拉韦尔索, 143.

Trissino, Giangiorgio 詹乔治·特里西诺, 60, 61, 62, 62, 64, 66, 76, 107.

Tubalcain 图拔开, 118.

Turin, Cathedral 都灵大教堂, 55.

U

Udine, Palazzo Antonini 乌迪内的安东尼尼宫, 80, 80.

Ueberwasser, W. 于贝瓦塞尔, 141, 142, 143.

V

Valadier, Giuseppe 乔塞佩·乌拉迪耶, 96.

Valeri, Malaguzzi 马拉古齐·瓦莱里, 22.

Valerius Maximus 瓦列里乌斯·马克西莫斯, 63.

Valladolid, Cathedral 巴利亚多利德大教堂, 115.

Varchi 瓦尔基, 60, 64.

Vasari, Giorgio 乔治·瓦萨里, 22, 47, 8, 0, 89, 91.

Venice, Convent of the Carità 威尼斯的卡里塔修道院, 79; Il Redentore 威尼斯的救世主大教堂, 94, 95, 99, 100, 100, 101, 103; Palazzo Ducale 威尼斯的总督府, 88; S. Francesco della Vigna 威尼斯的维尼

亚圣弗朗切斯科教堂，89，90，91，94，95，104，105，106，111;S. Giorgio Maggiore 威尼斯的马焦雷圣乔治教堂，89，90，94，98，99，100，103; S. Giovanni Crisostomo 威尼斯的克里斯多莫圣乔万尼教堂，29; S. Nicola da Tolentino 威尼斯的托伦蒂圣尼古拉教堂，102，103;S. Pietro di Castello 威尼斯的卡斯泰罗圣彼得大教堂，88; S. Vitale 威尼斯的圣维塔尔教堂，96; (near Venice) Villa Ricci, Ca' Brusa 威尼斯附近布鲁萨堡的里奇别墅，68.

Venturi 文杜里，26，34.

Verona, Palazzo Count della Torre 维罗纳的托里伯爵宫，124; Palazzo Pompei 维罗纳的庞贝宫，75; Porta de' Borsari 维罗纳的博尔萨里门，86; Roman Theatre 维罗纳的罗马剧场，84; S. Bernardino 维罗纳的圣伯纳蒂诺教堂，Capp. Pelle grini 维罗纳的佩莱格里尼礼拜堂，29.

Vicentino, Andrea 安德烈亚·维琴蒂诺，88，88.

Vicenza, Palazzo della Ragione 维琴察的拉焦内宫，75; Loggia del Capitanio 维琴察的卡皮塔尼奥敞廊，86，87; Palazzo Angarano 维琴察的安纳拉诺宫，124; Civena 维琴察的奇文纳宫，75; Poiana 维琴察的波亚纳别墅，76; Porto–Colleoni 维琴察的波尔托–科莱奥尼宫，75-82;77，123; della Ragione 维琴察的拉焦内宫，66，75; Thiene 维琴察的蒂内宫，78，82，83，153; Valmarana 维琴察的瓦尔马拉纳宫，84，85，86，89，94; Teatro Olimpico 维琴察的奥林匹克剧场，66; Villa at Cricoli 维琴察附近的克里科利的别墅，61，62; Rotonda 维琴察的圆厅别墅，69，70，71.

Vigna, S.Francesco 维尼亚圣弗朗切斯科教堂，140.

Vignola 维尼奥拉，82，117.

Villa Angarano, Nr. Bassano 巴萨诺附近的别墅，73.

Villa Maser, near Asolo 阿索洛附近的马塞尔别墅，73，73，125，126，127.

Villalpando, G.B. 比利亚尔潘多，116，116，117.

Viollet–le–Duc 维奥莱－勒－迪克，143.

Vischer, Hermann 赫尔曼·费舍尔，59.

Vicentini, Antonio 安东尼奥·维森蒂尼，88

da Viterbo, Egidio 埃吉蒂奥·达·维泰伯，34.

Vitruvius 维特鲁威，16，18，22，24，25，31，32，41，51，61，64，65，67，80，92，94，95，104，107，108，113，116，123，127ff.，135，141，150，151，153.

Vittone, Bernardo Antonio 贝尔纳多·安东尼奥·维托内，134.

W

Walker, D.P. 沃尔克，105.

Weinberger, M. 温伯格，49.

Whitehead 怀特海，155.

Wilde, Johannes 约哈内斯·怀尔德，144.

Willich 维里希，50.

Winterberg, C. 温特贝格，25.

Winthrop Kent, W. 温思罗普·肯特，91.

Witzel, Karl 卡尔·威策尔，142.

Wolff, Odilio 奥迪利奥·沃尔夫，142，143.

Wölfflin, Heinrich 海因里希·沃尔夫林，143.

Wood, John 约翰·伍德，142.

Wotton, Sir Henry 亨利·沃顿爵士，131，142.

Y

Yates, Frances A. 弗朗西丝·耶茨，105，114.

Z

Zarlino 扎尔利诺，114，117，119，124，127，132，134.

Zeising, A. 蔡辛，142，143.

Ziani, Sebastiani 塞巴斯蒂亚尼·齐亚尼，94.

Zocca 佐卡，37.

Zorzi 佐尔齐（或乔治），60，65，68，75.

Zorzi, Andrea 安德烈亚·佐尔齐，133.

Zorzi, Francesco 弗朗切斯科·佐尔齐，25.

Zorzi, Giangiorgio 詹乔治·佐尔齐，62，64，73，76.

Zoubov, V.P. 佐波夫，128，140，144.

Zucchini 祖齐尼，97.

译后记

　　《人文主义时代的建筑原理》一书最初发表于 1949 年。这本让人们记住了鲁道夫·维特科尔（Rudolf Wittkower）名字的小册子，虽然优秀，却还不是维特科尔的巅峰之作。他后来的《1600–1750 年间意大利的艺术与建筑》就比这本书写得更为全面而成熟。而且作者本人在出版这个小册子的时候也以为它基本上没有读者群。他曾经跟夫人打趣地商量是否只印 300 册就够了。他没有想到，这本书问世之后很快成为欧美各大院校建筑系与艺术系的基础教材，甚至在 1950 年代还被英国广播公司（BBC）列为成人教育读本，从而进入大众传媒畅销书的行列。建筑史学家阿克曼（James S. Ackerman）曾多少有些夸张地说："自从公元元年后，这本书可能是在所有毫不妥协的建筑学术专著中卖得最好的一本"（Payne 1994 : 323）。

　　什么原因促成了这本书的畅销呢？该书的写作方式应该起到了不小的作用。尽管阿克曼将本书归于"毫不妥协的建筑学术专著"之列，维特科尔并没有把这本书写成以考据为主的建筑史，他也因此把那些繁复而详尽的理论论述以及史料援引全都塞到了脚注里，在正文中将主要的精力花在对阿尔伯蒂和帕拉第奥这些文艺复兴建筑师的具体作品和创作原则的剖析上。这么做的好处很快就显现了出来。该书的论述聚焦而不晦涩，行文流畅，非常适合对文艺复兴建筑渴望有一种基本理解的读者阅读。因此，此书也能够在过去的 60 年中雷打不动地被当做大学建筑史教材。当然，该书真正让建筑史学界叫好的地方还在别处。

　　维特科尔之前的意大利文艺复兴建筑研究者固然大有人在，可对比例这个专题的探讨远不及此本书所展示的那么完整而深刻。拉斯金（John Ruskin）在《威尼斯的石头》中说意大利文艺复兴建筑的源头是异教建筑，"它们是异教徒建筑骄傲和不洁的复兴，沉醉于古老的年代……这种看似具有发明性的建筑就是让建筑师成为抄袭者，让工人成为奴隶，让其中的居民成为骄奢淫逸者；在这样的建筑中，知性被荒废，创造已无可能，它们所满足的是奢侈，捍卫的是傲慢"［见维特科尔本人的引文（Wittkower 1971 : 1）］；而另一位英国建筑史学家斯科特（Geoffrey Scott）在《人文主义建筑》一书中，在批评了拉斯金的道德论之后，用了几乎是现代建筑师的眼光将文艺复兴建筑说成"只是某种趣味的建筑，除了给予快感之外，没有逻辑，没有一致性，也不寻找理由"（Scott 1914 : 145）。正是在这样的背景下，特别是在英语世界里，维特科尔告诉了人们一个不同的文艺复兴建筑。他通过各种例证试图说明文艺复兴建筑的形式并不像初看上去那么随意，而是有着自己的逻辑；其中最重要的原理，在维特科尔看来，是 15、16 世纪的意大利艺术家们重新发现了一种古老的传统。他们通过对古罗马建筑的考证，通过对维特鲁威文本的解读，重新认识了古典建筑背后的奥秘，即古老的音乐和声体系。这种音乐和声体系，以可通约的简单小整数数比的方式藏匿于宇宙的创造过程之中，存在于世间万物尤其是完美的人体之中，也曾经存在于古典建筑之中。那么，文艺复兴建筑师们要做的就是怎样将这种带着毕达哥拉斯－柏拉图主义色彩的数学与基督教教义融合起来然后用到建筑身上，或者是如何将古代的建筑形式比如神庙的立面消解到当代的建筑需要之中去。在这样的视角下，维特科尔给我们演示了一遍阿尔伯蒂将希腊柱式消化成为墙体建筑的心路历程，以及帕拉第奥用亚里士多德的体系消化了柏拉图理念的方法。经过这样的阐述，文艺复兴的建筑的确告别了乡村的异教徒建筑，从而被抬到了形而上学的高度。我们看到，维特科尔用来提升文艺复兴建筑的工具，正是古老的数学。

对于古代数学的这种力量，胡塞尔早就在 20 世纪初就提醒人们要关注数学与神学的历史关联，但在建筑上却鲜有人能这么理解，唯有维特科尔做到了胡塞尔的要求。他将建筑通过数学与形而上学的信仰焊接在一起。这是此前人们在看待文艺复兴建筑时几乎没有意识到的，所以本书甫一出世，肯尼斯·克拉克爵士就在《建筑评论》上撰文说，本书将"永远地消除了人们从享乐主义或者纯美学角度对文艺复兴建筑的认识。"二十多年后，在写给维特科尔的悼词中，希巴尔德（Hibbard）再次提到本书的原创性，认为它是维特科尔"最具原创性的著作，它的名气之大，影响力之广，已经不再需要语言的评价，并超出了艺术史学的范畴甚至影响到建筑设计的领域"（Payne 1994 : 323）。

《人文主义时代的建筑原理》除了在观念上一改之前人们对文艺复兴建筑的普遍认识之外，对于学者和同行们而言，这本书在方法上也与以往的专著有所不同。在有关文艺复兴艺术与建筑的分析方法上，那时已经有了像布克哈特和沃尔夫林这样的大家之作。布克哈特擅谈文化质感，他那本考据索引式的文艺复兴建筑史并不出人预料地可以涵盖维特鲁威、阿尔伯蒂、塞利奥这些人物和一手文本，也会谈到伯拉孟特的教堂，圆柱、半圆柱、方壁柱，铺地、地面处理和城镇街道。沃尔夫林侧重对作品风格的形式分析，这类形式分析仍然是今天艺术史里的看家本领。只不过从这样的视角看过去，文艺复兴建筑很可能剩下来的也就是一堆线条和几何图形。这里，我们或许该谨慎地提上一笔，布克哈特是沃尔夫林的老师，维特科尔在柏林大学的时候也曾经（很短暂地）是沃尔夫林的学生。这些师承关系也在他们各自的学术方法上微妙地体现着。尽管日后维特科尔的方法也一再被人批评为"削减主义的"（reductionist），与布克哈特和沃尔夫林相比，维特科尔显然走了一条中间道路。他既关注作品的社会背景，也注重作品本身的母题分析。

而在一个更为广阔的层面上，维特科尔亦显示出了他与当时的建筑史学家们的某些不同。毋庸赘言，战后的欧美建筑正值现代主义的盛期。而现代主义者本来就是以与告别历史的先锋者面目出现的。他们与历史的关系往往颇为复杂。像以"现代"为中心的建筑史学家，往往对前现代的建筑史不感兴趣，而一旦感兴趣，又会把前现代的建筑史当成了现代性必然的种子去书写。吉迪恩（Sigfried Giedion）在其《空间、时间与建筑》（1941 年）中，就是从现代建筑的空间出发，将文艺复兴建筑以前的建筑史阐释成为几乎是受到历史呼唤，一步步从透视法走向流动空间的解放史的。有趣的是，吉迪恩与沃尔夫林之间也同样有着某种师承关系。吉迪恩也同样偏离了沃尔夫林的形式说，不过，他用空间和时间的概念置换了形式。

与吉迪恩相比，维特科尔毕竟更多地是想如何进入彼时彼地彼人的内心世界。以今天的眼光来划分，维特科尔倒是个标准的历史阐释学家。他在方法上更接近卡西尔（Ernst Cassirer）阐释哲学和帕诺夫斯基（Erwin Panofsky）的图像象征学，他是把建筑当成了一种文化符号来解读的。他的目的不仅在于揭开达·芬奇或者帕拉第奥当时是怎么想，还在于揭开他们为什么那么想的原因。这就不奇怪了，读者会在本书中不断地读到类似"或许我们可以推断"、"他心里是怎么怎么想的"这样的句子。要真正走进文艺复兴建筑师的内心世界，我们知道这么做的难度该有多大。那不仅意味着要仔细发掘和研究所有能够找到的第一手资料，尽量仔细地倾听作者本人的发言，还要辨别其未言之言与难言之言，比如阿尔伯蒂在对待唱诗席问题上的沉默。同时，这样的阐释工作还意味着为了靠近这些原始资料所需要的前期语言学习和方法训练。那是一个漫长而艰苦的积累过程。这一点，维特科尔做到了。所以，无论这本书看上去如何大众化，在阿克曼看来，它还是一部"毫不妥协的建筑学术专著"。

我们在本书的不同段落中经常会听到维特科尔自己面对阐释困难时所发出的慨叹。在这种思想性劳动之中，维特科尔以一种温和的方式提醒着大家还是要回到对建筑师本意的历史理解中去。他也用这种方法驳斥了当时人们对文艺复兴建筑中黄金分割的看法。维特科尔的理由很简单：只要读读文艺复兴时期的文件，我们就会看到当时的建筑师们只对方形的对角线这样的一个无理数发放了少量的通行证，对于坚信通约性的文艺复兴建筑师们来说，一般是要回避掉其他的无理数比的。

历史虽不可复制，经验总可以汲取。维特科尔的研究而后奇特地通过一种间接的方式与战后的现代主义建筑发生了关联。既然能把某一时期的建筑都当成了某些原理下的文化象征，那么人取代了上帝的位置之后，建筑的形式不仍然需要一种超越表象的深度吗？这正是令现代主义者焦虑的问题。《人文主义时代的建筑原理》因此启迪了一批建筑人。这其中就包括科林·罗（Colin Rowe），他的那篇"理想别墅中的数学"将现代主义建筑与文艺复兴建筑接上了轨。科林·罗希望我们看到在帕拉第奥与勒·柯布西耶之间既存在着联系也存在着断裂（Rowe 1976）；还有彼得·埃森曼（Peter Eisenman），他的1963年博士论文《现代建筑的形式基础》所寻找的是真正无神时代的建筑形式的句法基础（Eisenman 1963）；利昂内尔·马尔契（Linonel March）的《人文主义的建构术》则将维特科尔的研究推向跨文化领域。如果我们还要再加上几个人的话，我们可以说，当年研究过建筑"透明性"的那几位建筑理论家都曾受到了维特科尔著作的影响，而罗宾·埃文斯（Robin Evans）恰恰是通过质疑维特科尔所打造出来的文艺复兴建筑原理的合理性，把我们引向了对同一时期的比如皮耶罗·德拉·弗朗切斯卡的另类透视法，如德·洛梅的另类建筑几何法，当然，以及另类意义的关注（Evans 1996）。

或许就像埃文斯在《投影之范》中已经给出了的批评那样，60年后再看这本书时，译者本人也以为，我们不该将维特科尔的结论看成是终极性和唯一性的。有关比例的讨论乃至有关文艺复兴时期建筑的比例讨论，并没有在本书的末尾那里结束。埃文斯的工作也正是对本书最好的拓展、补充和挑战。如果我们能在阅读此书之后不仅对维特鲁威、阿尔伯蒂、塞利奥的原典发生兴趣，还对 60 年来欧美建筑史领域里有关建筑中几何、尺度、比例这类基本原理的讨论有了新的认识，那此书的价值也就体现了出来。

最后，译者当就本书的翻译过程向读者解释一下。译者在 2005 年时就完成了本书正文译稿的第一稿。但中国建筑工业出版社当时没有拿到翻译那一版的版权。等 2010 年中国建筑工业出版社拿到此书新版版权时，译者本人正承担着其他著作的翻译任务。这样，直到 2012 年夏季，译者才有时间针对此书中 551 条繁复的注释重又开始了翻译工作。由于注释里许多引文并不是英文，特别是那些拉丁语和古意大利语引文，已经超出了译者本人的能力，这就需要诸多好友的支持和帮助。在此，译者要感谢本书的责任编辑董苏华女士和姚丹宁女士，感谢对在本书注释翻译过程中做出过重要贡献的徐哲文、胡维女士、弗兰切斯卡·弗拉索尔达蒂（Francesca Frassoldati）博士。特别是弗兰切斯卡，没有她的帮助，译者是不可能完成那些拉丁文和古意大利语引文的转译的。另外，译者也恳请读者能对本书翻译不当之处提出批评，以便再版时予以更正。

译者

刘东洋

2005 年 3 月 8 日一稿

2012 年 10 月 30 日二稿

2015 年 11 月 20 日三稿

参考文献

Evans, Robin, "Projective Cast: Architecture and Its Geometries", Cambridge: The MIT Press, c.1995.

Eisenman, Peter, "The Formal Basis of Modern Architecture", Basel: Lars Muller Publisher, c.1963/2006

March, Linonel, "Architectonics of Humanism : essays on number in architecture", London : Academy Edition, c.1998.

Payne, Alina A., "Rudolf Wittkower and Architectural Principles in the Age of Modernism" in "Journal of Society of Architectural Historians", 53：3，September 1994, pp.322–342。

Rowe, Colin, "The Mathematics of the Ideal Villa" in "The Mathematics of the Ideal Villa and Other Essays", Cambridge : the MIT Press, c. 1976, pp.2–27。

Scott, Geoffrey, "The Architecture of Humanism", New York : W.W.Norton & Company Inc., c.1914/1969。

Wittkower, Rudolf, "Architectural Principles in the Age of Humanism", New York : W.W.Norton & Company Inc., c.1962, 1971。

沃尔夫林（Heinrich Wolfflin），《艺术风格学》（Principles of Art History），潘耀昌译，北京：中国人民大学出版社，c.1915/2003。